JN291878

高校入試

1対1の数式演習

本書の利用法

◆ 本書の特色 ◆

本書は，高校受験を目指す人のために，中学数学の数式部門の全範囲をカバーした演習書です．

中学数学を，大きく数式部門と図形部門に二分し，その前者を扱っているということです．「数式」という名称でくくってありますが，そこには“場合の数・確率”や“関数・座標”なども含まれ，要するに，**典型的な図形問題以外のすべての分野をカバーしている**ということになります．

本書の最大の特色は，1つのテーマについて，

‘例題’と‘演習題’の2題が，1対1のセットになって組み込まれている

ということです．すなわち，まず基本〜標準レベルの‘例題’とその詳しい解説が提示され，それを熟読・理解した上で，やや発展的な‘演習題’を自力で解いてみる——という流れになっています．それにより，そのテーマについての理解がより深まり，自分の中にしっかり定着させることができるはずです．

本書は，月刊誌『高校への数学』で使用されている難易度

A…基本，B…標準，C…発展，D…難問

の **B と C ランクの問題で構成**されています．すなわち，**教科書レベルの基本は一通りマスターしている人が，中堅〜難関の高校受験レベルにまで実力をアップさせるのに最適な演習書**といえます．このような受験生はもとより，中高一貫校で中学範囲の数学の完成を目指す人などにもおすすめの一書です．

◆ 本書の構成 ◆

本書は，中学の数式部門を，以下の6つの章に構成しました．

第1章　式の計算
第2章　整数
第3章　文章題
第4章　場合の数・確率
第5章　関数(1)—標準編
第6章　関数(2)—応用編

そして各章は，「要点のまとめ」，「例題の問題と解答＆演習題の問題…㋐」，「演習題の解答」の3つのパーツからなり，さらに第5章と第6章には1つずつ「ミニ講座」も設けられています．また，巻末には，各章にちりばめられた「類題の解答」がまとめられています．

メインのパーツである㋐では，‘例題’と‘演習題’のペアを(原則として)1ページに収めてあります．‘例題’については，問題の下に解説を載せ，すぐにその問題の攻略法が学べるようになっています．解答への指針としての**前書き**と詳しい**解答**に加えて，**別解**，**注**，**研究**，さらには**類題**まで，盛り沢山の内容です．そして，それらの右側には，行間を埋める**補足事項**が懇切丁寧に記されています．

‘例題’の解説が一通り理解できた後は，その下の‘演習題’にチャレンジしてみましょう．その解説は，章末にまとめられています．ここもしっかりと読みこなして，ゆるぎない実力を身に付けましょう．

◆ 本書で使われている記号 ◆

★………問題番号の右肩に付いている場合は，**難易度がＣランクの発展問題**であることを表します．また，「要点のまとめ」などの解説部分に付いている場合は，その内容が**やや高度な発展事項**であることを表します．

解……その問題の本解を表します．

別解……本解に対する別解を表します．

➡**注**……解答の補足や問題の背景等々の注意事項です．

■**研究**…その問題についての一般論や，高校(以上)で学ぶ内容などの発展事項が述べられています．

【類題】…その問題の類題を紹介してあります．これにもぜひチャレンジしてみましょう(解答は，巻末にあります)．

⇦，⬅…'例題' の解説部についての補足事項です．特に「⬅」は，**ぜひ確認してほしい重要事項**を表します．

＊　　　　　　＊

その他，重要部分は**太字**になっていたり，**網目**がかけられていたり，**傍線**(〜〜〜や――など)が引かれていたりと，読者の皆さんに注目してもらえるような工夫が満載です！

◆ 他の増刊号との連携 ◆

書名の示す通り，本書は，中学数学の数式部門についての演習書です．同じ数式部門についての解説書である『**数式のエッセンス**』を併せて読めば，数式についての理解がより深まるでしょう．

また，図形部門についても同様に強化したいときには，本書の姉妹編である『**1対1の図形演習**』さらには解説書の『**図形のエッセンス**』をぜひお読み下さい．

数式＆図形をすべて含んだ演習書としては，以下の３冊シリーズがあります．

㋐ 『**レベルアップ演習**』 ………Ａが中心
㋑ 『**High スタンダード演習**』…Ａ〜Ｂ
㋒ 『**日日のハイレベル演習**』 …Ｃ〜Ｄ

本書の難易度は，前述のように「Ｂ〜Ｃ」なので，**㋑と㋒の中間の難易度**といえます．本書を一通り学習し終えて，難易度Ｄランクの超難問を体験したい人は，『日日のハイレベル演習』に進んでみて下さい．

入学式

第1章　式の計算

ここでは，数学のあらゆる分野の基盤となる“式の計算”を扱う．とは言っても，以下で演習するのは，標準レベル以上の計算問題，およびその応用問題が中心である．易しい(機械的な)計算問題は取り上げていないので，計算練習が必要な人は，他の問題集などで十分に鍛えてから取り組むようにしよう．

第1章　式の計算
要点のまとめ

1. 展開・因数分解

1・1　展開の公式

Ⅰ．$(\boldsymbol{x}+\boldsymbol{y})^2=\boldsymbol{x}^2+2\boldsymbol{xy}+\boldsymbol{y}^2$

Ⅱ．$(\boldsymbol{x}-\boldsymbol{y})^2=\boldsymbol{x}^2-2\boldsymbol{xy}+\boldsymbol{y}^2$

Ⅲ．$(\boldsymbol{x}+\boldsymbol{a})(\boldsymbol{x}+\boldsymbol{b})=\boldsymbol{x}^2+(\boldsymbol{a}+\boldsymbol{b})\boldsymbol{x}+\boldsymbol{ab}$

Ⅳ．$(\boldsymbol{x}+\boldsymbol{y})(\boldsymbol{x}-\boldsymbol{y})=\boldsymbol{x}^2-\boldsymbol{y}^2$

＊　　　＊

次の2つも，覚えておくと便利．

Ⅰ＋Ⅱより，$(\boldsymbol{x}+\boldsymbol{y})^2+(\boldsymbol{x}-\boldsymbol{y})^2=2(\boldsymbol{x}^2+\boldsymbol{y}^2)$

Ⅰ－Ⅱより，$(\boldsymbol{x}+\boldsymbol{y})^2-(\boldsymbol{x}-\boldsymbol{y})^2=4\boldsymbol{xy}$

1・2　因数分解の公式

展開の公式Ⅰ～Ⅳの左辺と右辺を逆にすると，因数分解の公式が得られる．すなわち，

Ⅰ．$\boldsymbol{x}^2+2\boldsymbol{xy}+\boldsymbol{y}^2=(\boldsymbol{x}+\boldsymbol{y})^2$

Ⅱ．$\boldsymbol{x}^2-2\boldsymbol{xy}+\boldsymbol{y}^2=(\boldsymbol{x}-\boldsymbol{y})^2$

Ⅲ．$\boldsymbol{x}^2+(\boldsymbol{a}+\boldsymbol{b})\boldsymbol{x}+\boldsymbol{ab}=(\boldsymbol{x}+\boldsymbol{a})(\boldsymbol{x}+\boldsymbol{b})$

Ⅳ．$\boldsymbol{x}^2-\boldsymbol{y}^2=(\boldsymbol{x}+\boldsymbol{y})(\boldsymbol{x}-\boldsymbol{y})$

1・3★　‘たすきがけ’による因数分解

1・1 のⅠ～Ⅳにはないが，

$$(ax+b)(cx+d)\quad\cdots\cdots\cdots\cdots\cdots①$$
$$=acx^2+(ad+bc)x+bd\quad\cdots\cdots\cdots②$$

が成り立つ．これを逆にすると，「②→①」と因数分解されるが，ここで，右のような‘たすきがけ’という手法が用いられる．

a ╲╱ b		bc
c ╱╲ d		ad
ac	bd	$ad+bc$
（x^2の係数）	（定数項）	（xの係数）

1・4　指数の計算規則（指数法則）

$a\neq0$；m，nは自然数として，

Ⅰ．$\boldsymbol{a}^m\times\boldsymbol{a}^n=\boldsymbol{a}^{m+n}$

Ⅱ．$\boldsymbol{a}^m\div\boldsymbol{a}^n=\begin{cases}\boldsymbol{a}^{m-n} & (m>n\text{ のとき})\\ 1 & (m=n\text{ のとき})\\ \dfrac{1}{\boldsymbol{a}^{n-m}} & (m<n\text{ のとき})\end{cases}$

Ⅲ．$(\boldsymbol{a}^m)^n=\boldsymbol{a}^{mn}$

Ⅳ．$(\boldsymbol{ab})^n=\boldsymbol{a}^n\boldsymbol{b}^n$

＊　　　＊

特に，ⅠとⅢを混同しがちなので，注意しよう．

2. 平方根

2・1　数の分類

中学までに習う数は，以下のように分類される．

- 数
  - 有理数
    - 整数
    - 分数
      - 有限小数(で表される数)
      - 循環小数(で表される数)
  - 無理数

＊　　　　＊

無理数は，**有理数以外の数**であり，循環しない無限小数で表される．

［例］　$\sqrt{7}=2.645751\cdots$

$\pi=3.141592\cdots$

2・2　$\sqrt{\ }$ の計算規則

Ⅰ．$\sqrt{\boldsymbol{a}^2}=\begin{cases}\boldsymbol{a} & (a\geqq 0\ のとき)\\ -\boldsymbol{a} & (\boldsymbol{a}<\boldsymbol{0}\ のとき)\end{cases}$ ………①

Ⅱ．$(\sqrt{\boldsymbol{a}})^2=(-\sqrt{\boldsymbol{a}})^2=\boldsymbol{a}\ \ (a\geqq 0)$

Ⅲ．$\sqrt{\boldsymbol{a}}\times\sqrt{\boldsymbol{b}}=\sqrt{\boldsymbol{ab}}\ \ (a\geqq 0,\ b\geqq 0)$

Ⅳ．$\sqrt{\boldsymbol{a}^2\boldsymbol{b}}=\boldsymbol{a}\sqrt{\boldsymbol{b}}\ \ (a\geqq 0,\ b\geqq 0)$

Ⅴ．$\sqrt{\boldsymbol{a}}\div\sqrt{\boldsymbol{b}}=\dfrac{\sqrt{\boldsymbol{a}}}{\sqrt{\boldsymbol{b}}}=\sqrt{\dfrac{\boldsymbol{a}}{\boldsymbol{b}}}\ \ (a\geqq 0,\ b>0)$

Ⅵ．$\dfrac{\boldsymbol{1}}{\sqrt{\boldsymbol{a}}}=\dfrac{\sqrt{\boldsymbol{a}}}{\boldsymbol{a}}\ \ (a>0)$

Ⅶ．$\boldsymbol{m}\sqrt{\boldsymbol{a}}+\boldsymbol{n}\sqrt{\boldsymbol{a}}=(\boldsymbol{m}+\boldsymbol{n})\sqrt{\boldsymbol{a}}\ \ (a\geqq 0)$

＊　　　　＊

①は，間違い易いので，注意しよう．

なお，Ⅳの応用として，次のような計算方法は，(三平方の定理を使う場面などで)有効である．

$$\sqrt{40^2-32^2}=\sqrt{8^2(5^2-4^2)}=8\sqrt{5^2-4^2}$$
$$=8\times 3=24$$

2・3　分母の有理化

2・2 のⅥは，$\dfrac{1}{\sqrt{a}}=\dfrac{1\times\sqrt{a}}{\sqrt{a}\times\sqrt{a}}=\dfrac{\sqrt{a}}{a}$

として得られるが，このように，分母を有理数にすることを，分母の有理化という．

次のようなタイプでの有理化は，**1・1** のⅣの公式に結び付ける($a>0,\ b>0,\ a\neq b$)．

$$\frac{1}{\sqrt{a}+\sqrt{b}}=\frac{\sqrt{a}-\sqrt{b}}{(\sqrt{a}+\sqrt{b})(\sqrt{a}-\sqrt{b})}$$
$$=\frac{\sqrt{a}-\sqrt{b}}{(\sqrt{a})^2-(\sqrt{b})^2}=\frac{\sqrt{a}-\sqrt{b}}{a-b}$$

3．方程式・不等式

3・1　2次方程式の解き方

2次方程式 $ax^2+bx+c=0$ $(a\neq0)$ ……①

の解き方は，以下のようである．

Ⅰ．因数分解の利用

①の左辺が，$a(x-p)(x-q)=0$ ……②

と因数分解されるとき，$x=p$，q

Ⅱ．平方の形を利用

①を変形して，$(Ax+B)^2=C$ $(C\geqq0)$

の形になるとき，$Ax+B=\pm\sqrt{C}$（以下略）

Ⅲ．解の公式

①の解は，$\boldsymbol{x=\dfrac{-b\pm\sqrt{b^2-4ac}}{2a}}$ ……③

この③を，解の公式という（Ⅱと同様の変形により証明される）．

なお，特に $b=2b'$（偶数）のとき，③は，

$$\boldsymbol{x=\frac{-b'\pm\sqrt{b'^2-ac}}{a}}$$

3・2　方程式の解

方程式の解が分かっているときは，その値を元の方程式に代入した式が成り立つ．

例えば，**3・1** の①の解（の1つ）が $x=p$ のとき，$ap^2+bp+c=0$ が成り立つ．

3・3　解と係数の関係

3・1 の①の2解が，$x=p$，q のとき，①の左辺は②のように因数分解されるから，①と②の左辺同士の係数を見比べて，

$$b=-a(p+q),\ c=apq$$

$$\therefore\ \boldsymbol{p+q=-\frac{b}{a},\ pq=\frac{c}{a}}\ \cdots\cdots\cdots\cdots④$$

④の2式を，（2次方程式の）解と係数の関係という．

3・4　1次不等式の解き方

1次不等式を整理して，$ax>b$ $(a\neq0)$ になったとき，

$$a>0 \text{ なら，} x>\frac{b}{a}\ ;\ a<0 \text{ なら，} x<\frac{b}{a}$$

*　　　　　*

不等式の両辺に負の数をかけると，**不等号の向きが逆になる**ことに注意しよう．

3・5　不等式同士の計算

$a>b$，$c>d$ のとき，$a+c>b+d$

さらに，a〜d がすべて正なら，$ac>bd$

*　　　　　*

不等式同士のたし算は常に行ってよく，また，すべてが正のときはかけ算も行える．ただし，不等式同士の引き算や割り算は行ってはならない．

1　因数分解

次の各式を因数分解しなさい.

（1）　$(x^2+6x)^2-2(x^2+6x)-35$　（09　城北）

（2）　$(x^2-3x-4)(x^2-3x+3)+6$　（07　早稲田実業）

（3）　$x^2-6xy-3x+9y^2+9y+2$　（07　豊南）

（4）　$a(b^2-1)+b(a^2-1)$　（07　関西学院）

（5）　$(x+y)(2x-3y)-(x-2y)^2+9y^2$　（09　土佐塾）

（6）　$x^2-(3y-z)x-yz+2y^2$　（08　市川）

因数分解は，一歩でも方向を誤ると‘五里霧中’にもなりかねません．各問ごとに，最適の一歩を注意深く探りましょう．

解　（1）　$x^2+6x=A$ とおくと，

与式$=A^2-2A-35=(A+5)(A-7)$

$=(x^2+6x+5)(x^2+6x-7)$ ……①

$=\boldsymbol{(x+1)(x+5)(x-1)(x+7)}$

（2）　$x^2-3x=A$ とおくと，

与式$=(A-4)(A+3)+6=(A^2-A-12)+6$

$=A^2-A-6=(A+2)(A-3)$

$=(x^2-3x+2)(x^2-3x-3)$ ……②

$=\boldsymbol{(x-1)(x-2)(x^2-3x-3)}$

（3）　与式$=(x^2-6xy+9y^2)-3x+9y+2$

$=(x-3y)^2-3(x-3y)+2$

$=\{(x-3y)-1\}\{(x-3y)-2\}$

$=\boldsymbol{(x-3y-1)(x-3y-2)}$

（4）　与式$=ab^2-a+ba^2-b=(ab^2+a^2b)-(a+b)$

$=ab(a+b)-(a+b)=\boldsymbol{(a+b)(ab-1)}$

（5）　与式$=(x+y)(2x-3y)-\{(x-2y)^2-9y^2\}$ ……③

ここで，〜〜$=\{(x-2y)+3y\}\{(x-2y)-3y\}=(x+y)(x-5y)$

∴　③$=(x+y)\{(2x-3y)-(x-5y)\}=\boldsymbol{(x+y)(x+2y)}$

（6）　与式$=x^2-3yx+zx-yz+2y^2=z(x-y)+x^2-3xy+2y^2$

$=z(x-y)+(x-y)(x-2y)=\boldsymbol{(x-y)(x-2y+z)}$

⇦例題，演習題とも，
（1），（2）…1文字
（3）〜（5）…2文字
（6）…………3文字
の因数分解．

⬅（1）も（2）も，展開すると4次式になってお手上げ．ともに，**‘カタマリに着目’**しよう．

⇦①や②でやめてしまわないように注意（②の(x^2-3x-3)は，有理数係数の範囲では，これ以上因数分解できない）．

⇦（3）‘カタマリ’を見抜きたい．

⇦（4）展開して，**適当なペアを作る**．

⇦（5）全部展開してもよいが，まず，〜〜の**「A^2-B^2」の形に着目**してみる．

⬅（6）複数の文字の因数分解では，**より低次の文字について整理する**のが定石．

1　演習題 （解答は，☞p.26）

次の各式を因数分解しなさい.

（1）　$(2x^2+3)^2-2x(2x^2+3)-35x^2$　（06　灘）

（2）★　$(x+1)(x+2)(x+3)(x+4)-3$　（09　京都学園）

（3）　$x^2+(a+7)x-6(a-2)(a+1)$　（06　久留米大附）

（4）　$a^3-ab^2-3a^2b+3b^3+a^2-b^2$　（07　早大本庄）

（5）　$16a^2+2a-4(b-3)^2-(b-3)$　（08　函館ラ・サール）

（6）　$a^2-b^2-4c^2-6a+4bc+9$　（05　芝浦工大柏）

2　展開・因数分解による求値

次の各式の値を求めなさい．

（1）　$x=\dfrac{1}{20}$，$y=-\dfrac{1}{15}$ のとき，$(3x-4y)(2x+3y)-(x-3y)(6x-y)$ の値．

（06　名城大付）

（2）　$2006\times1992+2007\times2007-2007\times1993-1993\times1993$ の値．　（07　渋谷幕張）

（3）　$\dfrac{96^2+3\times96-4}{96^2+2\times96\times4+4^2}$ の値．　（08　専修大松戸）

（4）　$\left(1-\dfrac{1}{2^2}\right)\left(1-\dfrac{1}{3^2}\right)\left(1-\dfrac{1}{4^2}\right)\left(1-\dfrac{1}{5^2}\right)\cdots\cdots\left(1-\dfrac{1}{50^2}\right)$ の値．　（07　京都女子）

各問とも，展開や因数分解の知識を利用して，ムダのない計算を心掛けましょう．

解　（**1**）　求値式を展開・整理して，

$(6x^2+xy-12y^2)-(6x^2-19xy+3y^2)=20xy-15y^2$

$=20\times\dfrac{1}{20}\times\left(-\dfrac{1}{15}\right)-15\times\left(-\dfrac{1}{15}\right)^2=-\dfrac{1}{15}-\dfrac{1}{15}=\boldsymbol{-\dfrac{2}{15}}$

⇦もちろん，**まずは求値式を整理**する（値を代入するのは，その後）．

（**2**）　$2000=a$ とおくと，

与式$=(a+6)(a-8)+(a+7)^2-(a+7)(a-7)-(a-7)^2$

$=(a^2-2a-48)+(a^2+14a+49)-(a^2-49)-(a^2-14a+49)$

$=26a+1=26\times2000+1=\mathbf{52001}$

⬅現れる数の**真ん中に近く，計算しやすい数**を文字でおく．

（**3**）　$96=a$ とおくと，

⇦因数分解を利用したいところ．

与式$=\dfrac{a^2+3\times a-4}{a^2+2\times a\times4+4^2}=\dfrac{(a-1)(a+4)}{(a+4)^2}$

$=\dfrac{a-1}{a+4}=\dfrac{96-1}{96+4}=\dfrac{95}{100}=\mathbf{\dfrac{19}{20}}$

（**4**）　$1-\dfrac{1}{n^2}=\dfrac{n^2-1}{n^2}=\dfrac{(n-1)(n+1)}{n^2}$ であるから，

⇦（　）が多いので，'公式'を作ろう．

与式$=\dfrac{1\times3}{2^2}\times\dfrac{2\times4}{3^2}\times\dfrac{3\times5}{4^2}\times\dfrac{4\times6}{5^2}\times\cdots\times\dfrac{48\times50}{49^2}\times\dfrac{49\times51}{50^2}$

$=\dfrac{1\times51}{2\times50}=\mathbf{\dfrac{51}{100}}$

2　演習題 （p.26）

次の各式の値を求めなさい．

（1）　$a+\dfrac{1}{a}=3$ のとき，$a^2+\dfrac{1}{a^2}$ および $a^4+\dfrac{1}{a^4}$ の値．　（06　芝浦工大高）

（2）　$(x+2)(y+2)=-24$，$(x+1)(y+1)=-28$ のとき，xy の値．　（05　西武文理）

（3）　$ab=-2$，$(a+2)(b+2)=10$ のとき，$a^3+b^3+a^2b+ab^2$ の値．　（08　那須高原海城）

3　因数分解と整数

次の各問いに答えなさい．

(ア)　$x^2=y^2+24$ を満たす自然数の組$(x,\ y)$をすべて求めなさい．（06　京都文教）

(イ)　（i）　xy^2-x-3y^2+3 を因数分解しなさい．

（ii）　$xy^2-x-3y^2-12=0$ をみたす正の整数 x，y の組$(x,\ y)$をすべて求めなさい．

（04　渋谷幕張）

(ウ)　（i）　$x^2-14x+40$ を因数分解しなさい．

（ii）　x が整数のとき，$x^2-14x+40$ が素数となるような x の値をすべて求めなさい．

（09　四天王寺）

因数分解を利用して解く整数問題です．(イ)や(ウ)の(i)のようなヒントがなくても解けるようにしておきましょう．

⇦例題，演習題とも，(ア)と(イ)は'不定方程式'(☞p.35)を解く問題．

解　(ア)　与えられた条件より，

$$x^2-y^2=24\quad\therefore\quad (x+y)(x-y)=24$$

⇦「A^2-B^2」の形を作る．

ここで，x と y は自然数であるから，$x+y>x-y(>0)$

また，$x+y$ と $x-y$ は奇偶をともにするから，

$$(x+y,\ x-y)=(12,\ 2),\ (6,\ 4)\ \cdots\cdots①$$

$$\therefore\quad (\boldsymbol{x},\ \boldsymbol{y})=(\mathbf{7},\ \mathbf{5}),\ (\mathbf{5},\ \mathbf{1})$$

⬅$(x+y)+(x-y)=2x$（偶数）なので，**$x+y$ と $x-y$ は'ともに偶数'か'ともに奇数'**（これに気付かないと，①の他に，$(x+y,\ x-y)=(24,\ 1)$，$(8,\ 3)$を調べることになる）．

(イ)(i)　$xy^2-x-3y^2+3=x(y^2-1)-3(y^2-1)$

$=(x-3)(y^2-1)=(\boldsymbol{x}-\mathbf{3})(\boldsymbol{y}+\mathbf{1})(\boldsymbol{y}-\mathbf{1})$

⇦(イ)(i)　低次の x で整理する．
(ii)　当然，まず(i)の形を作る．

(ii)　与えられた式は，$xy^2-x-3y^2+3=15$

であるから，(i)より，$(x-3)\underset{\sim\sim\sim\sim}{(y+1)(y-1)}=15\cdots\cdots$㋐

ここで，15 の約数で〰〰の形のものは，

$y=4$ のときの 15；このとき，$x-3=1$　$\therefore$　$(\boldsymbol{x},\ \boldsymbol{y})=(\mathbf{4},\ \mathbf{4})$
$y=2$ のときの 3；このとき，$x-3=5$　$\therefore$　$(\boldsymbol{x},\ \boldsymbol{y})=(\mathbf{8},\ \mathbf{2})$

⇦㋐で，$y+1>0$，$y-1\neq0$ より $y-1>0$，よって，$x-3>0$

(ウ)(i)　$x^2-14x+40=(\boldsymbol{x}-\mathbf{4})(\boldsymbol{x}-\mathbf{10})\cdots\cdots②$

(ii)　②が素数のとき，$x-4$，$x-10$ の一方は±1 のいずれかである．これと，$(x-4)-(x-10)=6\cdots\cdots③$ より，

1°　$x-4=-1$ のとき，②$=(-1)\times(-7)=7$ で，適する．

2°　$x-10=1$　のとき，②$=7\times1=7$ で，適する．

よって答えは，$\boldsymbol{x}=\mathbf{3},\ \mathbf{11}$

⬅素数 N が，$N=\square\times\square$（整数の積）の形で表されるとき，□の一方は±1 のいずれか．

⇦$x-4=1$ or $x-10=-1$ のときは，③より②<0 となり，不適．

3　演習題 (p.27)

次の各問いに答えなさい．

(ア)　$x^2-y^2+x+y=12$ を満たす正の整数 x，y の組を$(x,\ y)$とする．このとき，$x-y$ の値が最小となる x，y の組$(x,\ y)$を求めなさい．（08　明治大付明治）

(イ)　（i）　$5xy-10x-y^2+y+2$ を因数分解しなさい．

（ii）　$5xy-10x-y^2+y=5$ を満たす整数の組$(x,\ y)$をすべて求めなさい．（09　市川）

(ウ)★　（i）　$X=n(n+3)$とするとき，$n(n+1)(n+2)(n+3)$を X で表しなさい．

（ii）　連続する 4 つの整数の積に 1 を加えると，ある整数の 2 乗になることを証明しなさい．

（07　近畿大付）

4 ルートの計算

次の各式を計算しなさい.

(1) $\sqrt{\left(\dfrac{5}{28}-\dfrac{4}{23}\right)^2}+\sqrt{\left(\dfrac{1}{7}-\dfrac{4}{23}\right)^2}$ (04 暁)

(2) $\dfrac{\sqrt{0.52^2-0.2^2}}{0.4^2}$ (08 関西学院)

(3) $(1+\sqrt{2}+\sqrt{3})^2-(1-\sqrt{2}-\sqrt{3})^2-(1+\sqrt{2})^2+(1-\sqrt{2})^2$ (07 青雲)

(4) $(\sqrt{2}-1)^7(2\sqrt{2}+3)^8(\sqrt{2}+1)^7(3\sqrt{2}-4)^8$ (05 浦和明の星女子)

各問ごとに，工夫して計算を進めましょう.

⇦まず，ルートの計算規則(☞p.7)をしっかり確認しよう.

解 (1) $\dfrac{5}{28}-\dfrac{4}{23}>0$, $\dfrac{1}{7}-\dfrac{4}{23}<0$ であるから，

⬅(1) **$a<0$ のとき，$\sqrt{a^2}=-a$ であることに注意！**

与式$=\left(\dfrac{5}{28}-\dfrac{4}{23}\right)+\left\{-\left(\dfrac{1}{7}-\dfrac{4}{23}\right)\right\}=\dfrac{5}{28}-\dfrac{1}{7}=\mathbf{\dfrac{1}{28}}$

(2) 与式$=\dfrac{\sqrt{\left(\dfrac{52}{100}\right)^2-\left(\dfrac{20}{100}\right)^2}}{\left(\dfrac{4}{10}\right)^2}=\dfrac{\sqrt{52^2-20^2}}{4^2}$ ……………①

⇦まず，小数を解消してしまおう.

ここで，$52^2-20^2=4^2(13^2-5^2)=4^2\times12^2$ ∴ ①$=\dfrac{4\times12}{4^2}=\mathbf{3}$

(3) $1+\sqrt{2}=a$，$1-\sqrt{2}=b$ とおくと，

⇦‘おきかえ’を利用しよう(‘和と差の積’を作ってもよい).

与式$=(a+\sqrt{3})^2-(b-\sqrt{3})^2-a^2+b^2$

$=(a^2+2\sqrt{3}a+3)-(b^2-2\sqrt{3}b+3)-a^2+b^2$

$=2\sqrt{3}(a+b)=2\sqrt{3}\times2=\mathbf{4\sqrt{3}}$

(4) $(\sqrt{2}-1)^7(\sqrt{2}+1)^7=\{(\sqrt{2}-1)(\sqrt{2}+1)\}^7=(2-1)^7=1$ ②

⇦当然，‘似た者同士’でペアを作る.

また，$3\sqrt{2}-4=\sqrt{2}(3-2\sqrt{2})$ であるから，

$(2\sqrt{2}+3)^8(3\sqrt{2}-4)^8=(3+2\sqrt{2})^8\times\{\sqrt{2}(3-2\sqrt{2})\}^8$

$=(\sqrt{2})^8\{(3+2\sqrt{2})(3-2\sqrt{2})\}^8=16\times(9-8)^8=16\times1=16$ …③

∴ 与式=②×③=**16**

4 演習題 (p.27)

次の各式を計算しなさい.

(1) $\sqrt{6\times99^2-12\times99-18}$ (08 筑紫女学園)

(2) $(\sqrt{7}+\sqrt{3}+\sqrt{2})(\sqrt{7}+\sqrt{3}-\sqrt{2})(\sqrt{7}-\sqrt{3}+\sqrt{2})(\sqrt{7}-\sqrt{3}-\sqrt{2})$ (05 東邦大付東邦)

(3) $\dfrac{\sqrt{18}-\sqrt{6}}{3\sqrt{12}}+\dfrac{\sqrt{54}-\sqrt{3}}{3\sqrt{2}}-\dfrac{2\sqrt{32}-\sqrt{27}}{\sqrt{24}}$ (07 立命館)

(4) $\dfrac{3+2\sqrt{2}}{3-2\sqrt{2}}-\dfrac{3-2\sqrt{2}}{3+2\sqrt{2}}$ (05 成田)

(5) $\{(2\sqrt{502}+3\sqrt{223})^3+(2\sqrt{502}-3\sqrt{223})^3\}^2-\{(2\sqrt{502}+3\sqrt{223})^3-(2\sqrt{502}-3\sqrt{223})^3\}^2$

(08 灘)

5　ルートの求値

次の各式の値を求めなさい．

（ア）　$x=\sqrt{5}+\sqrt{3}$，$y=\sqrt{5}-\sqrt{3}$ のとき，$(x^2-2xy+y^2)\times\left(\dfrac{1}{x}+\dfrac{1}{y}\right)^3$ の値．

（05　千葉日大一）

（イ）　$x=\sqrt{5}+\sqrt{2}+1$，$y=\sqrt{5}-\sqrt{2}+1$ のとき，$xy-x-y+1$ の値．　（08　城北埼玉）

（ウ）　$x=2+\sqrt{3}$ のとき，x^2-4x，$(x^2+1)(x-4)+2x+\sqrt{3}$ の各値．　（05　徳島文理）

（ア），（イ）　このタイプでは，**$x+y$，$x-y$，xy の値を用意して**おくと解決する問題がほとんどです．

（ウ）　1文字の場合は，**まず2乗して $\sqrt{\ }$ を消します．**

解　**（ア）**　求値式 $=(x-y)^2\times\left(\dfrac{x+y}{xy}\right)^3$ ………………………①　　⇦まず，求値式を整理する．

ここで，$x-y=2\sqrt{3}$，$x+y=2\sqrt{5}$，また，$xy=5-3=2$

であるから，① $=(2\sqrt{3})^2\times\left(\dfrac{2\sqrt{5}}{2}\right)^3=12\times5\sqrt{5}=\mathbf{60\sqrt{5}}$

（イ）　求値式 $=(x-1)(y-1)=(\sqrt{5}+\sqrt{2})(\sqrt{5}-\sqrt{2})$　　⇦求値式を因数分解してみる．

$=5-2=\mathbf{3}$

別解　$xy=\{(\sqrt{5}+1)+\sqrt{2}\}\{(\sqrt{5}+1)-\sqrt{2}\}$　　⇦（ア）と同様に解くと….

$=(\sqrt{5}+1)^2-(\sqrt{2})^2=(6+2\sqrt{5})-2=4+2\sqrt{5}$ …………②

$x+y=2(\sqrt{5}+1)=2\sqrt{5}+2$ ………………………………………③

∴　求値式 $=xy-(x+y)+1=$ ② $-$ ③ $+1=\mathbf{3}$

（ウ）　$x=2+\sqrt{3}$ のとき，$x-2=\sqrt{3}$　　⇦このように，$\sqrt{\ }$ を‘1人ぼっち’にして2乗すると，$\sqrt{\ }$ が消える．

この両辺を2乗して，$x^2-4x+4=3$　∴　$x^2-4x=\mathbf{-1}$ ………④

次に，④より，$x^2+1=4x$ であるから，

$(x^2+1)(x-4)=4x(x-4)=4(x^2-4x)$　　⇦まず，2次式 x^2+1 を処理する．

$=4\times(-1)=-4$

∴　（求値式）$=-4+2(2+\sqrt{3})+\sqrt{3}=\mathbf{3\sqrt{3}}$

*　　　　*

【類題1】　$x^2-2x-1=0$ のとき，$x^2(x-1)^2(x-2)^2$ の値を求めなさい．　⇦解答は，☞p.166.

（04　帝京大高）

5　演習題（p.28）

次の各式の値を求めなさい．

（ア）　$x=\dfrac{1+\sqrt{3}}{1-\sqrt{3}}$，$y=\dfrac{1-\sqrt{3}}{1+\sqrt{3}}$ のとき，$2x^2-xy+2y^2$ の値．　（08　広尾学園）

（イ）　$x=\dfrac{\sqrt{5}+\sqrt{2}+\sqrt{3}}{\sqrt{5}+\sqrt{2}-\sqrt{3}}$，$y=\dfrac{\sqrt{5}+\sqrt{2}-\sqrt{3}}{\sqrt{5}+\sqrt{2}+\sqrt{3}}$ のとき，x^2+y^2 の値．　（06　慶應）

（ウ）　$x=\dfrac{3+\sqrt{5}}{2}$ のとき，$x+\dfrac{1}{x}$，$x^2+\dfrac{1}{x^2}$，$x^3+\dfrac{1}{x^3}$ の各値．　（09　慶應志木）

6 無理数の整数部分・小数部分

次の各問いに答えなさい.

(ア) $3\sqrt{5}$ の整数部分を a，$4-\sqrt{6}$ の小数部分を b とするとき，$\dfrac{2(a+b)}{3-b}$ の値を求めなさい.

（07　立教新座）

(イ) $\sqrt{2}+\sqrt{3}$ の整数部分を a，小数部分を b とする．$a-b$ の小数部分を求めなさい.

（05　ラ・サール）

(ウ) $7\sqrt{2}$ の小数部分と $\dfrac{7}{\sqrt{2}}$ の整数部分をかけた値の小数部分を求めなさい.（05　西大和学園）

無理数の場合に限らず，「整数部分・小数部分」の問題では，**まず「整数部分」を定める**のがポイントです.

⬅数＝整数部分＋小数部分なので，小数部分＝数－整数部分となる.

解　(ア)　$6^2<(3\sqrt{5})^2(=45)<7^2$ より，$a=6$

また，$2<\sqrt{6}<3$ より，$1<4-\sqrt{6}<2$．よって，$4-\sqrt{6}$ の整数部分は 1 であるから，$b=(4-\sqrt{6})-1=3-\sqrt{6}$

このとき，$\dfrac{2(a+b)}{3-b}=\dfrac{2\{6+(3-\sqrt{6})\}}{\sqrt{6}}=\dfrac{2(9-\sqrt{6})\times\sqrt{6}}{6}$

$=\dfrac{9\sqrt{6}-6}{3}=\boldsymbol{3\sqrt{6}-2}$

⇦分母を有理化する.

(イ)　$1.4<\sqrt{2}<1.5$，$1.7<\sqrt{3}<1.8$ であるから，

$3.1<\sqrt{2}+\sqrt{3}<3.3$　∴　$a=3$

⇦$1.4^2=1.96<2<2.25=1.5^2$
$1.7^2=2.89<3<3.24=1.8^2$

これと，$b\neq 0$ により，$a-b$ の整数部分は 2 であるから，小数部分は，$(a-b)-2=\{3-(\sqrt{2}+\sqrt{3}-3)\}-2=\boldsymbol{4-\sqrt{2}-\sqrt{3}}$

⇦$\sqrt{2}+\sqrt{3}$ は整数ではないから，$b\neq 0$（このとき，$0<b<1$ だから，$2<a-b<3$）.

(ウ)　$9^2<(7\sqrt{2})^2=98<10^2$ より，$7\sqrt{2}$ の整数部分は 9 であるから，小数部分は，$7\sqrt{2}-9$ ……………………………………………①

また，$4^2<\left(\dfrac{7}{\sqrt{2}}\right)^2=\dfrac{49}{2}<5^2$ より，$\dfrac{7}{\sqrt{2}}$ の整数部分は 4　…②

ここで，①$>7\times1.4-9=0.8$ より，①×②>3.2

これと，①×②<4 より，①×②の整数部分は 3 であるから，小数部分は，①×②$-3=(7\sqrt{2}-9)\times4-3=\boldsymbol{28\sqrt{2}-39}(=0.59\cdots)$

⇦（0<）①<1 より，①×②<4

6 演習題 (p.28)

次の各問いに答えなさい.

(ア) $1+\sqrt{2}$ の小数部分を a，$(1+\sqrt{2})^2$ の小数部分を b とするとき，a^2+b^2 の値を求めなさい.

（08　日大桜丘）

(イ) $\dfrac{2}{3-\sqrt{6}}$ の整数部分を a，小数部分を b とするとき，$\dfrac{1}{a+\dfrac{1}{b}}$ の値を求めなさい.

（08　慶應志木）

(ウ) $(\sqrt{2}-1)^{2004}(\sqrt{2}+1)^{2005}(\sqrt{3}-\sqrt{2})^{2006}(\sqrt{3}+\sqrt{2})^{2007}$ を（整数部分）＋（小数部分）と表したとき，整数部分を求めなさい.

（04　清風南海）

7 ルートと整数

次の各問いに答えなさい.

(ア) nを正の整数とする. $\sqrt{2008n}$ が整数となるとき,

（i） 最も小さい整数nは□である.

（ii） nが30000以下であるとすると，このようなnは全部で□個ある. （08 成城）

(イ) $\sqrt{7(n+3)}$ が5で割ると2余る整数になるような自然数nを小さいものから順に2つ求めなさい. （05 智辯和歌山）

(ウ) $\sqrt{n^2+96}$ が整数となるような自然数nをすべて求めなさい. （05 立教新座）

$\sqrt{N}$ が整数となるのは，Nが‘平方数’のときです.

⇦$N=k^2$（kは0以上の整数）の形のとき.

解 (ア)(i) $2008=2^3\times251$（251は素数)であるから，$2008n$が平方数であるのは，$n=2\times251\times k^2=502k^2$（$k$は正の整数)の形のときである.

⇦第一手は，2008の素因数分解.

⇦このとき，
$2008n=2^4\times251^2\times k^2$
$=(2^2\times251\times k)^2$
と，平方数になる.

よって最小値は，$k=1$のときの，$n=$**502**

(ii) $502k^2\leqq30000$より，$k^2\leqq59.7\cdots$

$\therefore$ $(1\leqq)k\leqq7$ 　答えは，**7**個.

(イ) $\sqrt{7(n+3)}$ が整数のとき，$n+3=7k^2$（kは自然数)の形で，このとき，$\sqrt{7(n+3)}=\sqrt{7\times7k^2}=7k$ ……① である.

①が‘5で割ると2余る整数’になるようなkは，小さい順に，

$k=1$のときの7，$k=6$のときの42

$\therefore$ $n=7\times1^2-3=$**4**, $7\times6^2-3=$**249**

⇦「小さい順に2つ」だから，$k=1, 2, \cdots$として，見つけて行けばよい.

(ウ) $\sqrt{n^2+96}=m$（mは自然数)とおく. この両辺を2乗して，

$n^2+96=m^2$ $\therefore$ $m^2-n^2=96$ $\therefore$ $(m+n)(m-n)=96$

⇦(ウ)は頻出タイプなので，解法の流れを身に付けておこう.

ここで，$m+n>m-n(>0)$で，$m+n$と$m-n$は奇偶をともにする(＊)から，

⇦ここからの流れは，**3**番(ア)と同様.

$(m+n, m-n)=(48, 2), (24, 4), (16, 6), (12, 8)$

$\therefore$ $(m, n)=(25,$ **23**$), (14,$ **10**$), (11,$ **5**$), (10,$ **2**$)$

⇦(＊)より，(96, 1)，(32, 3)は不適.

➡**注** (＊)については，☞p.11.

7 演習題 (p.29)

次の各問いに答えなさい.

(ア) 自然数kが与えられたとき，$\sqrt{n^2-10^k}$ が整数になるような自然数nを考える.

$k=3$のとき，nの値をすべて求めなさい.

$k=4$のとき，nの値の個数を求めなさい. （05 甲陽学院）

(イ) 正の整数kに対して，$\sqrt{k}$ に最も近い整数をa，それを満たすkの個数をnとする(例えば，$a=2$のとき，$\sqrt{3}$，$\sqrt{4}$，$\sqrt{5}$，$\sqrt{6}$ が当てはまるので，$n=4$となる).

$a=3$ のとき，nの値を求めなさい.

$a=11$のとき，nの値を求めなさい. （07 暁）

8 連立方程式を解く

次の各問いに答えなさい．

（ア）$\begin{cases} 24x+16y=65 \\ 16x+12y=47 \end{cases}$ を解きなさい．（06　京都女子）

（イ）$x+2y=5x+4y+2=-3x+y-7$　を解きなさい．（07　国学院大栃木）

（ウ）$\begin{cases} 320x+117y=2 \\ 100x+101y=1 \end{cases}$ のとき，$x:y$ を最も簡単な整数の比で表しなさい．（08　市川）

（ア）係数がやや大きいので，工夫する余地はあります(☞別解)．

（イ）「$A=B=C$」タイプの連立方程式は，「$A=B$，$A=C$（or $B=C$）」として処理します．

（ウ）方程式を解く必要はありません．

⇦この例題は 2 文字，下の演習題は 3 文字の連立方程式．

⇦解こうと思えば解けるが…(☞注)．

解（ア）第 1 式を 2 倍，第 2 式を 3 倍して，

$$\begin{cases} 48x+32y=130 \quad \cdots\cdots ① \\ 48x+36y=141 \quad \cdots\cdots ② \end{cases}$$

⇦連立方程式は，**消し易い文字から消して行く**のが基本．

②−①より，$4y=11$　∴　$\boldsymbol{y=\frac{11}{4}}$　……③

第 1 式を 3 倍，第 2 式を 4 倍して，$\begin{cases} 72x+48y=195 \quad \cdots\cdots ④ \\ 64x+48y=188 \quad \cdots\cdots ⑤ \end{cases}$

⇦③を第 1 式(or 第 2 式)に代入して x を求めても，もちろんよい．

④−⑤より，$8x=7$　∴　$\boldsymbol{x=\frac{7}{8}}$

別解（第 1 式）−（第 2 式）より，$8x+4y=18$　……⑥
{⑥×3−(第 2 式)}÷8 より，$\boldsymbol{x=7/8}$
{(第 2 式)−⑥×2}÷4 より，$\boldsymbol{y=11/4}$

（イ）$x+2y=5x+4y+2$ より，$4x+2y=-2$　……⑦
$x+2y=-3x+y-7$ より，$4x+y=-7$　……⑧

⑦−⑧より，$\boldsymbol{y=5}$　これと⑦より，$4x=-12$　∴　$\boldsymbol{x=-3}$

（ウ）（第 1 式）−（第 2 式）×2 より，$120x-85y=0$

⇦**定数項を消去**する．

∴　$120x=85y$　∴　$x:y=85:120=\boldsymbol{17:24}$

➡**注**　連立方程式を解くと，$x=\frac{17}{4124}$，$y=\frac{6}{1031}\left(=\frac{24}{4124}\right)$となります．

⇦係数が大きいので，大変！

8 演習題（p.29）

次の各問いに答えなさい．

（ア）連立方程式 $\begin{cases} 4x+5y+z=6 \\ 5x+y-z=9 \\ 3x-2y+z=17 \end{cases}$ を解きなさい．（08　広尾学園）

（イ）$a+b=2$，$b+c=0$，$c+a=4$ のとき，$a+b+c=$ □ となり，$a^2+b^2+c^2=$ □ である．（04　淑徳巣鴨）

（ウ）a，b，c は正の数で，$ab=40$，$bc=16$，$ca=10$ をみたすとき，a，b，c の値を求めなさい．（08　駒込）

9 不定方程式

次の各問いに答えなさい.

(ア) 正の数 x, y, z に対して $\begin{cases} 5x-8y=z \\ 9x-16y+2z=0 \end{cases}$ が成り立っているとき, $x:y:z$ を最も簡単な整数の比で表しなさい. (08 土佐塾)

(イ) a, b, c を正の整数とする. 次の 2 つの式を同時に満たすような a, b, c の組 $(a,\ b,\ c)$ を求めなさい. $\begin{cases} 2a+3b=24 \\ a+6c=9 \end{cases}$ (04 桜美林)

(ウ) 2 つの方程式 $x+y-z=0$ と $x-6y+4z=0$ を同時に満たす正の整数 x, y, z の最小公倍数が 280 であるとき, x, y, z の値をそれぞれ求めなさい. (07 市川)

3 問とも, 3 文字に対して式は 2 つです. このときは, (ア)のように'3 文字の間の比'は求められます. また, (イ)や(ウ)のように'整数条件'などが加わると, 解が求められる場合があります.

⬅「未知数の個数>方程式の個数」の場合は, 原則として解は決まらないので, このような方程式を'**不定方程式**'と言う.

解 **(ア)** 第 1 式より, $10x-16y-2z=0$

これと第 2 式を加えて, $19x-32y=0$ $\therefore$ $19x=32y$ ………①

⇦まず, 消し易い z を消す.

よって, $x=32k$, $y=19k$ …② とおけて, これらと第 1 式より,

$z=5\times32k-8\times19k=8k$ $\therefore$ $x:y:z=\mathbf{32:19:8}$

⇦①より, $x:y=32:19$ だから, ②のようにおける.

(イ) $a\sim c$ は正の整数であるから, 第 2 式より, $c=1$

$\therefore$ $a=9-6=3$ これと第 1 式より, $3b=18$ $\therefore$ $b=6$

$\therefore$ $(a,\ b,\ c)=(\mathbf{3,\ 6,\ 1})$

⬅本問のように, 解が自然数で係数がすべて正のときは, 係数が最大の文字(本問では c)の上限を押さえてしまう(あとは'シラミつぶし'すればよい)のが定石.

(ウ) (第 1 式)−(第 2 式)より, $7y-5z=0$

$\therefore$ $7y=5z$ $\therefore$ $y:z=5:7$ ……………………………③

⇦第一手は, (ア)と同様に, $x\sim z$ の比を求めること.

(第 1 式)×4+(第 2 式)より, $5x-2y=0$

$\therefore$ $5x=2y$ $\therefore$ $x:y=2:5$ ……………………………④

③, ④より, $x:y:z=2:5:7$

よって, $x=2k$, $y=5k$, $z=7k$ (k は自然数)とおける.

このとき, 最小公倍数の条件から, $2\times5\times7\times k=280$

$\therefore$ $k=4$ $\therefore$ $\boldsymbol{x=8,\ y=20,\ z=28}$

⇦最小公倍数については, ☞p.34.

9 演習題 (p.30)

次の各問いに答えなさい.

(ア) x, y についての連立方程式 $\begin{cases} 4x+3ay=-2 \\ x+2y=3 \end{cases}$ の解が $2x=ay-\dfrac{8}{3}$ を満たしているという. a の値を求めなさい. (06 青雲)

(イ) x, y についての連立方程式 $\begin{cases} 4x+3y=25 \\ x+2y=5k \end{cases}$ がある. x, y がともに正の整数であるような, 整数 k の値をすべて求めなさい. (08 青山学院)

(ウ) a は整数とする. 連立方程式 $\begin{cases} ax+6y=5 \\ 5x+4y=9 \end{cases}$ を満たす x, y が共に整数であるとき, a の値を求めなさい. (07 中央大付)

10　連立方程式の応用

次の各問いに答えなさい．

（ア）　次の連立方程式 $\begin{cases} x+y-z=5 \\ x-y+z=1 \\ x-y-z=a \ (a\text{ は定数}) \end{cases}$ について，解 x，y，z を直角三角形の 3 辺の長さとする．$a<-1$ とするとき，a の値を求めなさい．（06　東邦大付東邦）

（イ）　1，2，3 のいずれか 1 つの数が書かれた 10 枚のカードがある．カードの数を全部加えると 22，カードの数をそれぞれ 2 乗して全部加えると 54 である．このとき，カードの数をそれぞれ 3 乗して全部加えると □ である．（06　東海）

（ア）　x，y，z のうちどれが最大なのかを見極めましょう．

（イ）　（ア）と同様の 3 文字の連立方程式に帰着されます．

⇦最大のものが斜辺の長さとなる．

解　（ア）（第 1 式）＋（第 2 式）より，$2x=6$　∴　$x=3$

∴　$y-z=2$ …①　このとき，第 3 式より，$y+z=3-a$ …②

①，②を解いて，$y=\dfrac{5-a}{2}$，$z=\dfrac{1-a}{2}$

よって，$y>z$ であり，さらに $a<-1$ のとき，

$$y>\frac{5-(-1)}{2}=3=x$$

であるから，x，y，z のうち最大(斜辺の長さ)なのは，y である．

$$\therefore\ y^2=x^2+z^2 \quad \therefore\ \left(\frac{5-a}{2}\right)^2=3^2+\left(\frac{1-a}{2}\right)^2$$

整理して，$8a=-12$　∴　$\boldsymbol{a=-\dfrac{3}{2}}$

⇦このとき，$x=3$，$y=13/4$，$z=5/4$ で，$x:y:z=12:13:5$

（イ）　1，2，3 が書かれたカードの枚数をそれぞれ x，y，z（枚）とすると，$x+y+z=10$ ……③

また，カードの数の和の条件から，

$1\times x+2\times y+3\times z=22$　∴　$x+2y+3z=22$　……④

$1^2\times x+2^2\times y+3^2\times z=54$　∴　$x+4y+9z=54$　……⑤

④－③より，$y+2z=12$…⑥，（⑤－④）÷2 より，$y+3z=16$…⑦

⑥，⑦を解いて，$z=4$，$y=4$　このとき，③より，$x=2$

よって，求める値は，$1^3\times2+2^3\times4+3^3\times4=2+32+108=$**142**

10★ 演習題（p.30）

次の 3 つの式において，x，y，m，a，b はすべて正の整数です．ただし，$a>b$ とします．

$$\begin{cases} 2x+3y=40 & \cdots\cdots① \\ x+y=2m & \cdots\cdots② \\ ax-by=2 & \cdots\cdots③ \end{cases}$$

（1）　①，②の両方が成り立つときの m の値をすべて求めなさい．

（2）　①，②，③がすべて成り立つときの a の値のうち最も小さいものを求めなさい．

（08　東邦大付東邦）

11　不等式

次の各問いに答えなさい．

(ア)　2つの数a，bがあり，$a>0$，$b<0$，$a+b<0$である．このとき，a，b，$-a$，$-b$を小さい数の順に左から並べなさい．　（08　大成女子）

(イ)　$0<a<b<1$のとき，次の数の大小を不等号を用いて表しなさい．

$$a^2,\ b^2,\ ab,\ b,\ \frac{1}{a}$$

（08　城西大付川越）

(ウ)　$2\leqq a\leqq 5$，$-9\leqq b\leqq -7$のとき，$3a-4b$の最大値，最小値を求めなさい．

（07　徳島文理）

（ア），（イ）　適当な値をとって調べれば，答えの予想はすぐにつくはず(☞注)．

⇦予想だけで解答を済ませるわけにはいかないが，予想がつけば，**無駄な大小比較が避けられる．**

（ウ）　**不等式同士の引き算はできない**(☞注)ことに注意！

解　**(ア)**　与えられた条件より，数直線上で右図のようになるから，答えは，

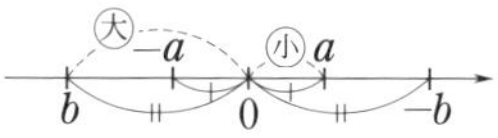

$\boldsymbol{b,\ -a,\ a,\ -b}$ ……………①

⇦「$a+b<0$」の条件から，図の㊅，㊛が分かる．

➡**注**　$a=1$，$b=-2$とすれば，①の結論が分かります．

(イ)　$0<a<b$のとき，$a^2<ab<b^2$

⇦$a<b$の両辺にa，bをかけて，$a^2<ab$，$ab<b^2$

また，$0<b<1$のとき，$b^2<b(<1)$

最後に，$0<a<1$のとき，$1<\frac{1}{a}$

以上により，$\boldsymbol{a^2<ab<b^2<b<\frac{1}{a}}$ ……………②

➡**注**　$a=\frac{1}{3}$，$b=\frac{1}{2}$とすると，②は，$\frac{1}{9}<\frac{1}{6}<\frac{1}{4}<\frac{1}{2}<3$

(ウ)　$2\leqq a\leqq 5$のとき，$6\leqq 3a\leqq 15$ ……………③

また，$-9\leqq b\leqq -7$のとき，$7\leqq -b\leqq 9$であるから，

$28\leqq -4b\leqq 36$ ……………④

⬅引き算はできないので，**−1をかける→たし算をする**という流れをとる(なお，不等式では，両辺に負の数をかけると**不等号の向きが逆になる**ことにも注意しよう)．

③＋④より，$6+28\leqq 3a+(-4b)\leqq 15+36$

$\therefore\ 34\leqq 3a-4b\leqq 51$

よって答えは，**最大値…51，最小値…34**

➡**注**　不等式において，辺々同士の**たし算は常に可能**で，**すべてが正ならかけ算も可能**ですが，引き算，割り算はしてはいけません！

⇦$a\leqq b$，$c\leqq d$ → $a+c\leqq b+d$
a〜dがすべて正なら，$ac\leqq bd$

11　演習題 (p.30)

$3x+5y=8$のとき，次の各問いに答えなさい．

(1)　yをxの式で表しなさい．

(2)　xの値が$-1<x<1$の範囲にあるとき，yの値の範囲を求めなさい．

(3)　2つの不等式$x<2y$と$-5x<5y$を同時にみたすxの値のなかで，整数であるものをすべて求めなさい．

（05　城西大付川越）

12 2次方程式を解く

次の各方程式を解きなさい.

（1） $x^2+0.7(2x+3)=0.6x(x-1)$ （07 東明館）

（2） $2(x-1)^2=(\sqrt{3}-4)x+5$ （08 明治大付中野）

（3） $(-3x+2)^2=(x+5)^2$ （05 白陵）

（4） $\dfrac{8}{100}(200-x)\times\dfrac{200-2x}{200}=200\times\dfrac{3}{100}$ $(0<x<200)$ （08 青雲）

各問とも，すんなり‘因数分解してオシマイ’というわけにはいきません．それぞれに工夫しましょう．

解 （1） 両辺を10倍して，$10x^2+7(2x+3)=6x(x-1)$

⇦まず，係数を整数にしてしまおう．

展開・整理すると，$4x^2+20x+21=0$ ………①

$2x$	$+3$	$+6x$
$2x$	$+7$	$+14x$
$4x^2$	$+21$	$+20x$

⇦‘たすきがけ’を行う．

∴ $(2x+3)(2x+7)=0$ ∴ $\boldsymbol{x=-\frac{3}{2},\ -\frac{7}{2}}$

➡**注** ‘たすきがけ’が苦手なら，①を‘解の公式’で解いてもよいし，$2x=X$ と‘おきかえ’してもよい．

⇦$2x=X$ とおくと，①は，
$X^2+10X+21=0$ となり，
$(X+3)(X+7)=0$
∴ $X=-3,\ -7$
∴ $x(=X/2)=\boldsymbol{-3/2,\ -7/2}$

（2） 左辺を展開して，整理すると，$2x^2-\sqrt{3}x-3=0$ ………②

2次方程式の解の公式より，

$$x=\frac{-(-\sqrt{3})\pm\sqrt{(-\sqrt{3})^2-4\times2\times(-3)}}{2\times2}=\frac{\sqrt{3}\pm3\sqrt{3}}{4}$$

$$=\boldsymbol{\sqrt{3},\ -\frac{\sqrt{3}}{2}}$$

⇦②の左辺は，
$(x-\sqrt{3})(2x+\sqrt{3})$
と因数分解されるが，見えにくいときは‘解の公式’を使おう．

（3） 両辺の平方根をとって，$-3x+2=\pm(x+5)$

⇦$A^2=B^2$ のとき，$A=\pm B$

⇦方程式を展開・整理すると，
$8x^2-22x-21=0$
となって，やや面倒．

「＋」の場合は，$-3x+2=x+5$ ∴ $\boldsymbol{x=-\frac{3}{4}}$

「－」の場合は，$-3x+2=-x-5$ ∴ $\boldsymbol{x=\frac{7}{2}}$

（4） 両辺を変形して，$8\left(2-\dfrac{x}{100}\right)\times\left(1-\dfrac{x}{100}\right)=6$

両辺を2で割り，$\dfrac{x}{100}=X$ とおいて整理すると，

⇦そのまま整理すると係数が大きくなるので，**‘おきかえ’を利用.**

$4X^2-12X+5=0$ ∴ $(2X-1)(2X-5)=0$

⇦（1）の①と同じタイプに帰着された．

$0<x<200$ より，$0<X<2$ であるから，

$X=\dfrac{1}{2}$ ∴ $x=100X=\boldsymbol{50}$

⇦ $X=\dfrac{5}{2}$ $(x=250)$ は不適．

12 演習題 (p.31)

次の各方程式を解きなさい.

（1） $(x^2-6x)^2-8(x^2-6x)-128=0$ （06 徳島文理）

（2） $x^2+x-5=2x+1=3x^2+4x-7$ （06 修道）

（3） $x+3x^2+5x^2+7x^2+9x^2+11x^2+13x^2+15x^2+17x^2=2005$ （x は整数） （05 日大習志野）

13　2次方程式の解

次の各問いに答えなさい．

(ア)　2次方程式 $x^2-2x-2=0$ の解を a，b とするとき，$2a^2+b-3a$ の値を求めなさい．ただし，$a<b$ とする．　（06　大阪教大付天王寺）

(イ)　a は正の定数とする．方程式 $3x^2+ax+6=0$ の解が1個となるとき，a の値を求めなさい．　（08　西武文理）

(ウ)　x の2次方程式 $ax^2+x-6=0$ は異符号の2つの解をもち，その解の絶対値の比は3：4である，このとき，a の値を求めなさい．　（08　明治大付明治）

（ア）　まず，$2a^2$ を'次数下げ'します．

（イ）　方程式の左辺が'平方完成'されることに着目してみます．

（ウ）　2つの解を文字でおきましょう．

⇦ $x^2+px+q=0$ の解が1個のとき，左辺は $(x+t)^2$ の形になる．

解　**(ア)**　まず，$a^2-2a-2=0$ より，$a^2=2a+2$

$\therefore\ 2a^2+b-3a=2(2a+2)+b-3a=a+b+4$ ……………①

解と係数の関係により，$a+b=2$ であるから，①$=2+4=\mathbf{6}$

⇦ '解の公式'で a，b を求めて代入しても解けるが，計算がやや面倒．

➡**注**　この解法では，「$a<b$」の条件は使わなくて済みました．

(イ)　両辺を3で割って，$x^2+\dfrac{a}{3}x+2=0$

この解が1個のとき，左辺は $(x+t)^2$ の形になるから，

$$x^2+\frac{a}{3}x+2=x^2+2tx+t^2 \quad \therefore\ \frac{a}{3}=2t,\ 2=t^2$$

⇦ '解と係数の関係'によれば，一気にこの2式が得られる．

$a>0$ より $t>0$ で，$t=\sqrt{2}$　$\therefore$ $\boldsymbol{a=6\sqrt{2}}$

■研究　一般に，2次方程式 $ax^2+bx+c=0$ $(a\neq0)$ の解が1個であるのは，'解の公式'の $\sqrt{\ \ }$ 部分が0，すなわち，$\boldsymbol{b^2-4ac=0}$ の場合です．

⇦ 本問では，$a^2-4\times3\times6=0$ これと $a>0$ より，$\boldsymbol{a=6\sqrt{2}}$

(ウ)　与えられた条件により，2つの解を，$3k$，$-4k$ $(k\neq0$ …②）とおける．このとき，解と係数の関係により，

$$3k+(-4k)=-\frac{1}{a},\ 3k\times(-4k)=-\frac{6}{a}$$

$$\therefore\ k=\frac{1}{a}\ \cdots③,\ 2k^2=\frac{1}{a} \qquad \therefore\ k=2k^2 \qquad ②より，k=\frac{1}{2}$$

これと③より，$\boldsymbol{a=2}$

➡**注**　このとき，方程式は，$2x^2+x-6=0$ で，解は，$x=3/2,\ -2$

13　演習題 (p.31)

次の各問いに答えなさい．

(ア)　(i)　$(x-b)(x-b-1)$ を展開しなさい．

(ii)　x の2次方程式 $x^2-ax+a+1=0$ の2つの解の差が1のとき，a の値をすべて求めなさい．　（06　帝塚山）

(イ)★　a を正の整数とする．数直線上に2次方程式 $(x-a)(x-3a-1)=0$ の2つの解を並べ，これらの解の間に等間隔に4個の整数を並べる．このとき，解と合わせた6個の数の合計が3桁の数となるような a の値の中でもっとも小さな値を求めなさい．　（06　東邦大付東邦）

14 方程式の文字定数と解

次の各問いに答えなさい．

（ア） x，y についての連立方程式 $\begin{cases} ax+by=20 \\ 5x+cy=12 \end{cases}$ をA君は正しく解いて，$x=4$，$y=2$ を得た．ところがB君は c の値だけを書きまちがえて，$x=-4$，$y=8$ を得た．このとき，a，b，c の値を求めなさい．

（05　帝塚山学院泉ヶ丘）

（イ） 2組の連立方程式　(A) $\begin{cases} 2x+y=-1 \\ ax+3y=2 \end{cases}$，(B) $\begin{cases} 2x-3y=b \\ 4x+5y=-2 \end{cases}$ において，(A)の解の x と y を入れ替えると(B)の解になっている．このとき，a，b の値を求めなさい．　（08　東海）

方程式の解が与えられたときには，**元の方程式に代入する**のが原則です．(イ)では，(A)の解を文字でおき直して，代入しましょう．

⇦上の例題は，連立方程式．下の演習題は，2次方程式．

解　**（ア）**　A君の得た答え，$(x,\ y)=(4,\ 2)$ を連立方程式の各式に代入して，$\begin{cases} 4a+2b=20 & \therefore\ \ 2a+b=10 \cdots\cdots① \\ 20+2c=12 & \therefore\ \ \boldsymbol{c=-4} \end{cases}$

また，B君の得た答え，$(x,\ y)=(-4,\ 8)$ を連立方程式の第1式に代入して，$-4a+8b=20$　$\therefore$　$-a+2b=5$ ………②

⇦B君の得た答えは，連立方程式の第1式は満たしている．

①，②を解いて，$\boldsymbol{a=3}$，$\boldsymbol{b=4}$

➡**注**　B君は，$c=-4$ を $c=4$ と書きまちがえたことになります．

（イ）　連立方程式(A)の解を $(x,\ y)=(p,\ q)$ とすると，(B)の解は，$(x,\ y)=(q,\ p)$ であるから，これらを(A)，(B)に代入して，

⇦x，y のままでは混乱しかねないので，改めておき直そう．

$$\text{(A)}\begin{cases} 2p+q=-1 & \cdots\cdots③ \\ ap+3q=2 & \cdots\cdots④ \end{cases},\quad \text{(B)}\begin{cases} 2q-3p=b & \cdots\cdots⑤ \\ 4q+5p=-2 & \cdots\cdots⑥ \end{cases}$$

③×4より，$8p+4q=-4$ …③′，⑥より，$5p+4q=-2$ …⑥′

⬅まず，**文字定数の入っていない式**を組み合わせて，p，q を求める．

③′−⑥′より，$3p=-2$　$\therefore$　$p=-\dfrac{2}{3}$　これと③より，$q=\dfrac{1}{3}$

これらを④に代入して，$a\times\left(-\dfrac{2}{3}\right)+3\times\dfrac{1}{3}=2$　$\therefore$　$\boldsymbol{a=-\dfrac{3}{2}}$

⑤に代入して，$\boldsymbol{b}=2\times\dfrac{1}{3}-3\times\left(-\dfrac{2}{3}\right)=\boldsymbol{\dfrac{8}{3}}$

14 演習題 (p.32)

次の各問いに答えなさい．

（ア） 一郎君と大輔君は同じ2次方程式 $x^2-bx+c=0$ を解いた．一郎君は b の値を見誤って，$x=2$，12を解とし，大輔君は c の値を見誤って，$x=4$，7を解としてしまいました．正しい2つの解を求めなさい．

（08　東京農大一）

（イ） x の2次方程式 $x^2-(a+1)x+a=0$ の解の1つが -2 と -1 の間にあり，x の2次方程式 $x^2-3x+a-4=0$ の解の1つが a であるとき，a の値を求めなさい．　（08　成城）

15　2次方程式の共通解

次の各問いに答えなさい．

（ア）　x についての2次方程式 $x^2+(2a+4)x+(a^2+4a+3)=0$ の小さいほうの解が，2次方程式 $x^2-x-2=0$ の小さいほうの解になっているとき，a の値を求めなさい．

（05　弘学館）

（イ）　x についての異なる2つの2次方程式 $x^2+ax+12=0$，$x^2+12x+a=0$ を解くと，それぞれの解の1つが等しくなりました．等しい解と a の値を求めなさい．　（05　親和女子）

（ア），（イ）ともに，2通りの場合が出てくるので，それぞれの**'適 or 不適' を吟味**する必要があります．

⬅複数の答えが得られたときには，不適なものが紛れこんでいる可能性がある．

解　（ア）　$x^2-x-2=0$ より，$(x-2)(x+1)=0$

この小さい方の解は，$x=-1$ ……………………………………①

⇦当然，解がすぐに分かる第2の方程式の方から攻めて行く．

これを，第1の方程式に代入して整理すると，

$$a^2+2a=0 \quad \therefore \quad a(a+2)=0 \quad \therefore \quad a=0,\ -2$$

⇦この2通りについて，吟味する．

$a=0$ のとき，第1の方程式は，

$$x^2+4x+3=0 \quad \therefore \quad (x+1)(x+3)=0$$

①は，この大きい方の解であるから，不適である．

$a=-2$ のときは，$x^2-1=0 \quad \therefore \quad (x+1)(x-1)=0$

①は，この小さい方の解であるから，適する．

よって答えは，$\boldsymbol{a=-2}$

別解　第1の方程式は，$\{x+(a+1)\}\{x+(a+3)\}=0$
この小さい方の解は，$x=-(a+3)$
これが①に等しいことから，$\boldsymbol{a=-2}$

⇦実は，第1の方程式は因数分解される．

（イ）　2つの2次方程式に共通な解を $x=t$ とすると，

$$t^2+at+12=0 \cdots\cdots\cdots\text{②},\quad t^2+12t+a=0 \cdots\cdots\cdots\text{③}$$

⬅今度は，どちらの方程式の解も分からないので，共通解を文字でおく．その後，**2次の項を消して次数を下げる**のが定石．

②−③より，$(a-12)(t-1)=0 \quad \therefore \quad a=12,\ t=1 \cdots\cdots\cdots$④

ここで，$a=12$ とすると，2つの方程式は同じものになるから不適である．よって，$\boldsymbol{t=1}$

⇦共通解が2つになる．

このとき，②より，$a+13=0 \quad \therefore \quad \boldsymbol{a=-13}$

➡**注**　$a=-13$ のとき，2つの2次方程式の解は，

$$\begin{cases}(x-1)(x-12)=0 & \therefore \quad x=1,\ 12\\(x-1)(x+13)=0 & \therefore \quad x=1,\ -13\end{cases}$$

15★ 演習題 (p.32)

x についての2つの2次方程式 $x^2-(a+3)x+3a=0$ ………①，$x^2-(2b+3)x+6b=0$ ………② がある．ただし，a と $2b$ は等しくないものとする．

（1）　2つの2次方程式①，②の共通する解を求めなさい．

（2）　①の方程式の2つの解から，それぞれ2を引いたものが，②の方程式の2つの解になっているとき，a，b の値を求めなさい．

（3）　2つの2次方程式の共通でない解について，①の解が②の解より10小さく，共通でない解の積は24である．このとき，正の数 b の値を求めなさい．　（04　滝川）

16　ルートと 2 次方程式

自然数 n に対して，$\sqrt{n}$ が整数にならないとき，$\sqrt{n}\times\sqrt{a}$ が整数になるような最小の自然数 a を考え，それを《n》と表すことにする．また，$\sqrt{n}$ が整数になるときは，《n》$=1$ と表すことにする．例えば，$\sqrt{8}$ に対して，$\sqrt{8}\times\sqrt{2}=4$ であるから，《8》$=2$ であり，$\sqrt{10}$ に対して，$\sqrt{10}\times\sqrt{10}=10$ であるから，《10》$=10$ である．また，$\sqrt{9}=3$ であるから，《9》$=1$ である．

（1）《20》の値を求めなさい．

（2）《$8n$》$=3$ を満たす最小の自然数 n を求めなさい．

（3）$(《2n》)^2-7\times《2n》+6=0$ を満たす自然数 n の中で 100 に最も近い数を求めなさい．

（08　明治大付明治）

（3）方程式の解は 2 つあるので，両方から候補を立てることになります．

解　**（1）** $\sqrt{20}=2\sqrt{5}$ であるから，《20》$=$**5**

⇦$20\times5=100=10^2$

（2） $\sqrt{8n}\times\sqrt{3}=2\sqrt{6n}$

これが整数になるのは，$n=6\times k^2$（k は自然数）の形のときであるから，最小の n は，$k=1$ のときの，$\boldsymbol{n=6}$

⇦$(8\times6)\times3=144=12^2$

（3）《$2n$》$=X$ とおくと，与えられた式は，

⇦当然，まず《$2n$》の値を求める．

$X^2-7X+6=0$　∴　$(X-1)(X-6)=0$　∴　$X=1,\ 6$

$X=$《$2n$》$=1$ のとき，$2n$ は平方数であるから，100 に最も近い n は，　$n=98$ ……………………①

⇦$2\times98=196=14^2$

$X=$《$2n$》$=6$ のとき，$\sqrt{2n}\times\sqrt{6}=2\sqrt{3n}$ が整数であることから，$n=3\times k^2$（k は自然数）の形であり，100 に最も近い n は，$k=6$ のときの，　$n=3\times6^2=108$ ……………………②

⇦（2）と同様のことになる．

①，②より，答えは，$\boldsymbol{n=98}$

➡**注**　「100 に最も近い」という表現が（100 より大きい数を許すのかどうか）やや微妙ですが，いずれにしろ①が答えであることに変わりはありません．

16★ 演習題（p.32）

下のように数が並んでいて，その中で 2 つの自然数 m，n の間にある根号のついた数の個数を《m，n》で表す．例えば，《2，4》$=10$ である．$m<n$ とするとき，次の問に答えなさい．

$1,\ \sqrt{2},\ \sqrt{3},\ 2,\ \sqrt{5},\ \sqrt{6},\ \sqrt{7},\ \sqrt{8},\ 3,\ \sqrt{10},\ \cdots\cdots$

（1）《5，8》を求めなさい．

（2）《6，n》$=80$ となる n の値を求めなさい．

（3）《m，n》$=94$ となる n の値をすべて求めなさい．

（08　立教新座）

式の計算 演習題の解答

1 (2)が難問. 例題の(2)の形に持ち込みましょう.

解 (1) $2x^2+3=A$ とおくと,

与式$=A^2-2xA-35x^2=(A+5x)(A-7x)$

$=(2x^2+5x+3)(2x^2-7x+3)$ ……①

$=\boldsymbol{(2x+3)(x+1)(2x-1)(x-3)}$ …②

➡注 ①→②では, 'たすきがけ' (☞p.6)を行います.

(2) 与式

$=(x+1)(x+4)\times(x+2)(x+3)-3$

$=\{(x^2+5x)+4\}\{(x^2+5x)+6\}-3$

$=(x^2+5x)^2+10(x^2+5x)+21$

$=\boldsymbol{(x^2+5x+3)(x^2+5x+7)}$

(3) [定数項$(-6(a-2)(a+1))$をうまく分配しよう.]

$3(a+1)+\{-2(a-2)\}=a+7$

であるから,

与式$=\{x+3(a+1)\}\{x-2(a-2)\}$

$=\boldsymbol{(x+3a+3)(x-2a+4)}$

(4) [最初の方から2項ずつペアを作る.]

与式$=a(a^2-b^2)-3b(a^2-b^2)+(a^2-b^2)$

$=(a^2-b^2)(a-3b+1)$

$=\boldsymbol{(a+b)(a-b)(a-3b+1)}$

(5) [a の2次式と見て 'たすきがけ' する.]

与式$=16a^2+2a-(b-3)(4b-11)$

$=\{2a-(b-3)\}\{8a+(4b-11)\}$

$=\boldsymbol{(2a-b+3)(8a+4b-11)}$

別解 まず,「A^2-B^2 の形」に着目すると――

『$16a^2-4(b-3)^2=4\{(2a)^2-(b-3)^2\}$

$=4\{2a+(b-3)\}\{2a-(b-3)\}$ …………③

∴ 与式$=$③$+\{2a-(b-3)\}$

$=\{2a-(b-3)\}[4\{2a+(b-3)\}+1]$

$=\boldsymbol{(2a-b+3)(8a+4b-11)}$』

(6) [「A^2-B^2」の形が見えるかどうか…]

与式$=(a^2-6a+9)-(b^2-4bc+4c^2)$

$=(a-3)^2-(b-2c)^2$

$=\{(a-3)+(b-2c)\}\{(a-3)-(b-2c)\}$

$=\boldsymbol{(a+b-2c-3)(a-b+2c-3)}$

2 (1) 2乗を繰り返します.

(2) '$x+y$' と 'xy' の連立方程式と見ます.

(3) a, b の値は求める必要はありません.

解 (1) $\left(a+\dfrac{1}{a}\right)^2=a^2+2\times a\times\dfrac{1}{a}+\dfrac{1}{a^2}$

$=a^2+\dfrac{1}{a^2}+2$

これが $3^2=9$ に等しいことから, $a^2+\dfrac{1}{a^2}=\boldsymbol{7}$

同様に, $\left(a^2+\dfrac{1}{a^2}\right)^2=a^4+\dfrac{1}{a^4}+2$

これが $7^2=49$ に等しいことから, $a^4+\dfrac{1}{a^4}=\boldsymbol{47}$

■研究 $a^3+\dfrac{1}{a^3}$ の値を求めてみましょう.

$\left(a+\dfrac{1}{a}\right)\left(a^2+\dfrac{1}{a^2}\right)=a^3+\dfrac{1}{a^3}+a+\dfrac{1}{a}$

より, $3\times7=a^3+\dfrac{1}{a^3}+3$ ∴ $a^3+\dfrac{1}{a^3}=\boldsymbol{18}$

(2) 与えられた2式をそれぞれ展開して整理すると, $\begin{cases} xy+2(x+y)=-28 & \cdots\cdots① \\ xy+(x+y)=-29 & \cdots\cdots② \end{cases}$

①−②より, $x+y=1$ ……③

これと②より, $xy=-29-1=-30$ ……④

➡注 ③, ④と '2次方程式の解と係数の関係' (☞p.8)より, x, y は, t の2次方程式 $t^2-t-30=0$ の解です. $(t-6)(t+5)=0$ より, $\{x,\ y\}=\{6,\ -5\}$ です.

(3) $(a+2)(b+2)=10$ より,

$ab+2(a+b)+4=10$

$ab=-2$ であるから, $a+b=4$

このとき,

求値式$=(a^3+a^2b)+(b^3+ab^2)$

$=a^2(a+b)+b^2(a+b)$

$=(a+b)(a^2+b^2)$

$=(a+b)\{(a+b)^2-2ab\}$

$=4\times\{4^2-2\times(-2)\}=\boldsymbol{80}$

➡**注**　(2)の注と同様にして，a，b は，t の2次方程式 $t^2-4t-2=0$ の解(無理数)です．

■**研究**　(3)の問題文にある3式のように，a と b を入れ替えても全く同じになる式を‘**対称式**’といいます．そして，a と b の2文字の場合，$\boldsymbol{a+b}$ と $\boldsymbol{ab}$ を‘**基本対称式**’といい，**対称式は基本対称式だけで表される**ことが知られています．

3　(ウ)　難問ですが，(i)の有力なヒントがあるので，助かります．(i)では，演習題**1**の(2)と同様の変形を試みましょう．

解　(**ア**)　左辺$=(x+y)(x-y)+(x+y)$

$=(x+y)(x-y+1)$

であるから，$(x+y)(x-y+1)=12$

ここで，x，y は正の整数であり，

$(x+y)-(x-y+1)=2y-1$

これは正の奇数であるから(＊)，

$(x+y,\ x-y+1)=(12,\ 1),\ (4,\ 3)$

これらのうち，$x-y$ の値が小さいのは，前者の場合で，このとき，$(\boldsymbol{x},\ \boldsymbol{y})=(\boldsymbol{6},\ \boldsymbol{6})$

➡**注**　後者の場合は，$(x,\ y)=(3,\ 1)$です．
なお，(＊)により，$(x+y,\ x-y+1)=(6,\ 2)$ は不適になります．

(**イ**)(**i**)　与式$=5x(y-2)-(y^2-y-2)$

$=5x(y-2)-(y+1)(y-2)$

$=(\boldsymbol{y-2})(\boldsymbol{5x-y-1})$

(**ii**)　(i)より，与式の両辺に2を加えて，左辺を因数分解すると，$(y-2)(5x-y-1)=7$

ここで，x，y は整数…① であるから，

$(y-2,\ 5x-y-1)=\pm(1,\ 7),\ \pm(7,\ 1)$

この4通りのうち，①を満たすのは，

$(\boldsymbol{x},\ \boldsymbol{y})=(\boldsymbol{-1},\ \boldsymbol{1}),\ (\boldsymbol{-1},\ \boldsymbol{-5})$

(**ウ**)(**i**)　$n(n+1)(n+2)(n+3)$

$=n(n+3)\times(n+1)(n+2)$

$=(n^2+3n)\times(n^2+3n+2)$　……②

よって，$X=n(n+3)=n^2+3n$ とするとき，

②$=\boldsymbol{X(X+2)}$

(**ii**)　連続する4つの整数の積に1を加えた数は，　$n(n+1)(n+2)(n+3)+1$　……③

と表され，(i)より，

③$=X(X+2)+1=X^2+2X+1=(X+1)^2$

と表されるから，題意が成り立つ．

4　(1)　因数分解を利用します．

(2)　‘おきかえ’などを利用します．

(3)　各分数ごとに有理化してしまいます．

(4)　一気に通分してしまいましょう．

(5)　数の大きさと‘3乗’に圧倒されずに，式の‘骨格’をしっかり見定めましょう．

解　(**1**)　$99=a$ とおくと，

与式$=\sqrt{6(a^2-2a-3)}=\sqrt{6(a-3)(a+1)}$

$=\sqrt{6\times96\times100}=\sqrt{6\times(6\times16)\times100}$

$=6\times4\times10=\boldsymbol{240}$

【類題】　$\sqrt{285\times291+9}$ を計算しなさい．
(08　立命館)

＊　　　　＊

解　$290=a$ とおくと，

与式$=\sqrt{(a-5)(a+1)+9}=\sqrt{a^2-4a+4}$

$=\sqrt{(a-2)^2}=\sqrt{288^2}=\boldsymbol{288}$

(**2**)　$\sqrt{7}+\sqrt{3}=a$，$\sqrt{7}-\sqrt{3}=b$ とおくと，

与式$=(a+\sqrt{2})(a-\sqrt{2})$

$\times(b+\sqrt{2})(b-\sqrt{2})$

$=(a^2-2)(b^2-2)$

$=\{(10+2\sqrt{21})-2\}\{(10-2\sqrt{21})-2\}$

$=(8+2\sqrt{21})(8-2\sqrt{21})$

$=8^2-(2\sqrt{21})^2=64-84=\boldsymbol{-20}$

(**3**)　$\dfrac{\sqrt{18}-\sqrt{6}}{3\sqrt{12}}=\dfrac{\sqrt{3}(\sqrt{6}-\sqrt{2})}{3\times2\sqrt{3}}$

$=\dfrac{\sqrt{6}-\sqrt{2}}{6}$　……………①

$\dfrac{\sqrt{54}-\sqrt{3}}{3\sqrt{2}}=\dfrac{(\sqrt{54}-\sqrt{3})\times\sqrt{2}}{3\sqrt{2}\times\sqrt{2}}$

$=\dfrac{6\sqrt{3}-\sqrt{6}}{6}$　………………②

$\dfrac{2\sqrt{32}-\sqrt{27}}{\sqrt{24}}=\dfrac{(2\sqrt{32}-\sqrt{27})\times\sqrt{6}}{\sqrt{24}\times\sqrt{6}}$

$=\dfrac{16\sqrt{3}-9\sqrt{2}}{12}$　…………③

よって，与式=①+②−③の値は，

$\dfrac{2(\sqrt{6}-\sqrt{2})+2(6\sqrt{3}-\sqrt{6})-(16\sqrt{3}-9\sqrt{2})}{12}$

$=\boldsymbol{\dfrac{7\sqrt{2}-4\sqrt{3}}{12}}$

（4）　与式$=\dfrac{(3+2\sqrt{2})^2-(3-2\sqrt{2})^2}{(3-2\sqrt{2})(3+2\sqrt{2})}$

$=\dfrac{4\times3\times2\sqrt{2}}{9-8}=\mathbf{24\sqrt{2}}$

➡注　　　では，（5）の④の‘公式’を使っています．

（5）　$\sqrt{502}=a$，$\sqrt{223}=b$とおき，さらに，$(2a+3b)^3=A$，$(2a-3b)^3=B$とおくと，

与式$=(A+B)^2-(A-B)^2=4AB$　……④

$=4(2a+3b)^3(2a-3b)^3$

$=4\{(2a+3b)(2a-3b)\}^3$

$=4(4a^2-9b^2)^3$

$=4(4\times502-9\times223)^3$

$=4(2008-2007)^3=\mathbf{4}$

5　（ア），（イ）　求値式はともに‘対称式’なので，$x+y$とxyで表されます(☞ p.27).

（ウ）　求めた値が次々に利用できます．

解　**（ア）**　求値式$=2(x+y)^2-5xy$……①

ここで，$xy=1$

$x+y=\dfrac{(1+\sqrt{3})^2+(1-\sqrt{3})^2}{(1-\sqrt{3})(1+\sqrt{3})}$

$=\dfrac{2\{1^2+(\sqrt{3})^2\}}{1^2-(\sqrt{3})^2}=\dfrac{2\times4}{-2}=-4$

∴　①$=2\times(-4)^2-5\times1=\mathbf{27}$

（イ）　求値式$=(x+y)^2-2xy$　……………②

ここで，$xy=1$

$x+y=\dfrac{(\sqrt{5}+\sqrt{2}+\sqrt{3})^2+(\sqrt{5}+\sqrt{2}-\sqrt{3})^2}{(\sqrt{5}+\sqrt{2}-\sqrt{3})(\sqrt{5}+\sqrt{2}+\sqrt{3})}$

$=\dfrac{2\{(\sqrt{5}+\sqrt{2})^2+(\sqrt{3})^2\}}{(\sqrt{5}+\sqrt{2})^2-(\sqrt{3})^2}$

$=\dfrac{2\{(7+2\sqrt{10})+3\}}{(7+2\sqrt{10})-3}$

$=\dfrac{10+2\sqrt{10}}{2+\sqrt{10}}=\dfrac{\sqrt{10}(2+\sqrt{10})}{2+\sqrt{10}}=\sqrt{10}$

∴　②$=(\sqrt{10})^2-2\times1=\mathbf{8}$

（ウ）　$\dfrac{1}{x}=\dfrac{2}{3+\sqrt{5}}=\dfrac{2(3-\sqrt{5})}{(3+\sqrt{5})(3-\sqrt{5})}$

$=\dfrac{2(3-\sqrt{5})}{9-5}=\dfrac{3-\sqrt{5}}{2}$

∴　$x+\dfrac{1}{x}=\dfrac{3+\sqrt{5}}{2}+\dfrac{3-\sqrt{5}}{2}=\mathbf{3}$　……③

$\left(x+\dfrac{1}{x}\right)^2=x^2+2+\dfrac{1}{x^2}=x^2+\dfrac{1}{x^2}+2$

より，$x^2+\dfrac{1}{x^2}=$③$^2-2=9-2=\mathbf{7}$　………④

$\left(x+\dfrac{1}{x}\right)\left(x^2+\dfrac{1}{x^2}\right)=x^3+\dfrac{1}{x}+x+\dfrac{1}{x^3}$

$=x^3+\dfrac{1}{x^3}+x+\dfrac{1}{x}$

より，$x^3+\dfrac{1}{x^3}=$③×④－③$=21-3=\mathbf{18}$

6　（イ）　まず，有理化してから，整数部分aを定めます．

（ウ）　当然，「1のカタマリ」を排除しますが，その後もまだ厄介です．

解　**（ア）**　$1<\sqrt{2}<2$より，$2<1+\sqrt{2}<3$

よって，$1+\sqrt{2}$の整数部分は2であるから，

$a=(1+\sqrt{2})-2=\sqrt{2}-1$

次に，$(1+\sqrt{2})^2=3+2\sqrt{2}$

ここで，$1<\sqrt{2}<1.5$より，$2<2\sqrt{2}<3$

∴　$5<3+2\sqrt{2}<6$

よって，$3+2\sqrt{2}$の整数部分は5であるから，

$b=(3+2\sqrt{2})-5=2\sqrt{2}-2$

∴　$a^2+b^2=(\sqrt{2}-1)^2+(2\sqrt{2}-2)^2$ …①

$=(3-2\sqrt{2})+(12-8\sqrt{2})=\mathbf{15-10\sqrt{2}}$

➡注　①$=5(\sqrt{2}-1)^2=\cdots$　としてもOK.

（イ）　$\dfrac{2}{3-\sqrt{6}}=\dfrac{2(3+\sqrt{6})}{(3-\sqrt{6})(3+\sqrt{6})}$

$=\dfrac{6+2\sqrt{6}}{9-6}=2+\dfrac{2\sqrt{6}}{3}$　……②

ここで，$3<2\sqrt{6}<6$より，$3<$②<4

∴　$a=3$，$b=$②$-3=\dfrac{2\sqrt{6}-3}{3}$

このとき，求値式$=\dfrac{b}{ab+1}$

$=\dfrac{1}{(2\sqrt{6}-3)+1}\times\dfrac{2\sqrt{6}-3}{3}=\dfrac{2\sqrt{6}-3}{6(\sqrt{6}-1)}$

$=\dfrac{(2\sqrt{6}-3)(\sqrt{6}+1)}{6(\sqrt{6}-1)(\sqrt{6}+1)}=\dfrac{9-\sqrt{6}}{6(6-1)}=\mathbf{\dfrac{9-\sqrt{6}}{30}}$

(ウ) $(\sqrt{2}-1)^{2004}(\sqrt{2}+1)^{2005}$

$=\{(\sqrt{2}-1)(\sqrt{2}+1)\}^{2004}\times(\sqrt{2}+1)$

$=(2-1)^{2004}\times(\sqrt{2}+1)=\sqrt{2}+1$

$(\sqrt{3}-\sqrt{2})^{2006}\times(\sqrt{3}+\sqrt{2})^{2007}$

$=\{(\sqrt{3}-\sqrt{2})(\sqrt{3}+\sqrt{2})\}^{2006}\times(\sqrt{3}+\sqrt{2})$

$=(3-2)^{2006}\times(\sqrt{3}+\sqrt{2})=\sqrt{3}+\sqrt{2}$

∴　与式$=(\sqrt{2}+1)\times(\sqrt{3}+\sqrt{2})$ ……③

$\fallingdotseq(1.4+1)\times(1.7+1.4)$

$=2.4\times3.1=7.44$ ………………④

よって，答えは，**7**

➡注　$\sqrt{2}=1.414\cdots$，$\sqrt{3}=1.732\cdots$ なので，③>④ですが，上の方も厳密に不等式で評価してみると(小数第 2 位まで必要)，

③<$(1.42+1)\times(1.74+1.42)=7.6472$

7　(ア)　後半も，前半同様書き並べるのが確実でしょう．なお，$\sqrt{n^2-10^k}$ の値は 0 でもよいことに注意！(0 も，もちろん整数)

(イ)　題意がやや取りヅライのですが，例があるので何とかなりそう…．研究のようにする方が手っ取り早いのですが，それぞれで考えてみます．

解　**(ア)**　$\sqrt{n^2-10^k}=m$ (m は 0 以上の整数)とおく．この両辺を 2 乗して整理すると，

$(n+m)(n-m)=10^k$ …………①

$k=3$ のとき，①は，

$(n+m)(n-m)=1000$

ここで，$n+m\geqq n-m$，また，$n+m$ と $n-m$ は奇偶をともにするから，

$(n+m,\ n-m)=(500,\ 2),\ (250,\ 4),$
$(100,\ 10),\ (50,\ 20)$

このそれぞれから，$\boldsymbol{n}$**=251，127，55，35**

次に，$k=4$ のとき，①は，

$(n+m)(n-m)=10000$

上と同様にして，

$(n+m,\ n-m)=(5000,\ 2),\ (2500,\ 4),$
$(1250,\ 8),\ (1000,\ 10),\ (500,\ 20),$
$(250,\ 40),\ (200,\ 50),\ (100,\ 100)$ の **8** 組．

➡注　これらから得られる n の値は，(当然)すべて異なります．なお，m は「整数」つまり 0 でもよいので，〰〰の場合の $n=100$ も OK です．

(イ)　$\sqrt{k}$ に最も近い整数が 3 のとき，

$$3-\frac{1}{2}\leqq\sqrt{k}\leqq3+\frac{1}{2}$$

$$\therefore\ \left(3-\frac{1}{2}\right)^2\leqq k\leqq\left(3+\frac{1}{2}\right)^2$$

$$\therefore\ 9-3+\frac{1}{4}\leqq k\leqq9+3+\frac{1}{4}$$

よって，$k=7,\ 8,\ \cdots,\ 12$ より，$n=$**6**

次に，$\sqrt{k}$ に最も近い整数が 11 のとき，上と同様に，

$$\left(11-\frac{1}{2}\right)^2\leqq k\leqq\left(11+\frac{1}{2}\right)^2$$

$$\therefore\ 121-11+\frac{1}{4}\leqq k\leqq121+11+\frac{1}{4}$$

よって，$k=111,\ 112,\ \cdots,\ 132$ より，

$n=132-111+1=$**22**

■研究　$\sqrt{k}$ に最も近い整数が a のとき，

$$\left(a-\frac{1}{2}\right)^2\leqq k\leqq\left(a+\frac{1}{2}\right)^2$$

$$\therefore\ a^2-a+\frac{1}{4}\leqq k\leqq a^2+a+\frac{1}{4}$$

よって，$k=a^2-a+1,\ a^2-a+2,\ \cdots,\ a^2+a$ より，$n=(a^2+a)-(a^2-a+1)+1=\boldsymbol{2a}$

8　(ア)　3 文字の場合も，‘消し易い文字から消す’という基本に従います．

(イ)　このタイプは，**すべての式を加える**のが定石です．

(ウ)　(イ)にならって，‘3 式の積’を作りましょう．

解　**(ア)**　(第 1 式)+(第 2 式)より，

$9x+6y=15$　∴　$3x+2y=5$ ……①

(第 2 式)+(第 3 式)より，$8x-y=26$……②

①+②×2 より，$19x=57$　∴　$\boldsymbol{x=3}$

これと①より，$\boldsymbol{y=-2}$

これらを第 1 式に代入して，

$4\times3+5\times(-2)+z=6$　∴　$\boldsymbol{z=4}$

(イ)　与えられた 3 式を辺々加えると，

$2(a+b+c)=6$　∴　$a+b+c=$**3**……③

③と $a+b=2$ より，$c=1$

同様に，③と他の 2 式より，$a=3,\ b=-1$

∴　$a^2+b^2+c^2=3^2+(-1)^2+1^2=$**11**

(ウ) 3式の辺々をかけ合わせると，

$a^2b^2c^2=40\times16\times10(=16\times400)$

$\therefore\ (abc)^2=(4\times20)^2$

$abc>0$ より，$abc=4\times20=80$

$\therefore\ \boldsymbol{a}=abc\div bc=80\div16=\mathbf{5}$

$\boldsymbol{b}=abc\div ca=80\div10=\mathbf{8}$

$\boldsymbol{c}=abc\div ab=80\div40=\mathbf{2}$

9 3問とも，見かけは2文字の連立方程式ですが，文字定数が加わって，計3文字です．(ア)は式が3つあるので解けますが，(イ)と(ウ)は2式なので，'整数条件'が付いています．

解 **(ア)** $x+2y=3$ より，$x=-2y+3$

これを他の2式に代入して整理すると，

$$\begin{cases}-8y+3ay=-14 & \cdots\cdots①\\ -12y-3ay=-26 & \cdots\cdots②\end{cases}$$

①＋②より，$-20y=-40$ $\therefore\ y=2$

これと②より，$6a=2$ $\therefore\ \boldsymbol{a}=\dfrac{\mathbf{1}}{\mathbf{3}}$ $(x=-1)$

(イ) (第1式)×2−(第2式)×3 より，

$5x=50-15k$ $\therefore\ x=10-3k$ ………③

これと第2式より，

$2y=5k-(10-3k)$ $\therefore\ y=4k-5$ …④

③＞0，④＞0 と k が整数であることから，

$\boldsymbol{k}=\mathbf{2,\ 3}$ …………………⑤

➡**注** ③＞0，④＞0 より，$5/4<k<10/3$ となります．また⑤のとき，$(x,\ y)=(4,\ 3),\ (1,\ 7)$

(ウ) [第一手は，文字定数のついていない y の消去.]

(第2式)×3−(第1式)×2 より，

$(15-2a)x=17$ $\therefore\ x=\dfrac{17}{15-2a}$

ここで，x は整数であるから，

$15-2a=\pm1,\ \pm17$

このときの x の値は，順に，

$x=17,\ -17,\ 1,\ -1$ …………⑥

一方，第2式より，$y=\dfrac{9-5x}{4}$

⑥の中で，y が整数になるのは，

$x=17\ (y=-19),\ x=1\ (y=1)$

よって，求める a の値は，

$15-2a=1,\ 17$ $\therefore\ \boldsymbol{a}=\mathbf{7,\ -1}$

➡**注** (第2式)×a−(第1式)×5 により，x を消去すると，$y=\dfrac{9a-25}{4a-30}$ となりますが，これを整数とする a の値を求めるのは，大変です．

10 (1) まず①の解を求めるか，それとも①，②を連立して解くか….

(2) (1)で得られた$(x,\ y)$の組を③に代入して考えましょう．

解 **(1)** ②×3−①より，

$x=6m-40$ ………………④

①−②×2 より，$y=40-4m$ ………………⑤

m が整数のとき，④，⑤は共に整数であり，④＞0，⑤＞0 より，$\boldsymbol{m}=\mathbf{7,\ 8,\ 9}$ …………⑥

別解 ①より，$3y=2(20-x)$ ………………①′

よって，y は偶数であるから，①′の解は，

$(y,\ x)=(2,\ 17),\ (4,\ 14),\ (6,\ 11),\ (8,\ 8),\ (10,\ 5),\ (12,\ 2)$

これらのうち，$x+y$ の値が偶数となるのは〰〰の3組であり，$\boldsymbol{m}=\mathbf{9,\ 8,\ 7}$

(2) ⑥の値を④，⑤に代入して得られる x，y の値を③に代入して，さらに両辺を2で割った式は，順に，$a-6b=1$ …………………⑦

$4a-4b=1$ ……⑧，$7a-2b=1$ ……⑨

⑧の左辺は4の倍数であるから，⑧が成り立つことはない．

$a>b$ より，$7a-2b>7b-2b=5b\geqq5$

であるから，⑨が成り立つこともない．

⑦のとき，$a=1+6b\geqq1+6=7$

であるから，求める a の最小値は **7** $(b=1)$

➡**注** 結局，$x=2,\ y=12,\ m=7,\ a=7,\ b=1$ ということです．

11 (3)のように，本格的に(？)不等式を解くことは中学の範囲外ですが，難関私立校の受験生は，これくらいの不等式の扱いはこなせるようにしておきましょう．

解 **(1)** $3x+5y=8$ のとき，$\boldsymbol{y}=\dfrac{\mathbf{8-3x}}{\mathbf{5}}$

(2) $-1<x<1$ のとき，(1)より，

$\dfrac{8-3\times1}{5}<y<\dfrac{8-3\times(-1)}{5}$ $\therefore\ \mathbf{1}<\boldsymbol{y}<\dfrac{\mathbf{11}}{\mathbf{5}}$

（3） $x<2y$ より，$x<2\times\dfrac{8-3x}{5}$

両辺を 5 倍して，$5x<16-6x$

$\therefore\ 11x<16\quad\therefore\ x<\dfrac{16}{11}$ …………①

また，$-5x<5y$ より，$-5x<8-3x$

$\therefore\ -2x<8\quad\therefore\ x>-4$ …………②

①，②より，$-4<x<\dfrac{16}{11}(=1.4\cdots)$

この範囲にある整数の値は，

$\boldsymbol{x=-3,\ -2,\ -1,\ 0,\ 1}$

➡注　この解のように，1 次不等式の変形は，1 次方程式とほとんど同様ですが，ただ一点，②のように，**両辺に負の数をかける場合には不等号の向きを逆にする**ことだけ注意しましょう．

12　（1）　もちろん‘カタマリ’に着目して因数分解します．

（2）　まず一番解きやすい 2 次方程式を解いて，得られた 2 つの解を残りの式に代入してチェックするのが実戦的です(なお，☞注)．

（3）　正直に‘たすきがけ’などするよりも，整数解を(1 つ)見つけてしまいましょう．

解　（1）　$x^2-6x=X$ とおくと，

$X^2-8X-128=0$

$\therefore\ (X+8)(X-16)=0\quad\therefore\ X=-8,\ 16$

$x^2-6x=-8$ より，$x^2-6x+8=0$

$\therefore\ (x-2)(x-4)=0\quad\therefore\ \boldsymbol{x=2,\ 4}$

$x^2-6x=16$ より，$x^2-6x-16=0$

$\therefore\ (x+2)(x-8)=0\quad\therefore\ \boldsymbol{x=-2,\ 8}$

（2）　$x^2+x-5=2x+1$ …①　を整理して，

$x^2-x-6=0\quad\therefore\ (x+2)(x-3)=0$

$\therefore\ x=-2,\ 3$

$\boldsymbol{x=-2}$ のとき，$3x^2+4x-7$ の値は-3，①の値も-3 で等しいから，適する．

$x=3$ のとき，$3x^2+4x-7$ の値は 32 であるが，①の値は 7 であるから，不適である．

➡注　$2x+1=3x^2+4x-7$ を整理すると，
$3x^2+2x-8=0$　これの解は，$\boldsymbol{x=-2}$，4/3
$x^2+x-5=3x^2+4x-7$ を整理すると，
$2x^2+3x-2=0$　これの解は，$\boldsymbol{x=-2}$，1/2

（3）　与えられた 2 次方程式の 2 次の項を加えると，　$x+80x^2=2005$ …………………②

ここで，$2005\div80\fallingdotseq25$ であるから，②の左辺に $x=5$ を代入すると，$5+80\times5^2=2005$

よって，$\boldsymbol{x=5}$ は②の解である［もう一方の解は分数であるから，答えはこれだけ］．

➡注　②の左辺で，x よりも $80x^2$ の方が圧倒的に大きいので，$80x^2\fallingdotseq2005$ となるはずですね．なお，②を整理すると，$(x-5)(80x+401)=0$ となります($x=5$ 以外の解が分数になることは，このようにキチンと因数分解しなくても，‘解と係数の関係’からすぐに(？)分かる)．

13　（ア）（ⅰ)のヒントを活かします．

（イ）　数直線を補助に使うと明快です．なお，「整数」の条件を忘れないように注意！

解　（ア)(ⅰ）　$(x-b)(x-b-1)$

$=x^2-bx-x-bx+b^2+b$

$\boldsymbol{=x^2-2bx-x+b^2+b}$ ………①

（ⅱ）　①を整理すると，

$x^2-(2b+1)x+b^2+b$ ………②

ところで，$x^2-ax+a+1=0$ …③　の 2 解の差が 1 のとき，2 解を b，$b+1$ とおけて，するとこのとき，③の左辺は②となるから，

$a=2b+1$ ……④，$a+1=b^2+b$ ……⑤

④を⑤に代入して整理すると，$b^2-b-2=0$

$\therefore\ (b+1)(b-2)=0\quad\therefore\ b=-1,\ 2$

これと④より，$\boldsymbol{a=-1,\ 5}$

➡注　④，⑤は，③の解を $x=b$，$b+1$ とおいたときの‘解と係数の関係’からも得られます．

（イ）　2 次方程式の解は，$x=a$，$3a+1$

与えられた条件より，

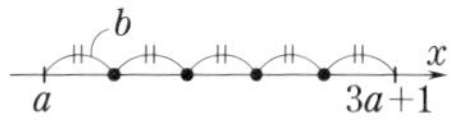

これら 2 数と，右図の 4 個の ● の数との和について，$\dfrac{a+(3a+1)}{2}\times6\geqq100$ ……………⑥

$\therefore\ 12a+3\geqq100\quad\therefore\ a\geqq\dfrac{97}{12}=8.08\cdots$ …⑦

ところで，図の b の値は，

$\dfrac{(3a+1)-a}{5}=\dfrac{2a+1}{5}$ ………⑧

⑦の範囲で，⑧が整数になるような最小の a の値は，　$\boldsymbol{a=12}$ ……………………⑨

➡**注**　6個の整数は‘等差数列’を成しますから，それらの和は⑥の左辺のように計算されます(☞p.35).

また，b の値も整数でなければならないので，⑦からすぐに「$a=9$」を答えにしてはいけません．なお，⑨のとき，6個の整数は，12，17，22，27，32，37 となり，それらの和は147になります．

14　(ア)　2次方程式の2解が分かっているのですから，‘解と係数の関係’を使うのが手っ取り早い．

(イ)　第1の方程式の解が分かります．

解　**(ア)**　一郎君は c の値が正しく，大輔君は b の値が正しいから，解と係数の関係より，

$$c=2\times12=24,\ b=4+7=11$$

よって，正しい2次方程式は，

$$x^2-11x+24=0 \quad \therefore \quad (x-3)(x-8)=0$$

$$\therefore \quad \boldsymbol{x=3,\ 8}$$

(イ)　第1の方程式より，$(x-1)(x-a)=0$

この解の1つが-2と-1の間にあることから，

$$-2<a<-1 \cdots\cdots\cdots\cdots\cdots\cdots\cdots\cdots①$$

第2の方程式の解の1つが a であることから，

$$a^2-3a+a-4=0 \quad \therefore \quad a^2-2a-4=0$$

解の公式より，$a=1\pm\sqrt{5}$

これと①より，$\boldsymbol{a=1-\sqrt{5}}$

15　(1)　定石通り‘次数下げ’します(なお，☞別解).

(2)，(3)　共通解が求められれば，他の解はすぐに(？)分かりますから，問題ないでしょう.

解　(1)　①，②の共通する解を $x=t$ とおくと，

$$t^2-(a+3)t+3a=0 \quad \cdots\cdots\cdots①'$$

$$t^2-(2b+3)t+6b=0 \quad \cdots\cdots\cdots②'$$

②′−①′より，$(a-2b)t-3(a-2b)=0$

$$\therefore \quad (a-2b)(t-3)=0$$

ここで，$a\neq2b$ より，$t=\boldsymbol{3}$ ………………③

別解　[実は，①も②も因数分解できます！]

①は，$(x-3)(x-a)=0 \quad \therefore \quad x=3,\ a$

②は，$(x-3)(x-2b)=0 \quad \therefore \quad x=3,\ 2b$

ここで，$a\neq2b$ より，共通する解は，**3**

(2)　①，②の③以外の解は，(解と係数の関係により)それぞれ，a，$2b$ である．

すると，題意のとき，

$$3-2=2b,\ a-2=3 \quad \therefore \quad \boldsymbol{b=\frac{1}{2},\ a=5}$$

(3)　題意のとき，

$$a=2b-10 \cdots\cdots④,\ a\times2b=24 \cdots\cdots⑤$$

④を⑤に代入して整理すると，

$$b^2-5b-6=0 \quad \therefore \quad (b-6)(b+1)=0$$

$b>0$ より，$\boldsymbol{b=6}$

16　(2)では n の2次方程式，(3)では m と n の‘不定方程式’をそれぞれ解くことになります.

解　**(1)**　$5(=\sqrt{25})$ と $8(=\sqrt{64})$ の間には，$64-25-1=38$ (個)の数があり，そのうち整数は6，7の2個であるから，

$$《5,\ 8》=38-2=\boldsymbol{36}$$

➡**注**　《m，n》は‘根号のついた数’の個数なので，「整数」を除かなければならないことに注意しましょう.

(2)　6と n の間には，

$$n^2-6^2-1=n^2-37\ (個) \cdots\cdots\cdots①$$

の数があり，そのうち整数は $7\sim(n-1)$ の

$(n-1)-7+1=n-7$ (個) …② であるから，

①−②$=80$ を整理して，$n^2-n-110=0$

$\therefore \quad (n-11)(n+10)=0 \quad n>0$ より，$\boldsymbol{n=11}$

(3)　m と n の間には，

$$n^2-m^2-1\ (個) \cdots\cdots\cdots\cdots\cdots\cdots\cdots③$$

の数があり，そのうち整数は $(m+1)\sim(n-1)$ の，

$$(n-1)-(m+1)+1=n-m-1\ (個) \cdots④$$

であるから，③−④$=94$ を整理して，

$$(n-m)(n+m-1)=94$$

ここで，$(n+m-1)-(n-m)=2m-1>0$ であるから，

$$(n-m,\ n+m-1)=(1,\ 94),\ (2,\ 47)$$

それぞれを解いて，

$$\boldsymbol{n=48}\ (m=47),\ \boldsymbol{n=25}\ (m=23)$$

第2章 整数

教科書ではほとんど触れられていないが，入試ではよく出題される分野である．しかも難問率が高いので，以下でもその実状に沿って，他の章より難問率が高くなっている(特に演習題)ので注意しよう．さらに，類題も数多く紹介してあるので，合わせて演習し，理解を深めよう．

第2章　整数
要点のまとめ

1　最大公約数・最小公倍数

自然数 a，b の最大公約数を g，最小公倍数を l とする．

a，b は，g を用いて，

$a=a'g$，$b=b'g$ ……………………①

（a'，b' は**互いに素**な自然数）

と表される．このとき，

$l=a'b'g$ ………②

$$g\,\underline{)\,a=a'g \quad b=b'g}$$
$$a' \qquad b' \;\rightarrow l$$

そして，①，②より，

$ab=a'g\times b'g=g\times a'b'g=gl$

すなわち，$\boldsymbol{ab=gl}$ が成り立つ．

＊　　　＊

「互いに素」とは，最大公約数が1であることをいう．

2　約数の個数と総和

自然数 N が，$N=a^p\times b^q\times\cdots\times c^r$ と**素因数分解**されるとき，N の約数の個数は，

$\boldsymbol{(p+1)\times(q+1)\times\cdots\times(r+1)}$（個）……◎

また，N の約数の総和は，

$\boldsymbol{(1+a+a^2+\cdots+a^p)\times(1+b+\cdots+b^q)}$

$\boldsymbol{\times\cdots\times(1+c+\cdots+c^r)}$ …◉

＊　　　＊

N の約数は，右の各グループから1数ずつを選んでかけ合わせることによって得られる．このことから，上の個数・総和の式が導かれる．

1	a^1	a^2	…	a^p	（$p+1$ 個）
1	b^1	b^2	…	b^q	（$q+1$ 個）
⋮					⋮
1	c^1	c^2	…	c^r	（$r+1$ 個）

3　倍数の判定法

自然数 N が，ある自然数 a の倍数であるかどうかを簡単に判定できる場合がある．

- $a=4$ の場合… 下2桁が4の倍数
- $a=8$ の場合… 下3桁が8の倍数
- $a=3$ の場合… 各桁の数の和が3の倍数
- $a=9$ の場合… 各桁の数の和が9の倍数
- $a=11$ の場合…「下から奇数桁目の数の和」を A，「下から偶数桁目の数の和」を B とするとき，$|A-B|$ が11の倍数

＊　　　＊

例えば，2814361…①　という数の場合，

$A=1+3+1+2=7$，$B=6+4+8=18$

だから，$|A-B|=|7-18|=|-11|=11$

よって，①は11の倍数（| |は絶対値を表す記号）．

4　商と余り

自然数 a，b について，a を b で割った商が p，余りが r であるとき，

$\boldsymbol{a=bp+r}$（$\boldsymbol{r=0,\ 1,\ 2,\ \cdots,\ b-1}$）

と表される．

＊　　　＊

余り r は，**0以上 b 未満（$b-1$ 以下）**であることに注意しよう．

5　等差数列の和

1からnまでの整数の和をSとすると,

$$S=1+\quad 2\quad +\cdots+(n-1)+n \quad \cdots①$$

一方, $S=n+(n-1)+\cdots+\quad 2\quad +1 \quad \cdots②$

①+②より,

$$2S=\underbrace{(n+1)+(n+1)+\cdots+(n+1)}_{n\text{個}}$$

$$=n\times(n+1)$$

$$\therefore\quad \boldsymbol{S=\frac{n(n+1)}{2}}$$

*　　　　　　*

この計算方法は, Sのように差が1の数列の和だけではなく, **差が一定**の数列(‘等差数列’という)の和を求める場合に使われる.

一般に, 等差数列a_1, a_2, …, a_nの和Sは,

$$\boldsymbol{S=\frac{(a_1+a_n)\times n}{2}}$$

となる(高校の範囲だが, 覚えておくと便利).

6　整数部分・小数部分

0以上の数aが, $n\leqq a<n+1$　…………①

(nは0以上の整数)を満たしているとき, nをaの整数部分という.

数aは「整数部分+小数部分」から成るので, aの小数部分をp $(0\leqq p<1)$とすると,

$$a=n+p \quad \therefore\quad p=a-n \quad \cdots\cdots\cdots②$$

*　　　　　　*

整数部分・小数部分が問題になっているときは, まず①の形から整数部分nを決め, その後で②により小数部分pを求めることになる.

7　整数問題特有の考え方

整数は‘飛び飛びにしか現れない数’なので, 整数問題には, それ特有の発想法がある. そのうちのいくつかを, 以下に列挙すると,

- 範囲を絞れば, ‘シラミつぶし’ができる;
  例えば, $3\leqq x\leqq 8$と分かれば, 3, 4, 5, 6, 7, 8の6個を調べればよい.
- 規則性や周期性への着目が功を奏する;
  例えば, 6で割って1余る数は, 1, 7, 13, 19, 25, …と, 6個ごとに現れる.
- 積の形を作ることにより, 約数・倍数関係が利用できる;
  例えば, $3\times x=5\times y$の形から, xは5の倍数, yは3の倍数と分かるし, また, $x\times y=48$の形からは, x, yはともに48の約数と分かる.

8　不定方程式の解き方

未知数よりも立式される方程式の数の方が少ない場合, 一般に解は定められないので, このような方程式を‘不定方程式’という.

しかし, 「未知数が整数」などの条件が加わると, 解が定められる場合もある. それを解く際のポイントは, 上の**7**を踏まえて,

- 範囲を絞って, ‘シラミつぶし’をする.
- 周期性をとらえる.
- 約数・倍数関係に着目する.

等である.

1　公約数・公倍数

75 と 195 について，次の問いに答えなさい．

（1）　この 2 数の最大公約数と最小公倍数を求めなさい．ただし，2 数の最大公約数とはその 2 数の共通の正の約数のうち最大のものであり，2 数の最小公倍数とはその 2 数の共通の正の倍数のうち最小のものである．

（2）　この 2 数の最大公約数を d とする．$\dfrac{75}{d}$ の倍数 x と $\dfrac{195}{d}$ の倍数 y のうち，$xy=75\times195$ であり，かつ x と y の最大公約数が 1 となる x，y の組をすべて求めなさい．ただし，$x>0$，$y>0$ とする．

（08　東大寺学園）

（2）「x と y の最大公約数が 1」という条件を慎重にとらえましょう．

⇦「x と y は**互いに素**」ともいう．

解　（**1**）　右のようになって，

$$\begin{array}{r|rr} 5 & 75 & 195 \\ 3 & 15 & 39 \\ \hline & 5 & 13 \end{array}$$

最大公約数は，$5\times3=$**15**

最小公倍数は，$15\times5\times13=$**975**

（**2**）　（1）より，x は 5 の倍数，y は 13 の倍数であるから，

$x=5m$，$y=13n$（m，n は自然数…①）

⇦ $\dfrac{75}{d}=\dfrac{75}{15}=5$，$\dfrac{195}{d}=\dfrac{195}{15}=13$

とおける．このとき，

$xy=5m\times13n=75\times195$

$\therefore\ \ mn=15^2=3^2\times5^2$ ……………………………………②

ここで，x と y の最大公約数が 1 であることから，m と n の最大公約数も 1 であり(…③)，また，n は 5 の倍数ではない(…④)．

よって，$(m,\ n)=(25,\ 9)$，$(225,\ 1)$

$\therefore$　$(\boldsymbol{x},\ \boldsymbol{y})=$**(125, 117)**，**(1125, 13)**

➡**注**　①，②を満たす$(m,\ n)$は，全部で 9 組ありますが，④より，

$(m,\ n)=(5^2,\ 3^2)$，$(3\times5^2,\ 3)$，$(3^2\times5^2,\ 1)$

の 3 組に絞られ，さらに③より，～～も除かれます．

⇦「9」は，②の正の約数の個数．

1★ 演習題（解答は，☞p.49）

記号 [a，b] を次のように定めます．

[a，b] は a と b の正の公約数の個数を表わす．ただし，a，b は $2\leqq a<b\leqq50$ を満たす整数とする．

例えば，[4，6]=2（正の公約数が 1 と 2 であるから）となります．

（1）　[x，27]=3 となるような正の整数 x をすべて求めなさい．

（2）　[25，$3x+1$] の値が奇数となるような正の整数 x は全部でいくつありますか．

（3）　[x，$3x+5$] の値が 1 でない数になるような正の整数 x は全部でいくつありますか．

（06　豊島岡女子学園）

2 約数の個数

1以上の整数 x に対し，$[x]$ を x の約数の個数とします．例えば，24の約数は，1，2，3，4，6，8，12，24の8個なので，$[24]=8$ です．

（1） 次の値を求めなさい．

① $[8]$　　② $[36]$

（2） $1\leqq x\leqq 20$ を満たす整数のうち，$[x]$ が方程式 $[x]^2+[x]-6=0$ を満たすような x をすべて求めなさい．

（3） $[x]$ の方程式 $[x]^2-[x]-6=0$ を満たす3桁の x の中で，最も大きい整数を求めなさい．

（09　獨協埼玉）

まず，「約数の個数」についての公式◎(☞ p.34)を確認しましょう．また，注の網目部も要チェックです！

解 （1） ① $8=2^3$ より，$[8]=3+1=\mathbf{4}$

⇦第一手は，**素因数分解**.

② $36=2^2\times 3^2$ より，$[36]=(2+1)\times(2+1)=\mathbf{9}$

（2） $[x]^2+[x]-6=([x]-2)([x]+3)=0$

$[x]>0$ であるから，$[x]=2$

⇦$[x]$ は，1以上の整数 x の約数の個数だから，自然数.

これを満たす x は素数であるから，$1\leqq x\leqq 20$ のとき，

$\boldsymbol{x=2,\ 3,\ 5,\ 7,\ 11,\ 13,\ 17,\ 19}$

⇦**2は素数であり，1は素数でない**ことにも注意しよう.

（3） $[x]^2-[x]-6=([x]-3)([x]+2)=0$

$\therefore\ [x]=3$

これを満たす x は，$(素数)^2$ の形であるから，3桁で最大の x は，

$31^2=\mathbf{961}$

➡**注** 一般に，自然数 x について，

$[x]=1$ ……… $x=1$

$[x]=2$ ……… $x=(素数)$

$[x]=(奇数)$ … $x=(平方数)$

であることは，記憶に留めておきましょう．

⇦上記のように，特に，$[x]=3$ …… $x=(素数)^2$

【類題②】★ 1以上40以下の整数 n に対して，n の正の約数の個数を $\ll n\gg$ で表す．

（1） $\ll n\gg=2$ となる n の個数を求めなさい．

（2） $\ll n\gg=3$ となる n をすべて求めなさい．

（3） $\ll n\gg=4$ となる n の個数を求めなさい．

（4） $\ll n\gg$ が最大となる n を求めなさい．　（05　清風南海）

⇦解答は，☞ p.166.

2 演習題 (p.49)

自然数 n に対して，n の約数の個数を $f(n)$ で表す．たとえば，$f(7)=2$，$f(8)=4$，$f(9)=3$ である．

（1） ① $f(243)$ の値を求めなさい．　② $f(245)$ の値を求めなさい．

（2） 自然数 a について，$f(a)=6$ のとき，$f(a^3)$ の値をすべて求めなさい．

（3） 自然数 b，c について，$f(b)=5$，$f(c)=7$ のとき，$f(b^2c^2)$ の値をすべて求めなさい．

（05　東大寺学園）

3　約数の和

次の各問いに答えなさい．

（1）　2009 に自然数をかけて，ある整数の 3 乗になるようにしたい．かけるべき最小の自然数を求めなさい．

（2）　$\frac{1}{2009}$，$\frac{2}{2009}$，$\frac{3}{2009}$，…，$\frac{2008}{2009}$ のうち，約分すると分子が 1 となる分数すべての和を求めなさい$\left(\text{ただし，}\frac{1}{2009}\text{も含む}\right)$．（09　白陵）

（1）　第一手は，素因数分解です．

（2）　2009 の約数の和を求めることになります．

解　（**1**）　$2009=7^2\times41$ ……①　より，求める数は，

$7\times41^2=$**11767**

⇦2009×11767
$=(7^2\times41)\times(7\times41^2)$
$=7^3\times41^3=(7\times41)^3$

（**2**）　$\frac{n}{2009}$（$1\leqq n\leqq2008$ …②）の分子が 1 となるのは，n が 2009 の約数の場合である．

これと①，②（2009 は含まれない）より，求める和は，

$$\frac{1+7+41+7^2+7\times41}{2009}=\frac{385}{2009}=\mathbf{\frac{55}{287}}$$

➡**注**　①，②と p.34 の公式◉より，分子の和は，
$(1+7+7^2)\times(1+41)-2009=385$
としても求められます．

*　　　　　　*

【**類題**3】　10 の正の約数は 1，2，5，10 の 4 個あり，それらの総和は $1+2+5+10=18$，それらの逆数の総和は $\frac{1}{1}+\frac{1}{2}+\frac{1}{5}+\frac{1}{10}=\frac{18}{10}$ すなわち $\frac{9}{5}$ である．

⇦解答は，☞p.166.

ある自然数の正の約数の総和が 744，それらの逆数の総和が $\frac{124}{61}$ であるとき，この自然数を求めなさい．（08　新潟明訓）

3　演習題（p.49）

36 を素因数分解すると，$36=2^2\times3^2$ となります．36 の約数を表のようにすべて書くと，約数の総和は 91 と求められます．

1	2	4
3	6	12
9	18	36

（1）　432 の約数の総和を求めなさい．

（2）　自然数 A を素因数分解したところ，$A=3^3\times a^2$ となり，その約数の総和は 2280 となりました．素数 a を求めなさい．

（3）　自然数 B を素因数分解したところ，$B=2^2\times m\times n$ となり，その約数の総和は 392 となりました．素数 m，n を求めなさい．ただし，$2<m<n$ とします．

（04　海城）

4　素数

自然数 n について，n 以下の自然数で n との最大公約数が 1 となる自然数の個数を《n》で表すことにする．たとえば，10 以下の自然数で 10 との最大公約数が 1 となる自然数は 1，3，7，9 の 4 個であるので《10》＝4 となる．また，《1》＝1 である．

（1）《21》を求めなさい．

（2）p を素数とするとき，《p》を p を用いて表しなさい．

（3）p を 5 でない素数とするとき，《$5p$》を p を用いて表しなさい．

（4）2つの素数 p，q が《pq》＝24 を満たすとき，p，q の組(p，q)をすべて求めなさい．ただし，$p<q$ とする．

（08　清風南海）

（3）（1）の数え方に倣(なら)いましょう．

解　（1）$21=3\times7$ であるから，

$$《21》=21-(7+3-1)=\mathbf{12}$$

➡**注**　1〜21 から，‘3 の倍数’ と‘7 の倍数’を除いています(「-1」は 21 のダブリの分)．

（2）p が素数のとき，$1\sim p-1$ はすべて p と互いに素であるから，

$$《p》=\boldsymbol{p-1}$$

⇦「互いに素」…最大公約数が 1 ということ(☞p.34)．

（3）（1）と同様に数えて，

$$《5p》=5p-(p+5-1)=\boldsymbol{4p-4}$$

（4）
$$《pq》=pq-(q+p-1)$$
$$=pq-p-q+1=(p-1)(q-1)=24$$

これと，p，q は $p<q$ を満たす素数であることから，

$$(\boldsymbol{p},\ \boldsymbol{q})=(\mathbf{3},\ \mathbf{13}),\ (\mathbf{5},\ \mathbf{7})$$

＊　　　　　＊

【類題4】　本問の記号《n》について，《100》および《300》を求めなさい．（08　巣鴨）

⇦解答は，☞p.166.

4★ 演習題（p.50）

1 から N までの自然数(正の整数)を次の規則によって順にひとつずつ消す操作を行う．

① まず，最初に 1 を消す．

② 素数 2 を残して，2 以外の 2 の倍数を小さい順にひとつずつすべて消す．

③ 素数 3 を残して，3 以外の 3 の倍数を小さい順にひとつずつすべて消す．

④ 残った数について，素数の小さい方から同様の操作を行う．

ただし，素数とは，1 以外の自然数で，1 とその数以外には約数をもたない数である．

たとえば，$N=10$ のとき，素数 2，3，5，7 が残り，自然数は 1，4，6，8，10，9 の順で消す．したがって，最後に消した数は 9 で 6 番目に消したことになる．

（1）$N=100$ のとき，最後に消える数は何か．また，それは何番目に消えるか．

（2）N を 100 より大きい数としたとき，（1）で求めた最後の数が，最後に消える数ではなくなる N の最小値を求めなさい．

（3）このように数を消していったところ，221 が最後に消える数となる N の最大値を求めなさい．

（08　海城）

5 余り／合同式

A，B はそれぞれ 20 以上 30 未満の正の整数とします．A を 4 で割ったときの余りを a，B を 4 で割ったときの余りを b とします．

（1） $A+B=50$ を満たすすべての A，B の組に対して，$a+b$ を 4 で割ったときの余りを求めなさい．

（2） $a+b$ を 4 で割ったときの余りが 1 になるすべての A，B の組に対して，$A+B$ の値が最も大きくなるとき，その値を求めなさい．

（04 豊島岡女子学園）

‘余り’が主役の問題では，以下のⒶのようにおくのが基本です．

⇦☞p.34.
なお，本問では，(1)(2)とも‘シラミつぶし’で解くことも可能….

解 （1） $A=4p+a$，$B=4q+b$ …Ⓐ とおける(p，q は整数)．すると，$A+B=4(p+q)+a+b=50$

∴ $a+b=50-4(p+q)$

$=4\{12-(p+q)\}+2$

よって，$a+b$ を 4 で割った余りは，**2**

（2） $A+B=k$ を 4 で割った余りを c とすると，$k=4r+c$（r は整数)とおける．すると，(1)と同様にして，

$a+b=4\{r-(p+q)\}+c$ ……………………………①

よって，$c=1$ であるから，$k=4r+1$

$40\leqq k\leqq 58$ の範囲で，この形の最大の数は，$r=14$ のときの，

$k=\mathbf{57}(=29+28)$

⇦$20\leqq A\leqq 29$，$20\leqq B\leqq 29$ より，$40\leqq A+B(=k)\leqq 58$

➡**注** 結局，(1)(2)を通して，

$A+B$ と $a+b$ を 4 で割った余りは等しい

ということです(①から分かる)．

⇦次の研究の知識によれば明らか．

■**研究** 一般に，整数 a，b を整数 p で割った余りが等しいことを，「$\boldsymbol{a\equiv b\ (\mathrm{mod}\ p)}$」と表すことがあり，これを**合同式**といいます(主に高校で学ぶ)．

⇦「a と b は p を法として合同である」という．

ここで，$a\equiv b$，$c\equiv d$ のとき，

$\boldsymbol{a+c\equiv b+d}$，$\boldsymbol{a-c\equiv b-c}$，$\boldsymbol{a\times c\equiv b\times d}$

などが成り立ちます．

*　　　　*

【**類題5**】★ n は 7 で割ると 3 余る整数です．次の数を 7 で割ったときの余りを求めなさい．

（1） n^2　（2） n^6　（3） n^{2005}　（05 徳島文理）

⇦解答は，☞p.167.

5★ 演習題 (p.50)

正の整数 a を 4 で割った余りが b であるとき，$a\equiv b$ と表します．例えば，$8\equiv 0$，$9\equiv 1$，$10\equiv 2$，$11\equiv 3$ です．

（1） $(4^4+1)(4^5-1)\equiv c$ のとき，c の値を求めなさい．

（2） $x\equiv 1$，$y\equiv 2$，$z\equiv 3$，$4x+y+z\equiv d$ のとき，d の値を求めなさい．

（3） $13+3n\equiv 1$ となる正の整数 n のうち，最小のものを求めなさい．

（06 鎌倉学園）

6　余り／複数の数で割る

2けたの自然数 a と，2以上の自然数 b があります．$a>b$ のとき，a を b で割ったときの余りが c であることを $(a,\ b)=c$ と表すことにします．例えば，$(18,\ 2)=0$ は，18が2で割り切れることを表し，$(24,\ 5)=4$ は，24を5で割ったときの余りが4であることを表します．

（1）　$(a,\ 2)=0$ を満たす a の値はいくつありますか．

（2）　$(a,\ 5)+(a,\ 6)=2$ を満たす a の値はいくつありますか．

（07　東邦大付東邦）

（2）　3通りの場合があります．

解　（1）　$(a,\ 2)=0$ を満たす a は，2の倍数であるから，2けたの a の個数は，$49-5+1=$ **45（個）** ……………………………①

➡注　①の左辺では，「a は，$10(=2\times5)\sim98(=2\times49)$ だから…」として数えていますが，「2けたの自然数は90個，その中で偶数は半分」と考えても，答えが得られます．

（2）　$(a,\ 5)$ の値は0～4，$(a,\ 6)$ の値は0～5であるから，それらの和が2のとき，右の㋐～㋒のいずれかである．

⇦ p で割った余りは，**0～$p-1$**

$(a,\ 5)$	$(a,\ 6)$	
0	2	㋐
1	1	㋑
2	0	㋒

㋐の場合；a は5の倍数で，6で割ると2余る数（＊）であるから，20，50，80の3個．

⇦（＊）のような数は，5と6の**最小公倍数**である30おきに現れる．

㋑の場合；a は5で割っても6で割っても1余る数，すなわち，5と6の公倍数より1大きい数であるから，31，61，91の3個．

⇦ a は「2けたの自然数」ですから，㋑で「$a=1$」は不適．

㋒の場合；a は6の倍数で，5で割ると2余る数であるから，12，42，72の3個．

㋐～㋒より，答えは，$3+3+3=$ **9（個）**

＊　　　　　　＊

【類題6】　a，b，c は自然数で，$187\times a$ を7で割ると1余り，$119\times b$ を11で割ると1余り，$77\times c$ を17で割ると1余る．このような a，b，c のうち，最小のものをそれぞれ求めなさい．
　また，7で割ると3余り，11で割ると2余り，17で割ると1余る自然数のうちで最小のものを求めなさい．　（07　甲陽学院）

⇦解答は，☞p.167.

6★ 演習題（p.50）

n は正の整数とする．記号 (n) は n を3で割ったときの余りを表し，記号 $\langle n\rangle$ は n を7で割ったときの余りを表す．また，記号 $\{n\}$ は n を100で割って小数第1位を四捨五入した数を表すとする．例えば，$(23)=2$，$\langle 34\rangle=6$，$\{4567\}=46$ である．

（1）　$\langle 2007\rangle\times\{2007\}$ の値を求めなさい．

（2）　n は2桁の整数で，$(n)+\langle n\rangle=0$ のとき，整数 n の個数を求めなさい．

（3）　n は2桁の整数で，$(n)\times\langle n\rangle=0$ のとき，整数 n の個数を求めなさい．

（4）　$(n)\times\{n\}=3$ を満たす整数 n の個数を求めなさい．

（07　清風南海）

7　余り／各位の数を文字で表す

連続する3つの自然数 n, $n+1$, $n+2$ のそれぞれの平方の和を M とする．千の位の数が a, 百の位の数が $a-1$, 十の位の数が $a-1$, 一の位の数が a である4桁の自然数を N とする．

（1）　自然数 M を3で割ったときの余り b はいくらか．

（2）　自然数 N を3で割ったときの余りが（1）の b に一致するときの N をすべて求めなさい．

（3）　$M=N$ となるときの自然数 n を求めなさい．　（06　甲陽学院）

（3）（2）で，N の候補が絞られます．

解　（1）　$M=n^2+(n+1)^2+(n+2)^2$

$=3n^2+6n+5=3(n^2+2n+1)+2$ ………………①

$\therefore$　$\boldsymbol{b=2}$ ………………②

（2）　$N=a\times1000+(a-1)\times100+(a-1)\times10+a$

$=1111a-110=3(370a-37)+a+1$

よって，N を3で割ったときの余りは，$a+1$ を3で割ったときの余りに等しく，それが②に一致するのは，（a は1桁の自然数であることに注意して）$a=1$, 4, 7 ………………③

このとき，$\boldsymbol{N=1001}$, **4334**, **7667** ………………④

➡**注**　N を3で割ったときの余りは，各位の数の和，$a+(a-1)+(a-1)+a=4a-2$ を3で割ったときの余りに等しい——と考えても，③が得られます．

⇦「各位の数」を文字でおくとき，この右辺のように表されることは常識としておこう．

⇦合同式（☞p.40）を使うと，$N\equiv a+1\equiv2\pmod 3$ より，$a\equiv1$（つまり，a は3で割ると1余る数）

（3）　$M=N$ のとき，M, N を3で割ったときの余りは等しい（＊）から，N は④の3数のいずれかである．

⇦この当然の事実（＊）が，本問のポイントになる．

ところで，$M=①=3(n+1)^2+2$ であるから，これが N に等しいとき，$\dfrac{N-2}{3}=(n+1)^2$

④の3数のうち，$\dfrac{N-2}{3}$ が平方数になるのは，$N=4334$ のときであり，このとき，$(n+1)^2=\dfrac{4334-2}{3}=1444=38^2$　$\therefore$　$\boldsymbol{n=37}$

⇦要するに，$37^2+38^2+39^2=4334$ ということ．

7★ 演習題（p.50）

十の位の数字が x, 一の位の数字が y である2けたの正の整数 n がある．以下の □ に適する数または式を求めなさい．

（1）　n を x, y で表すと $n=$ □ $x+y$ である．

公式 $(a+b)^3=a^3+3a^2b+3ab^2+b^3$ を用いて，n^3 を x, y で表すと，

$n^3=$ □ x^3+ □ x^2y+ □ xy^2+y^3 ………………①

である．①より n^3 を10で割った余りは，□ を10で割った余りに等しい．………………②

また，①より n^3 を100で割った余りは，□ を100で割った余りに等しい．………………③

（2）　n^3 を100で割った余りが72のとき，n の値を求めてみよう．

まず，②より y の値を求めると $y=$ □ …④　である．

つぎに，③，④より x の値を求めると $x=$ □ または □ である．

したがって，$n=$ □ または □ である．　（08　中央大付）

8　数の連なり

右の図のように，座標平面の原点から始まって，左まわりに x 座標，y 座標ともに整数となる点に番号をつけていく．このとき，次の（1），（2）の問いに答えなさい．

（1）　座標が $(0, 5)$ である点は何番目になるか．
（2）　200番目の点の座標を求めなさい．

（06　香川県藤井）

```
                    y
 ⋮    ⋮   ⋮  28  27  26
 ⋮   13  12  11  10  25
 ⋮   14   3   2   9  24
────15───4───1───8──23──── x
 ⋮   16   5   6   7  22
 ⋮   17  18  19  20  21
 ⋮
```

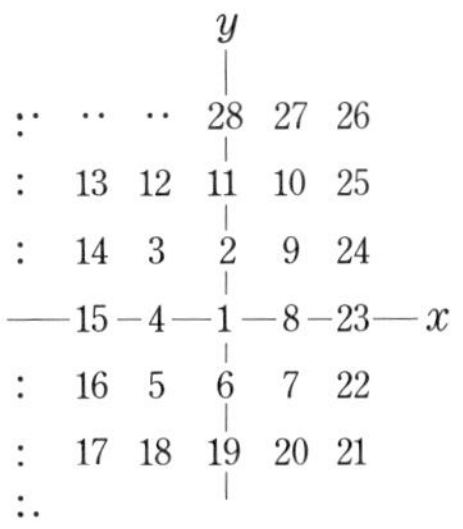

このタイプでは，'規則性'を見つけることがポイントです．その際，**平方数に着目する**とうまくいくことが多い．

解　（1）　図のように，直線 $y=x$ 上 $(x\geqq 0)$ には（奇数）^{2} が並ぶから，座標が $(4, 4)$ である点の番号は，$9^2=81$

よって，$(0, 5)$ である点は，
$$81+5=\mathbf{86}（番目）$$

➡注　y 軸上（$y\geqq 0$）の番号に着目すると，右のように，差が 8 ずつ増えているので，○ $=25+8=33$
∴　□ $=53+33=\mathbf{86}$（番目）

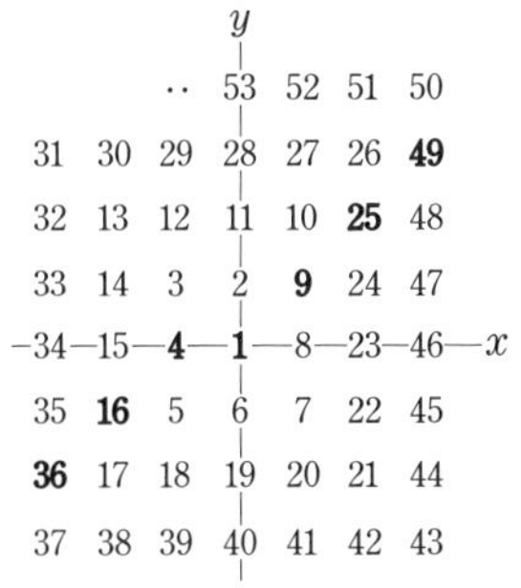

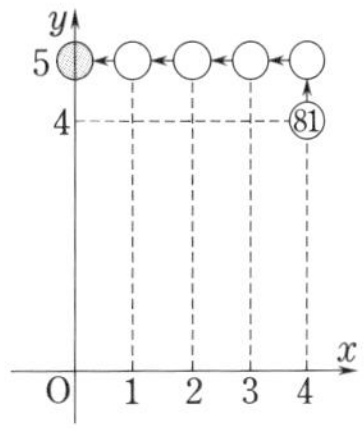

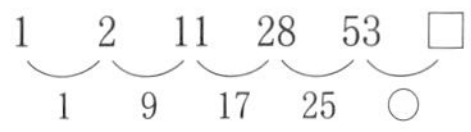

（2）　（偶数）^{2} は，直線 $y=x+1$ 上 $(x\leqq -1)$ に並ぶから，$14^2=196$ の座標は，
$$(-7, -6)　(\text{☞注})$$
よって，200番目の点の座標は，
$$(-7+3, -6-1)　∴　(\mathbf{-4}, \mathbf{-7})$$

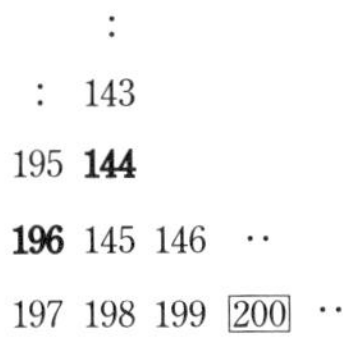

➡注　偶数を $2n$ とすると，$(2n)^2$ の x 座標は $-n$ ですから，$(14(=2\times 7))^2$ の x 座標は -7．

```
                      y
            ⋯ 53 52 51 50
       31 30 29 28 27 26  49
       32 13 12 11 10  25  48
       33 14  3  2   9  24  47
      -34-15--4--1--8-23-46─ x
       35  16  5  6  7  22  45
       36  17 18 19 20 21  44
       37  38 39 40 41 42  43
```

```
  1   2  11  28  53   □
   ⌣   ⌣   ⌣   ⌣   ⌣
   1   9  17  25   ○
```

⋮
　　　143
195　**144**
196　145　146　⋯
197　198　199　200　⋯

⇦ $y=x$ 上の点 (a, a) $(a\geqq 0)$ の番号は，$(2a+1)^2$

⇦「81」から，番号は下図のように進む．

```
  y
5 ○─○─○─○─○
4             (81)
      
O  1  2  3  4  x
```

8★ 演習題（p.51）

正の整数 1, 2, 3, … をマス目の中に，右図のようにおいていく．左から m 列目で下から n 段目のマス目におかれる整数を $N(m, n)$ と表す．たとえば，$N(1, 1)=1$，$N(1, 2)=2$，$N(2, 2)=3$，$N(2, 1)=4$，$N(3, 1)=5$，… である．

（1）　$N(6, 3)$ を求めなさい．
（2）　$N(m, n)=225$ のとき，m と n を求めなさい．
（3）　$N(2a, 2a)$ を a を用いて表しなさい．
（4）　正の整数 a が $a<40$ をみたすとき，$N(a, 40)-N(a, 39)$ を a を用いて表しなさい．

	1列目	2列目	3列目	4列目	5列目	…
⋮						
5段目						
4段目	10	11	12	13		
3段目	9	8	7	14		
2段目	2	3	6	15		
1段目	1	4	5	16	17	

（09　青雲）

9★ 規則性・周期性

下の図のように○と×をある規則にしたがって並べていくとき，次の各問いに答えなさい．

○×○○××○○○××××○○○○××××××××○…

（1） 最初から数えて50番目は，○，×のどちらですか．

（2） はじめて×の数の総和が○の数の総和の2倍になるのは，最初から数えて何番目ですか．
また，次に×の数の総和が○の数の総和の2倍になるのは，最初から数えて何番目ですか．

（3） ×の数の総和が○の数の総和の2倍になるのは，全部で何回起こりますか．

（09 近畿大付新宮）

○は，1→2→3→4→… と1個ずつ増えるのに対し，×は，1→2→4→8→… と2倍ずつ増えます．（1）〜（3）とも，計算で処理するのはキツイので，的確に答えを見つけていきましょう．

⇦まず，この‘規則’をしっかり見極めるのが，第一手．

解 （**1**） ○と×の連続が5回ずつ終わった時点で，○と×の個数の合計は，

(1+2+3+4+5)+(1+2+4+8+16)=15+31=46（個）

次は，○が6個続くから，答えは**○**

（**2**） 上の～～より，**45番目**の×で，×の総和が○の総和の2倍になる．

	5回	6回	7回
○	15	21	28
×	31	63	

⇦それ以前には，2倍になることはない．

○と×の連続が終わった時点でのそれぞれの個数は，右表のようになる．すると次に2倍になるのは，6回目の×の連続において，×が42個になったときであるから，21+42=**63**（**番目**）

（**3**） 7回目の○の連続が終わった時点で，○の個数(28個)は×の個数(63個)の半分より少なく，それ以降はその比が小さくなる一方であるから，答えは，((2)の場合の) **2回**のみである．

⇦n回目の○の連続が終わった時点での，$\frac{\text{○の数}}{\text{×の数}}$の値は，$n=7$以降，$\frac{28}{63}\to\frac{36}{127}\to\frac{45}{255}\to\cdots$と，どんどん小さくなっていく．

9★ 演習題 (p.51)

次の説明文を読んで，（1）〜（3）の問いに答えなさい．

nを整数としたとき，2個の連続する3連続整数の積の差

$$n(n+1)(n+2)-(n-1)n(n+1)$$

を因数分解すると $n(n+1)(n+2)-(n-1)n(n+1)=$ ア ……① と表せる．①で，

nを1にすると，$1\cdot2\cdot3-0\cdot1\cdot2=3\cdot1\cdot2$ ……………………②
nを2にすると，$2\cdot3\cdot4-1\cdot2\cdot3=3\cdot2\cdot3$ ……………………③
nを3にすると，$3\cdot4\cdot5-2\cdot3\cdot4=$ イ ……………………④
nを4にすると，$4\cdot5\cdot6-3\cdot4\cdot5=$ ウ ……………………⑤
nを5にすると，$5\cdot6\cdot7-4\cdot5\cdot6=$ エ ……………………⑥

ここで，②+③+④+⑤+⑥より，

オ − カ $=3\cdot1\cdot2+3\cdot2\cdot3+$ イ + ウ + エ ……⑦ と表せる．

（1） ア 〜 カ をうめなさい．

（2） 1と2の積$1\cdot2$から始まる5個の連続する2連続整数の積の和をAとする．⑦を用いて，Aの値を求めなさい．

（3） 6と7の積$6\cdot7$から始まる50個の連続する2連続整数の積の和をBとする．⑦と(2)の結果を用いて，Bの値を求めなさい．

（06 県立千葉）

10★ 整数部分・小数部分

次の各問いに答えなさい.

(ア) 記号 $[x]$ は x を超えない最大の整数を表す. 例えば, $[3.5]=3$, $[2]=2$, $[-1.2]=-2$ である. このとき, $\left[\left(\dfrac{x-1}{2}\right)^2\right]=\dfrac{x}{2}+3$ を満たす x を求めなさい. (07 大阪星光学院)

(イ) 正の数 x の小数部分を $\langle x\rangle$ で表すことにする. たとえば, $\langle 3.14\rangle=0.14$ である. 正の数 x に対して $(x-\langle x\rangle)^2+(3\langle x\rangle-1)^2=6$ が成り立つとき, $x-\langle x\rangle$ の値, および, x の値を求めなさい. (09 灘)

「**数**」=「**整数部分**」+「**小数部分**」です. 本問では,

(ア) 方程式の左辺は整数であること

(イ) $x-\langle x\rangle$ (①より $[x]$)は整数であること

に的確に着目できるかどうかがポイントです.

⇦本問の記号でいうと, $x>0$ のとき, $x=[x]+\langle x\rangle$ ……①
なお, 「整数部分」を(ア)のように決めると, $x\leqq 0$ のときも, x の「小数部分」は 0 以上になる.

解 **(ア)** $[x]$は整数であるから, 方程式の左辺は整数である.

よって, 右辺の $\dfrac{x}{2}$ も整数であるから, $x=2a$ (a は整数)とおける.

⇦$\dfrac{x}{2}=$(整数)$-3=$(整数)

このとき, 方程式の左辺は,

$$\left[\left(\frac{x-1}{2}\right)^2\right]=\left[\left(\frac{2a-1}{2}\right)^2\right]=\left[a^2-a+\frac{1}{4}\right]=a^2-a$$

⇦$a^2-a+\dfrac{1}{4}=$(整数)$+\dfrac{1}{4}$

であるから, 方程式は, $a^2-a=a+3$ ∴ $a^2-2a-3=0$

∴ $(a+1)(a-3)=0$ ∴ $a=-1,\ 3$ ∴ $x=2a=$ **-2, 6**

(イ) $x-\langle x\rangle$ は(0以上の)整数であり, これと,

$(x-\langle x\rangle)^2+(3\langle x\rangle-1)^2=6$ ……②

より, $x-\langle x\rangle=0,\ 1,\ 2$ ……③

⇦②より, $(x-\langle x\rangle)^2\leqq 6$
なお, ③の3通りで場合分けしてもよい.

一方, $0\leqq\langle x\rangle<1$ より, $0\leqq 3\langle x\rangle<3$

∴ $-1\leqq 3\langle x\rangle-1<2$ ……④

⇦④より, $0\leqq(3\langle x\rangle-1)^2<4$
これと②より,
$2<(x-\langle x\rangle)^2\leqq 6$

このとき, ③の中で②を満たすのは, $x-\langle x\rangle=$ **2**

これと②より, $(3\langle x\rangle-1)^2=2$ ④より, $3\langle x\rangle-1=\sqrt{2}$

∴ $\langle x\rangle=\dfrac{\sqrt{2}+1}{3}$ ∴ $x=2+\langle x\rangle=$ $\boldsymbol{\dfrac{7+\sqrt{2}}{3}}$

10★ 演習題 (p.51)

自然数 n, N についての式 $N\leqq\sqrt{n}<N+1\cdots(*)$ を考える.

(1) $N=3$ のとき, $(*)$を満たす自然数 n の値をすべて求めなさい.

(2) $n=70$ のとき, $(*)$を満たす自然数 N の値を求めなさい.

(3) (2)からわかるように, 自然数 n の値が1つ与えられたとき, それに対して$(*)$を満たす自然数 N の値がただ1つ定まる. そこで, その N の値を記号で《n》と表すことにする. 例えば, 《10》$=3$, 《100》$=10$ である.

(i) 《a》の2倍が《20》に等しいような自然数 a の値をすべて求めなさい.

(ii) x と y の和が154で, 《x》の2倍が《y》に等しいような自然数 x, y の値の組をすべて求めなさい. (04 成蹊)

11 平方数の和・差で表す

自然数の中には2つの自然数の平方の差で表すことができる数がある．例えば，

$12=6\times2=(4+2)\times(4-2)=4^2-2^2$

$16=8\times2=(5+3)\times(5-3)=5^2-3^2$

$20=10\times2=(6+4)\times(6-4)=6^2-4^2$

などである．

（1） 8を2つの自然数の平方の差で表すと，$8=\square^2-\square^2$

（2） 21を2つの自然数の平方の差で表すと，表し方は2通りある．

$21=5^2-2^2$ と $21=\square^2-\square^2$

（3） 96を2つの自然数の平方の差で表すと，表し方は全部で何通りあるか．

（09 西南学院）

解答の途中で，以下の〰〰の事実に気付きたいところです．

解 （1） $8=4\times2=(3+1)\times(3-1)=\mathbf{3^2-1^2}$

（2） $21=7\times3=(5+2)\times(5-2)=5^2-2^2$

$21=21\times1=(11+10)\times(11-10)=\mathbf{11^2-10^2}$

（3） 一般に，$a^2-b^2=(a+b)\times(a-b)$

で，$(a+b)$と$(a-b)$は，奇偶を共にする．

96を，〰〰を満たす2整数の積で表す仕方は，

$96=48\times2,\ 24\times4,\ 16\times6,\ 12\times8$ ……………………①

の，**4通り**ある．

➡注 ①のそれぞれに応じて，

$96=25^2-23^2,\ 14^2-10^2,\ 11^2-5^2,\ 10^2-2^2$

⬅$(a+b)+(a-b)=2a$（偶数）だから，$(a+b)$と$(a-b)$は，共に偶数か共に奇数．

⇦$96=96\times1,\ 32\times3$ は不適．

11★ 演習題 (p.52)

xを0以上の整数としたとき，x^2の形で表される数を平方数という．正の整数をx^2+y^2（x，yは0以上の整数)のように，2つの平方数の和として表すことを考える．例えば，5は$5=1^2+2^2$，65は$65=1^2+8^2$または$65=4^2+7^2$である．ただし，$5=1^2+2^2$と$5=2^2+1^2$は同じ表し方とみなす．

（1） 53を2つの平方数の和で表しなさい．

（2） 正の整数nが$n=(a^2+b^2)(c^2+d^2)$（a，b，c，dは0以上の整数)で表せるとする．次の［ア］～［オ］に適する式を答えなさい．

$n=(a^2+b^2)(c^2+d^2)=$［ア］$+2abcd-2abcd$

この式を変形すると $n=($［イ］$+$［ウ］$)^2+($［エ］$-$［オ］$)^2$

または $n=($［イ］$-$［ウ］$)^2+($［エ］$+$［オ］$)^2$

（3） 5777を2通りの2つの平方数の和で表しなさい．$5777=53\times109$

（08 慶應女子）

12★ 三平方と整数

∠A＝90°の直角三角形 ABC がある．BC＝a，CA＝b，AB＝c とするとき，a，b，c は 2 桁の整数であり，c は a の一の位の数と十の位の数を入れ替えた数になっている．

（1） a の十の位の数を x，一の位の数を y とするとき，b^2 を x，y を用いて表しなさい．

（2） $x+y$，$x-y$ の値を求めなさい．

（3） a，b，c の値を求めなさい．

（04　智辯学園和歌山）

（2） 3 文字で式が 1 つというキビシイ‘不定方程式’です．式の形をよく見定めましょう．

⇦‘不定方程式’については，☞p.35.

解 （1） $a=10x+y$ と表せて，このとき，$c=10y+x$ であるから，

⇦「各位の数」の条件が与えられたときには，このように表すのが定石(☞p.42).

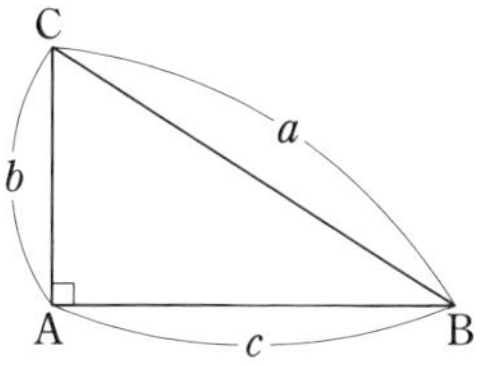

$b^2=a^2-c^2=(10x+y)^2-(10y+x)^2$

$=\mathbf{99(x^2-y^2)}$ ……………………①

（2） ①より，

$b^2=9\times\underset{\sim\sim\sim}{11(x+y)(x-y)}$

この左辺は平方数であるから右辺も平方数であり，よって〜〜も平方数である．したがって，$x+y$，$x-y$ の少なくとも一方は 11 の倍数であるが，$x+y$ は 18 以下の，$x-y$ は 8 以下の自然数であるから，

⇦9(＝3^2)は平方数.

⇦$x-y\leqq 9-1=8$

$\boldsymbol{x+y=11}$ …②　となるしかない．

x	y	$x-y$
9	2	7
8	3	5
7	4	3
6	5	1

よって，x，y は右表のいずれかであるが，このうち〜〜が平方数になるのは，$\boldsymbol{x-y=1}$ …③ の場合である．

⇦$x>y$ に注意.

⇦②より，$x-y$ は平方数.

（3） ②，③より，$(x,\ y)=(6,\ 5)$であるから，

$\boldsymbol{a=65}$，$\boldsymbol{c=56}$

また，$b^2=9\times11\times11\times1$ より，$\boldsymbol{b=33}$

⇦$65^2=33^2+56^2$ となるが，このような 3 つの自然数を“**ピタゴラス数**”という．

12★ 演習題 (p.52)

直角三角形の直角をはさむ 2 辺の長さを a，b とし，斜辺の長さを c とする．また，a，b，c は自然数で，a は 3 以上の素数とする．

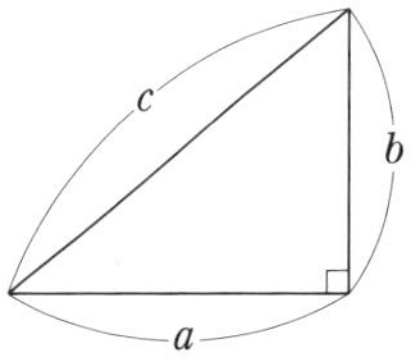

（1） c を a だけを用いて表しなさい．

（2） 直角三角形の面積 S を a だけを用いて表しなさい．

（3） 直角三角形の面積 S はすべて整数になります．理由を述べなさい．

（07　桜美林）

13★ 新しい数

整数 x に対して，次の①から③までの性質が成り立つ数 $[x]$ を考える．

① すべての整数 x，y に対して，$[x]\times[y]=[x+y]$ が成り立つ．

② すべての整数 x，y に対して，$[x]=[y]$ ならば $x=y$ が成り立つ．

③ $[2]=4$ である．

（1） $[4]$ の値を求めなさい．

（2） $[0]$ の値を求めなさい．

（3） $[x+1]\times[x-1]=64$ を満たす整数 x を求めなさい．

（07　明治大付明治）

各小問とも，性質①～③のどれを使うのか，その中の x と y をいくつにすればよいのか，に知恵を絞りましょう．

⇦新しい規則の数なので，論理的な力が試される．論理にアナや飛躍がないように，緻密(ちみつ)に考えよう．

解 （1） 性質①において，$x=y=2$ とすると，

$$[2]\times[2]=[2+2]=[4]$$

これと性質③より，$[4]=[2]\times[2]=4\times4=\mathbf{16}$ ……………………㋐

（2） 性質①において，$x=0$，$y=2$ とすると，

⇦$y=4$ としてもよい．

$$[0]\times[2]=[0+2]=[2]$$

これと性質③より，$[0]\times4=4$　∴　$[0]=\mathbf{1}$

（3） 性質①より，

$$[x+1]\times[x-1]=[(x+1)+(x-1)]=[2x]$$

一方，㋐と性質③，①より，

$$64=16\times4=[4]\times[2]=[4+2]=[6]$$

⇦与式の右辺の「64」も変形していく．

すると，与えられた式は，$[2x]=[6]$

このとき，性質②より，$2x=6$　∴　$\boldsymbol{x=3}$

➡**注** $[x]$ のモデルは 2^x です（$2^x\times2^y=2^{x+y}$ など，性質①～③のすべてが成り立つ）．もっとも，これに気付いたとしても，性質①～③をもとにして上のように解答すべきです．

⇦$2^4=\mathbf{16}$，$2^0=\mathbf{1}$
$2^{x+1}\times2^{x-1}=2^{2x}=64$ より $\boldsymbol{x=3}$

13★ 演習題 (p.52)

自然数 n に対して新しい数を考え，その数を $[\![n]\!]$ で表します．この数はどのような自然数 a，b に対しても

$$[\![a]\!]+[\![b]\!]=[\![ab]\!],\ [\![a]\!]=[\![b]\!] \text{ ならば } a=b$$

という性質をもっています．

また $[\![2]\!]=0.3$，$[\![10]\!]=1$ です．

このとき例えば $[\![20]\!]$ は $[\![20]\!]=[\![10]\!]+[\![2]\!]=1+0.3=1.3$ より $[\![20]\!]=1.3$ となります．

（1） 次の値を求めなさい．

① $[\![4]\!]$　② $[\![5]\!]$　③ $[\![1]\!]$

（2） 次の式を満たす自然数 x を求めなさい．

① $[\![x]\!]=0.9$　② $[\![x]\!]+[\![x+1]\!]=1.3$

（04　徳島文理）

整数
演習題の解答

1 (2), (3) $[a, b]=1$ のとき, a と b は'互いに素'です. なお(2)では, まず x の取り得る値を決めてしまいましょう.

解 (1) 27 の約数は 1, 3, 9, 27 であるから, $[x, 27]=3$ を満たす x は 9 の倍数で, $2 \leqq x < 27$ を満たすものである.

$$\therefore \ \boldsymbol{x=9,\ 18}$$

(2) まず, $25 < 3x+1 \leqq 50$ より,

$3x+1=28,\ 31,\ 34,\ 37,\ 40,\ 43,\ 46,\ 49$ …①

ところで, 25 の約数は 1, 5, 25 であるから, $[25, 3x+1]=1$ または 3 である.

$[25, 3x+1]=1$ の場合；$3x+1$ は 25 と互いに素であるから, ①のうち, 40 以外の 7 個.

$[25, 3x+1]=3$ の場合；$3x+1$ は 25 の倍数であるが, ①の中にはない.

以上により, 答えは, **7 個.**

(3) $[x, 3x+5] \neq 1$ のとき, x と $3x+5$ は 2 以上の公約数を持つから, それを G とすると, $x=pG$ …②, $3x+5=qG$ …③ (p, q は自然数) と表せる.

このとき, ③$-$②$\times 3$ より, $5=(q-3p)G$

よって G は 5 の約数であるから, $G=5$

これと, $3x+5 \leqq 50 \quad \therefore \ x \leqq 15$ より,

$x=5,\ 10,\ 15$ の **3 個.**

2 (2), (3)では, 場合分けが必要なことに注意しましょう.

解 (1) ① $243=3^5$ であるから,

$$f(243)=5+1=\boldsymbol{6}$$

② $245=5\times 7^2$ であるから,

$$f(245)=(1+1)\times(2+1)=\boldsymbol{6}$$

(2) $6=1\times 6$ または 2×3 であるから, $f(a)=6$ のとき,

$a=p^5$ または pq^2 (p, q は異なる素数) の形である.

$a=p^5$ のとき, $a^3=(p^5)^3=p^{15}$ であるから,

$$f(a^3)=15+1=\boldsymbol{16}$$

$a=pq^2$ のとき, $a^3=(pq^2)^3=p^3q^6$ であるから, $f(a^3)=(3+1)\times(6+1)=\boldsymbol{28}$

➡**注** (1)が, (2)での場合分けのヒントになっています.

(3) $f(b)=5$, $f(c)=7$ のとき,

$b=p^4$, $c=q^6$ (p, q は素数)

の形である.

$p \neq q$ のとき, $b^2c^2=p^8q^{12}$ であるから,

$$f(b^2c^2)=(8+1)\times(12+1)=\boldsymbol{117}$$

$p=q$ のとき, $b^2c^2=p^8q^{12}=p^{20}$ であるから,

$$f(b^2c^2)=20+1=\boldsymbol{21}$$

3 問題文で与えられた表は, p.34 の公式◉を知らない人へのヒントなのでしょう.

解 (1) $432=2^4\times 3^3$ であるから, その約数の総和は,

$$(1+2+\cdots+2^4)\times(1+3+3^2+3^3)$$
$$=31\times 40=\boldsymbol{1240}$$

(2) $A=3^3\times a^2$ のとき, その約数の総和は,

$$(1+3+3^2+3^3)\times(1+a+a^2)$$
$$=40\times(1+a+a^2)=2280$$

$\therefore \ 1+a+a^2=57 \quad \therefore \ a^2+a-56=0$

$\therefore \ (a-7)(a+8)=0 \quad \therefore \ \boldsymbol{a=7}$ (素数)

(3) $B=2^2\times m\times n$ のとき, その約数の総和は,

$$(1+2+2^2)\times(1+m)\times(1+n)=392$$

$\therefore \ (1+m)(1+n)=56$ ………①

ここで, m, n は $2<m<n$ を満たす素数であるから, $\boldsymbol{m=3,\ n=13}$

➡**注** ①と「$m<n$」より,
$(1+m,\ 1+n)=(1,\ 56),\ (2,\ 28),$
$(4,\ 14)$, $(7,\ 8)$
のいずれかで, このうち, 「$m>2$, m, n は素数」を満たすのは太字の場合だけ――ということです.

4 （1）「何番目か」という問いもあるので，‘シラミつぶし’します(それでも，偶数と5の倍数は省いておきましょう).

（2），（3） だんだんと‘仕組み’が分かってくるでしょうが，慎重に考えたいところです.

解 （1） ①～③の操作，さらに素数5について題意の操作を行ったとき，100以下の自然数で残っているのは，右のようになる(×印は③の操作で消されている).

2	3	5	7
11	13	17	19
~~21~~	23	~~27~~	29
31	~~33~~	37	~~39~~
41	43	47	○49
~~51~~	53	~~57~~	59
61	~~63~~	67	~~69~~
71	73	○77	79
~~81~~	83	~~87~~	89
○91	~~93~~	97	~~99~~

次に，素数7について題意の操作を行うと，○印の3数が消え，ここで操作は終了する(☞注).

残っている数は25個であるから，答えは，

最後に消える数は**91**で，$100-25=$**75（番目）**

➡**注** 7の次には，11について操作を行うことになりますが，その最初に消えるのは，$11\times 11=121$と，100を越える数です.

*　　　　*

91まで消し終わった段階で，100以下の素数は上の表に残った25個と分かります．このように，本問の規則でN以下の素数を分別するやり方を，“**エラトステネスの篩**(ふるい)”といいます.

（2） (1)の表を100を越えて書くと，右のようになる.

101	103	107	109
~~111~~	113	~~117~~	○119

ここで，$119=7\times 17$ $(119<121)$であるから，答えは，$N=$**119**

（3） $221=13\times 17$であり，$13\times 19=247$であるから，答えは，$N=$**246**

➡**注** ここでも，13の次には17についての操作で，その最初に消える数，$17\times 17(=289)$は247より大きいことに注意しましょう.

5 （1） 余りは**0以上**であることに注意.

（3） 見つけてしまうのが手っ取り早い.

解 （1） $(4^4+1)(4^5-1)=4^9-4^4+4^5-1$

$=(4^9-4^4+4^5-4)+3=(4\text{の倍数})+3$

であるから，$\boldsymbol{c=3}$

（2） $x\equiv 1$，$y\equiv 2$，$z\equiv 3$のとき，

$x=4p+1$，$y=4q+2$，$z=4r+3$ ($p\sim r$は整数)

と表せるから，

$4x+y+z=4(4p+1)+4q+2+4r+3$

$=4(4p+1+q+r)+5=(4\text{の倍数})+1$

であるから，$\boldsymbol{d=1}$

（3） $13+3n$の値は，$n=1$から順に，

$16(\equiv 0)$，$19(\equiv 3)$，$22(\equiv 2)$，$25(\equiv 1)$

となるから，求める値は，$\boldsymbol{n=4}$

6 pで割ったときの余りは，**0以上p未満($p-1$以下)**です.

解 （1） $2007\div 7=286$ 余り 5より，

$\langle 2007\rangle=5$．また，$\{2007\}=20$であるから，

$\langle 2007\rangle\times\{2007\}=5\times 20=$**100**

（2） (n)も$\langle n\rangle$も0以上であるから，

$(n)+\langle n\rangle=0$のとき，$(n)=\langle n\rangle=0$

よってnは，3と7の公倍数，すなわち21の倍数であるから，21，42，63，84の**4個**…①

（3） $(n)\times\langle n\rangle=0$のとき，$(n)=0$または$\langle n\rangle=0$，すなわち$n$は，3の倍数または7の倍数である.

2桁の3の倍数は，$33-3=30$（個）

2桁の7の倍数は，$14-1=13$（個）

よって答えは，$30+13-$①$=$**39（個）**

（4） (n)は0，1，2のいずれかであり，また$\{n\}$は(0以上の)整数であるから，

$(n)\times\{n\}=3$のとき，$(n)=1$，$\{n\}=3$

ここで，$\{n\}=3$を満たすnは，

$$2.5\leqq\frac{n}{100}<3.5 \quad \therefore \quad 250\leqq n<350$$

この範囲で$(n)=1$を満たすnは，

$250=3\times 83+1$から，$349=3\times 116+1$までの，

$116-83+1=$**34（個）**

7 （2）が問題です．x，yはともに‘1桁の整数’であることに留意しましょう.

解 （1） $n=\boldsymbol{10x+y}$であるから，与えられた公式(☞注)により，

$n^3=(10x+y)^3$

$=(10x)^3+3\times(10x)^2\times y$

$+3\times 10x\times y^2+y^3$

$=\boldsymbol{1000x^3+300x^2y+30xy^2+y^3}$ ……①

以下，整数 A を 10 で割った余りを $\{A\}$，100 で割った余りを $[A]$ と表すと，①より，

$\{n^3\}=\{\boldsymbol{y^3}\}$ …②，$[n^3]=[\boldsymbol{30xy^2+y^3}]$ …③

➡**注**　この公式は，高校で学びます．

（2）$[n^3]=72$ …㋐　のとき，$\{n^3\}=\{72\}=2$

よって，②より，$\{y^3\}=2$

y は 1 桁の整数であるから，$y=\mathbf{8}$ …………④

③，④より，

$[n^3]=[30x\times8^2+8^3]=[1920x+512]$

$=[20x+12]$

よって，㋐より，$[20x+12]=72$

x は 1 桁の整数であるから，$x=\mathbf{3}$，$\mathbf{8}$

∴　$n=\mathbf{38}$，$\mathbf{88}$

➡**注**　$38^3=54\mathbf{872}$，$88^2=681\mathbf{472}$ です．

8　問題文の図に「36」まで書き込んで，‘規則性’をつかみましょう．そこでのポイントは，やはり**平方数に着目する**ことですが，（2）がそれを示唆しています．

解　（1）右図のようになるから，

$N(6,\ 3)=\mathbf{34}$

（2）平方数に着目すると，右図の網目部分のようになって，p が奇数のとき，

6段目	26	27	28	29	30	31
5段目	25	24	23	22	21	32
4段目	10	11	12	13	20	33
3段目	9	8	7	14	19	34
2段目	2	3	6	15	18	35
1段目	1	4	5	16	17	36
	1列目	2列目	3列目	4列目	5列目	6列目

$p^2=N(1,\ p)$ であるから，

$225=15^2=N(\mathbf{1},\ \mathbf{15})$

（3）（2）より，$N(1,\ 2a-1)=(2a-1)^2$ ①

$N(2a,\ 2a)$ の数は，①から $2a$ 番目であるから，$N(2a,\ 2a)=$ ①$+2a=\boldsymbol{4a^2-2a+1}$

（4）$a<40$ より，

$N(a,\ 40)=q$，

$N(a,\ 39)=r$

は，右図の網目部分にある．

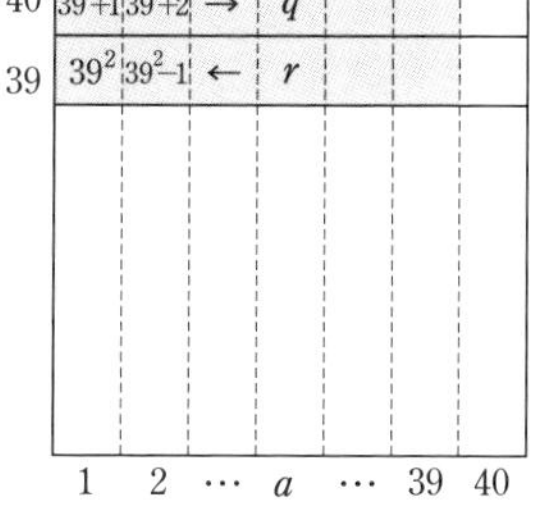

このとき，

$q=39^2+a$

$r=39^2-(a-1)$

であるから，$q-r=\boldsymbol{2a-1}$

9　誘導に乗り切れるかどうかが問題．「［オ］，［カ］がすぐに埋まるか？」「（2）から（3）へうまく流れるか？」など，いくつかのネックがありそうです．

解　（1）$n(n+1)(n+2)-(n-1)n(n+1)$

$=n(n+1)\{(n+2)-(n-1)\}=\boldsymbol{3n(n+1)}$

よって，$n=3$，4，5 のとき，それぞれ，

$\mathbf{3\cdot3\cdot4}$，$\mathbf{3\cdot4\cdot5}$，$\mathbf{3\cdot5\cdot6}$

また，②〜⑥の左辺の和は，右のようになって，$\mathbf{5\cdot6\cdot7-0\cdot1\cdot2}$ となる．

$$\begin{array}{r} \cancel{1\cdot2\cdot3}-0\cdot1\cdot2 \\ \cancel{2\cdot3\cdot4}-\cancel{1\cdot2\cdot3} \\ \cancel{3\cdot4\cdot5}-\cancel{2\cdot3\cdot4} \\ \cancel{4\cdot5\cdot6}-\cancel{3\cdot4\cdot5} \\ +)\ 5\cdot6\cdot7-\cancel{4\cdot5\cdot6} \\ \hline 5\cdot6\cdot7-0\cdot1\cdot2 \end{array}$$

（2）⑦より，

$5\cdot6\cdot7-0\cdot1\cdot2$

$=3(1\cdot2+2\cdot3+3\cdot4+4\cdot5+5\cdot6)=3A$

∴　$A=\dfrac{5\cdot6\cdot7}{3}=\mathbf{70}$

（3）$B=6\cdot7+7\cdot8+\cdots+54\cdot55+55\cdot56$

である．ところで，①において，$n=1$〜55 として辺々を加えると，以上と同様にして，

$55\cdot56\cdot57-0\cdot1\cdot2$

$=3(1\cdot2+2\cdot3+\cdots+54\cdot55+55\cdot56)$

$=3(A+B)$

∴　$B=\dfrac{55\cdot56\cdot57}{3}-A=58520-70=\mathbf{58450}$

10　（3）（i）《20》を出発点にします．

（ii）《x》の値を文字でおきましょう．

解　（1）$N=3$ のとき，（＊）は，

$3\leqq\sqrt{n}<4$　∴　$9\leqq n<16$

∴　$\boldsymbol{n}=\mathbf{9}$，$\mathbf{10}$，$\mathbf{11}$，$\mathbf{12}$，$\mathbf{13}$，$\mathbf{14}$，$\mathbf{15}$

（2）$n=70$ のとき，（＊）は，$N\leqq\sqrt{70}<N+1$

∴　$N^2\leqq70<(N+1)^2$　∴　$\boldsymbol{N}=\mathbf{8}$

（3）（i）$4\leqq\sqrt{20}<5$ より，《20》$=4$

∴　《a》$=2$　∴　$2\leqq\sqrt{a}<3$

∴　$4\leqq a<9$　∴　$\boldsymbol{a}=\mathbf{4}$，$\mathbf{5}$，$\mathbf{6}$，$\mathbf{7}$，$\mathbf{8}$

（ii）《x》$=p$ とおくと，$p\leqq\sqrt{x}<p+1$

∴　$p^2\leqq x<(p+1)^2$ ……………㋐

《y》$=2p$ より，$2p\leqq\sqrt{y}<2p+1$

∴　$(2p)^2\leqq y<(2p+1)^2$ ………㋑

㋐と㋑の辺々を加えて，

$5p^2\leqq x+y<5p^2+6p+2$

ここで，$x+y=154$ …㋒ であるから，

$$5p^2 \leqq 154 < 5p^2+6p+2$$

これを満たす自然数 p は，$p=5$

このとき，㋐と㋑より，

$$25 \leqq x < 36,\ 100 \leqq y < 121$$

この範囲で，㋒を満たす自然数 x，y の組は，

$$\boldsymbol{(x,\ y)=(35,\ 119),\ (34,\ 120)}$$

➡注　本問の記号《n》と，例題の記号[x](これは“**ガウス記号**”と呼ばれ，主に高校で学びます)との関係は，《n》=[$\sqrt{n}$] です．

11　(3)が目標ですが，(1)，(2)の誘導に加えて，「$5777=53\times109$」も与えられているので，何とかなりそうです．

解　(1)　$\boldsymbol{53=2^2+7^2}$

➡注　$53\div2$ より大きい平方数(7^2，6^2)について調べれば，これ以外に答えはないと分かります．

(2)　$n=(a^2+b^2)(c^2+d^2)$

$$=\boldsymbol{a^2c^2+a^2d^2+b^2c^2+b^2d^2}$$
$$+2abcd-2abcd \quad \cdots\cdots\cdots ①$$

$$①=(a^2c^2+2ac\times bd+b^2d^2)$$
$$+(a^2d^2-2ad\times bc+b^2c^2)$$
$$=\boldsymbol{(ac+bd)^2+(ad-bc)^2} \quad \cdots\cdots ②$$

または，

$$①=(a^2c^2-2ac\times bd+b^2d^2)$$
$$+(a^2d^2+2ad\times bc+b^2c^2)$$
$$=(ac-bd)^2+(ad+bc)^2 \quad \cdots\cdots\cdots ③$$

(3)　(1)と同様に，$109=3^2+10^2$ であるから，

$$5777=53\times109=(2^2+7^2)(3^2+10^2) \quad \cdots ④$$

②より，

$$④=(2\times3+7\times10)^2+(2\times10-7\times3)^2$$
$$=\boldsymbol{76^2+1^2}$$

③より，

$$④=(2\times3-7\times10)^2+(2\times10+7\times3)^2$$
$$=\boldsymbol{64^2+41^2}$$

12　(1)　三平方の次の一手が問題です．「a は素数」という強い条件があるのですから，「$a^2=\cdots$」の形から，例題にならって‘和と差の積’に持ち込みましょう．

解　(1)　三平方の定理により，$c^2=a^2+b^2$

$$\therefore\ a^2=c^2-b^2=(c+b)(c-b)$$

ここで，a は素数であるから，a^2 の約数は，

$$1,\ a,\ a^2$$

一方，$c+b>c-b$ であるから，

$$c+b=a^2 \cdots\cdots ①,\quad c-b=1 \quad \cdots\cdots ②$$

と決まる．(①+②)÷2 より，$\boldsymbol{c=\dfrac{a^2+1}{2}}$

(2)　(①−②)÷2 より，$b=\dfrac{a^2-1}{2}$

$$\therefore\ S=\frac{1}{2}\times a\times b=\boldsymbol{\frac{a(a^2-1)}{4}} \quad \cdots\cdots\cdots ③$$

(3)　$③=\dfrac{a(a+1)(a-1)}{4}$ …④　であるが，

a が3以上の素数であることから，a は奇数，よって，$a+1$，$a-1$ はともに偶数である．

このとき，④の分子は $2^2=4$ の倍数であるから，④は整数である．

13　与えられた規則と数値を元に，論理的に考えていきましょう．(2)では，等式の右辺の数値(0.9，1.3)と，既に分かっている数値とをよく見比べましょう．

解　(1)　①　$⟦4⟧=⟦2\times2⟧=⟦2⟧+⟦2⟧$

$$=⟦2⟧\times2=0.3\times2=\boldsymbol{0.6} \quad \cdots\cdots ①$$

②　$⟦10⟧=⟦2\times5⟧=⟦2⟧+⟦5⟧$

$$\therefore\ ⟦5⟧=⟦10⟧-⟦2⟧=1-0.3=\boldsymbol{0.7} \cdots\cdots ②$$

③　$⟦2⟧=⟦2\times1⟧=⟦2⟧+⟦1⟧$

$$\therefore\ ⟦1⟧=⟦2⟧-⟦2⟧=\boldsymbol{0}$$

(2)　①　$0.9=0.3\times3=⟦2⟧\times3$

$$=⟦2⟧+⟦2⟧+⟦2⟧=⟦4⟧+⟦2⟧=⟦8⟧$$

$$\therefore\ ⟦x⟧(=0.9)=⟦8⟧ \quad \therefore\ \boldsymbol{x=8}$$

②　$⟦x⟧+⟦x+1⟧=⟦x(x+1)⟧(=1.3)=⟦20⟧$

$$\therefore\ x(x+1)=20 \quad \therefore\ x^2+x-20=0$$

$$\therefore\ (x-4)(x+5)=0$$

x は自然数であるから，$\boldsymbol{x=4}$

➡注　$x=4$ のとき，確かに，

$$⟦x⟧+⟦x+1⟧=⟦4⟧+⟦5⟧$$
$$=①+②=1.3$$

■研究　$x=10^y$ のとき，$y=\log_{10}x$ と表し，これを‘**常用対数**’といいます(高校で習う)．本問の記号 $⟦x⟧$ は，この $\log_{10}x$ を模しています．

第3章 文章題

文章題は，‘方程式・不等式の応用問題’としての色彩が強いが，それだけにとどまらず，整数，関数や場合によっては図形分野など，数学の総合的な力が試される問題も少なくない．問題文も長めのものが多く，それだけに苦手に感じる人もいるだろうが，一問一問じっくり取り組むことによって，その意識を克服しよう．

第３章　文章題
要点のまとめ

1　文章題の解法の流れ

文章題は，言わば，方程式・不等式の応用問題である．一口に「文章題」と言っても，そこには **2** で述べるような様々なタイプがあるが，まずはおおまかな解法の流れを概観してみる．

Ⅰ．**題意を的確に把握する**：「文章題」は，文字通り，文章で問題の状況が説明され，その中には，長文で複雑な設定のものも少なくはない．まずは，焦らずにじっくり問題文を読みこみ，その題意をしっかり把握することから始めよう（題意を取り違えたまま解き始めたりするのは，全くの時間のムダになってしまう！）．

Ⅱ．**文字をおき，方程式を立てる**：数学における文章題では，未知数を文字でおき，それについて方程式を立ててそれを解くのが基本となる．その際のポイントは，

・何を文字でおくか…求めるべきものを文字でおくのが原則だが，時にはそれ以外のものを文字でおく方が考え易いこともあることに注意しよう．

・文字は惜しみなく設定せよ…もちろん，あまりにも多く文字をおいてしまうのは混乱のもとだが，とりあえずは‘惜しみなく’設定しておいて，あとでそれらについて整理する方が見通しが良くなることも少なくはない．

・文字を設定したら，それらについて，問題文の流れに沿って，方程式を立てる．状況によっては，不等式を立てる場合も，もちろんありうる．肝腎なのは，**問題文で与えられた条件を，もれなく式で表す**ことである（もれがあれば，当然解けなくなるはず！）．

Ⅲ．**方程式を解き，解を求める**：方程式を解いた結果，複数の解が得られた場合には，以下のような**吟味が必要**となる．

・**不等式の条件**があるときには，それを満たしているかどうかをチェックする．

・**整数条件**があるときには，得られた解が，整数であるべき値をすべて整数とするかどうかを慎重にチェックする．

・その他，問題によって様々な条件があり得るので，とにかく解が複数出てきたときには注意を怠らないようにしたい．

＊　＊

方程式は，文字の数だけ立式できないと，通常は解けないが，‘整数条件’などが付いていれば，（不定方程式として）解けることもある．式の方が少ないときには，問題文の条件を見落としているのか，そのままでも解けるのかを，よく見極めよう（☞p.35 の **8**）．

2　各タイプ別のポイント

［1］　食塩水

・濃度の公式

$$\textbf{濃度}\,(\%)=\frac{\textbf{食塩の重さ}}{\textbf{食塩水の重さ}}\times\mathbf{100}\quad\cdots\cdots①$$

＊　　　　　＊

食塩水の問題では，この①に当てはめればなんとかなる場合がほとんどである．‘食塩水の問題は苦手…’という人も少なくないようだが，むしろ定型的に解けるので，ぜひ克服しておきたい．

・食塩水の問題では，**食塩の量の流れを追求**していくのが基本である．その際には，フロー・チャートなどの図や表を補助に使おう．

・係数の大きい(or 小さい) 2 次方程式が現れることがある．そのときは，**‘おきかえ’などの工夫**をしよう．

［2］　比や割合

・a%増し，b割引き

A の a%増し…$A\times\left(1+\dfrac{\boldsymbol{a}}{\mathbf{100}}\right)$

B の b割引き…$B\times\left(1-\dfrac{\boldsymbol{b}}{\mathbf{10}}\right)$

・‘比の条件’が与えられたときには，次のように文字でおこう．

$A:B=a:b$ ⇨ $A=ak,\ B=bk$

［3］　速さ

・速さの公式…**道のり＝速さ×時間**

$$\left(\text{速さ}=\frac{\text{道のり}}{\text{時間}},\ \text{時間}=\frac{\text{道のり}}{\text{速さ}}\right)$$

・速さの問題では，**ダイヤグラムを書く**ようにしよう．それによって，複雑な条件が整理できて(視覚的にも)見通しが良くなるし，場合によっては，図形的に解きほぐす(平行線や相似の利用など)ことも可能になる．

＊　　　　　＊

立式の際は，**‘出会い’に着目**すると上手くいくことが多い．ダイヤグラムでは‘出会い’はグラフの交点として現れるので，そこに着目すればよいわけである．

・特に速さの問題で，「A が B の **2 乗に比例**」という条件が見られることがある．このときは，「$\boldsymbol{A=kB^2}$（k は定数)」とおくとともに，**そのグラフ(放物線)を利用**すると明快に解決することが多い．

3　図の利用

以上でも，各タイプ毎に，**図や表などの利用**を強調してきたが，文章題全般において，これは大きなポイントになる．

以上で述べた以外にも，ベン図や線分図・面積図，グラフなどを自分で書くことによって，解決へ大きく前進する例は数多いし，時には，**与えられた図やグラフから情報を読み取る**という場面もあり得る．

日頃から，文章題を解くときには，‘図などが利用できないか’に留意したいものである．

1 食塩水／食塩の推移

Aのビーカーには $x\%$ の食塩水が $100\,\mathrm{g}$, Bのビーカーには 10% の食塩水が $100\,\mathrm{g}$ 入っている.
（1） Aの食塩水 $25\,\mathrm{g}$ をBに移し, よくかき混ぜて, Bの食塩水 $25\,\mathrm{g}$ をAに移す. すると, Aの食塩水は 6% になった. x の値, および, このときのBの食塩水の濃度を求めなさい.
（2）（1）の状態からさらに, Aの食塩水 $25\,\mathrm{g}$ をBに移し, よくかき混ぜて, Bの食塩水 $25\,\mathrm{g}$ をAに移す. この操作後のA, Bの食塩水の濃度をそれぞれ求めなさい. （08　明治学園）

操作が複雑なときには, **図や表などを補助に使いましょう**. その際に主役となるのは, 各容器内の**食塩の量**です.

▷文章題一般について言える.

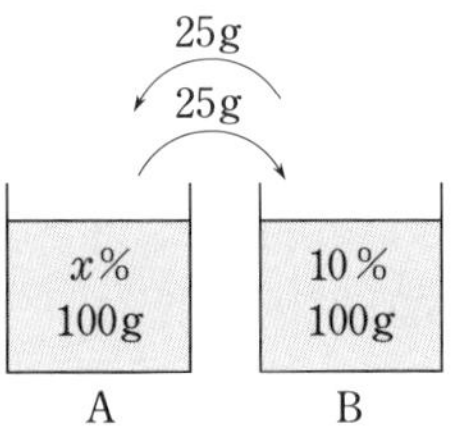

◀食塩水の問題では, 食塩の量の推移を追求し, 食塩の量について方程式を立てるのが基本.

解　（1） 操作前に, Aには $x\,\mathrm{g}$, Bには $10\,\mathrm{g}$ の食塩が入っており, 操作中の食塩の量の推移は, 下図のようになる.

Ⓐ　x ┄┄→ $x \times \dfrac{3}{4}$ ┄┄→ $\dfrac{3}{4}x + ① \times \dfrac{1}{5}$ ⋯②

　　$x \times \dfrac{1}{4}$　　　　① $\times \dfrac{1}{5}$

Ⓑ　10 ┄┄→ $10 + \dfrac{1}{4}x$ ⋯①　┄┄→ ① $\times \dfrac{4}{5}$ ⋯③

②＝6 より, $\dfrac{3}{4}x + \left(10 + \dfrac{1}{4}x\right) \times \dfrac{1}{5} = 6$

両辺を20倍して, $15x + (40 + x) = 120$
∴ $16x = 80$　∴ $\boldsymbol{x = 5}$ （％）

▷食塩水が $100\,\mathrm{g}$ の場合, 食塩の量（g）と濃度（％）の数値は一致する.

▷このようなフロー・チャート（流れ図）を書くと, 条件が整理しやすいはず.

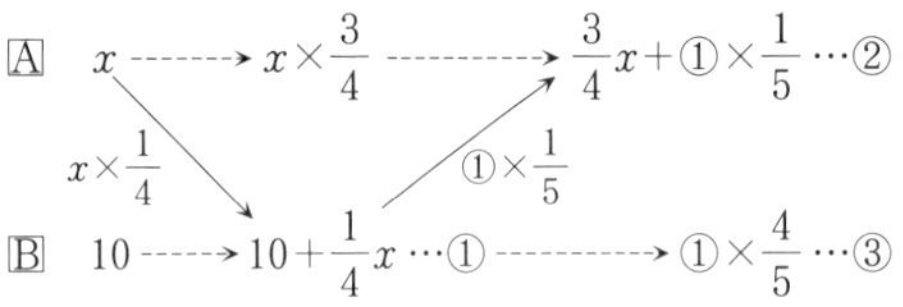

▷まず, 分数を解消しよう.

このとき, Bの食塩水の濃度は, ③＝$8 + \dfrac{1}{5}x = 8 + 1 = \boldsymbol{9}$ （％）

▷$(x+10) - 6 = 9$ （g）→ **9**（％）とすることもできる.

（2）（1）と同様に, 下図のようになる.

よって答えは,
A … $\dfrac{\boldsymbol{33}}{\boldsymbol{5}}$ （％）

B … $\dfrac{\boldsymbol{42}}{\boldsymbol{5}}$ （％）

Ⓐ　6 ┄→ $6 \times \dfrac{3}{4} = \dfrac{9}{2}$ ┄→ $\dfrac{9}{2} + \dfrac{21}{10} = \dfrac{33}{5}$

　　$6 \times \dfrac{1}{4}$　　　$\dfrac{21}{2} \times \dfrac{1}{5}$

Ⓑ　9 ┄→ $9 + \dfrac{3}{2} = \dfrac{21}{2}$ ┄→ $\dfrac{21}{2} \times \dfrac{4}{5} = \dfrac{42}{5}$

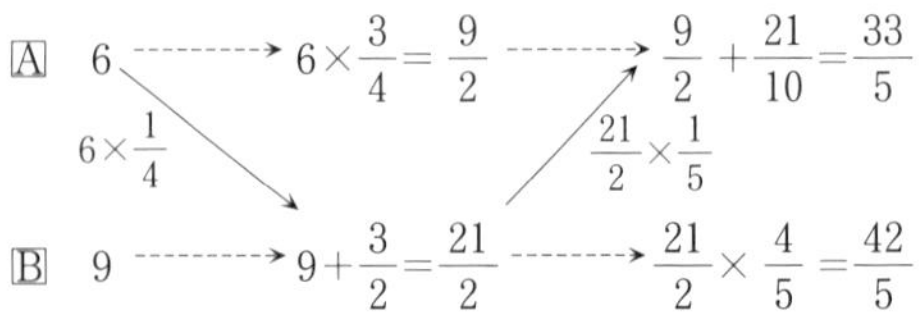

● 1 演習題 （解答は, ☞ p.70）

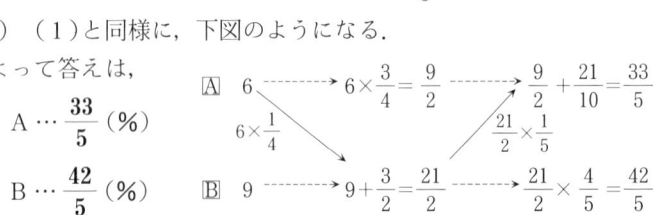

容器Aには $x\%$ の食塩水 $400\,\mathrm{g}$ が, 容器Bには $y\%$ の食塩水 $800\,\mathrm{g}$ が入っています. 最初に, 容器Aから $300\,\mathrm{g}$, 容器Bから $400\,\mathrm{g}$ の食塩水を取り出し, 別の容器に入れてよくかき混ぜると 13% の食塩水になりました. 次に, 容器AとBに入っている残りの食塩水に関して, 次のような操作を行いました.

操作1　容器Aに入っている食塩水の半分を容器Bに移し, よくかき混ぜました.

操作2　容器Bに入っている食塩水の半分を容器Aに移し, よくかき混ぜました.

操作3　容器Aに入っている食塩水の $\dfrac{1}{5}$ を容器Bに移し, よくかき混ぜました. このとき, 容器Bの食塩水の濃度は 15% でした.

このとき, x, y の値を求めなさい. （05　明治大付中野）

2 食塩水／操作の繰り返し

容器 A には x%の食塩水が 300g，容器 B には y%の食塩水が 100g 入っている．容器 A の食塩水 100g を容器 B に移し，よくかき混ぜた後 100g を容器 A に戻してよくかき混ぜる．これを 1 回の操作とする．

（1） この操作を 1 回行ったとき，容器 A，B に含まれる食塩の量をそれぞれ求めなさい．

（2） この操作を 2 回行ったとき，容器 A の食塩水は 9%，容器 B の食塩水は 8%になった．このとき，x，y の値をそれぞれ求めなさい．

（09 桐蔭学園）

同じ操作を繰り返す場合には，1 回目の操作で得られた式が‘**公式**’**として利用**できます．

解 （1） 操作前に，A には $3x$g，B には yg の食塩が入っている．

A の食塩水 100g を B に移すと，B の食塩の量は，$y+x$ (g) …① になる．

ここから 100g の食塩水を A に戻すと，

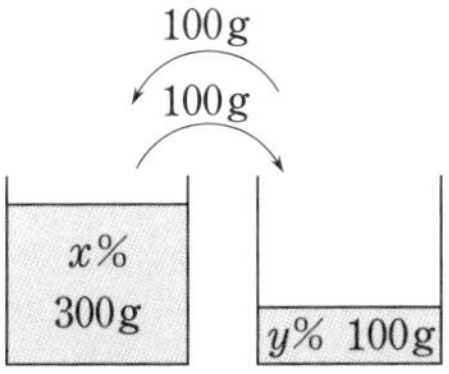

B の食塩の量は，$\dfrac{①}{2}=\dfrac{1}{2}\boldsymbol{x}+\dfrac{1}{2}\boldsymbol{y}$ **(g)** …②

A の食塩の量は，$(3x+y)-②=\dfrac{5}{2}\boldsymbol{x}+\dfrac{1}{2}\boldsymbol{y}$ **(g)** ………………③

➡**注** A の食塩の量は，「$2x+②$」として求めても構いません．

（2） $③=3x'$ (g)，$②=y'$ (g)とおくと，同じ操作をもう 1 回行った後の食塩の量は，

$$A \cdots \frac{5}{2}x'+\frac{1}{2}y' \text{ (g)},\quad B \cdots \frac{1}{2}x'+\frac{1}{2}y' \text{ (g)}$$

これがそれぞれ，$9\times3=27$ (g)，8 (g)であることから，

$$5x'+y'=54,\quad x'+y'=16$$

これを解いて，$x'=\dfrac{19}{2}$，$y'=\dfrac{13}{2}$

これと③，②より，$5x+y=57$，$x+y=13$

これを解いて，$\boldsymbol{x}=\mathbf{11}$ (%)，$\boldsymbol{y}=\mathbf{2}$ (%)

⇦食塩水 $100\times n$ g の場合は，食塩の量 (g) の数値は，濃度 (%) の数値の n 倍になる．

⇦B に入っていた食塩水 200g のうち 100g(半分)が残るのだから，食塩も半分だけ残ることになる．

⬅ のようにおくことによって，②，③が‘公式’となる！

2 演習題 (p.70)

容器 A には濃度 x%の食塩水が 100g 入っている．容器 A から別の空の容器に 50g を移し，それに濃度 10%の食塩水 50g を加えてよくかきまぜ，そこから 50g を容器 A に戻して，よくかきまぜる，という操作を行う．

（1） 1 回の操作後の容器 A の食塩水の濃度を x で表しなさい．

（2） 2 回の操作後の容器 A の食塩水の濃度を x で表しなさい．

（3） 3 回の操作後，A の濃度は 8.5%となった．x を求めなさい．

（05 城北埼玉）

3 食塩水／2次方程式

濃度10％の食塩水200gが入っている容器がある．この容器から，ある量の食塩水を取り出し，かわりに同じ量の水を加えて200gとし，よくかき混ぜる．このような操作を2回繰り返す．ただし，2回目に取り出す食塩水の量は，1回目に取り出す食塩水の量の2倍であるとする．

（1） 1回目の操作が終わったときの食塩水の濃度が，もとの$\frac{3}{4}$になった．このとき，2回目の操作後の食塩水に含まれる食塩の量を求めなさい．

（2） 2回目の操作が終わったときの食塩水の濃度が，1.95％になった．このとき，1回目に取り出した食塩水の量を求めなさい．

（06　清風）

（2）では，そのままだと，**係数の大きい2次方程式**を解くことになるので，少し工夫をしましょう．

⇦食塩水の問題で，2次方程式が出てくる場合には，こうなることが多いので要注意．

解 （**1**） 1回の操作で，食塩水の量は変わらないから，濃度が$\frac{3}{4}$になったとき，食塩の量も$\frac{3}{4}$になっている．よって，1回目の操作で取り出した食塩水の量は全体の，$1-\frac{3}{4}=\frac{1}{4}$であるから，2回目の操作では，$\frac{1}{4}\times 2=\frac{1}{2}$を取り出すことになる．

⇦食塩水の量が一定のとき，濃度と食塩の量は比例する．

したがって，答えは，

$$\left(200\times\frac{10}{100}\right)\times\frac{3}{4}\times\left(1-\frac{1}{2}\right)=\mathbf{7.5\,(g)}$$

⇦〰〰が，1回目の操作後の食塩水に含まれる食塩の量．

（**2**） 1回目の操作で取り出した食塩水の量をx(g)とすると，

$$20\times\frac{200-x}{200}\times\frac{200-2x}{200}=200\times\frac{1.95}{100}$$

⇦基本通り，“食塩の量”に関して方程式を立てる(☞p.56)．

両辺を1000倍して整理すると，$x^2-300x+16100=0$

ここで，$x=10X$ とおくと，$100X^2-3000X+16100=0$

$\therefore\ X^2-30X+161=0 \quad \therefore\ (X-7)(X-23)=0$

$x\leqq 100$ より $X\leqq 10$ であるから，$X=7 \quad \therefore\ x=10X=\mathbf{70\,(g)}$

⇦$2x\leqq 200$ より，$x\leqq 100$

3 演習題 (p.70)

濃度6％の食塩水がビーカーAに100g，濃度4％の食塩水がビーカーBに100g，濃度2％の食塩水がビーカーCに100gはいっている．いま，A，B，Cから同時にxgずつとり，AからとったxgをBに，BからとったxgをCに，CからとったxgをAにうつして混ぜる．この操作を2回くり返したあとの濃度について，次の問いに答えなさい．

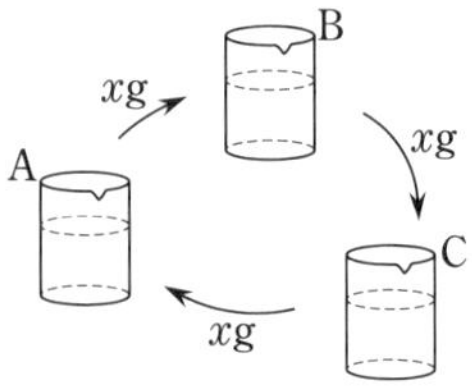

（1） Aの濃度(％)をxで表しなさい．

（2） BとCが同じ濃度になるときのxの値を求めなさい．

（09　東京工業大付）

4　値段の割引き

ある店では，缶コーヒーが1本120円，缶ジュースが1本80円で売られている．この店では缶コーヒーと缶ジュースを合わせて30本以上買うと，本数の多い方の値段が何%か割引きになる．ただし，缶コーヒーと缶ジュースの割引き率は同じものとする．

（1）缶コーヒーを10本，缶ジュースを25本買ったときの代金が2700円であった．このとき，割引き率は何%ですか．

（2）（1）で求めた割引き率において，缶コーヒーと缶ジュースを合わせて30本以上買ったときの代金が，缶コーヒーを20本，缶ジュースを6本買ったときの代金と等しくなった．また，缶コーヒーの本数は缶ジュースの本数より15本多かった．このとき，缶コーヒーの本数と缶ジュースの本数を求めなさい．

（08　龍谷）

（1）では缶ジュースが，（2）では缶コーヒーが割引きされていることになります．

解　（1）　割引き後の缶ジュース1本当たりの売り値をx円とすると，　$120\times10+x\times25=2700$　∴　$x=60$（円）

よって，割引き率は，$\dfrac{80-60}{80}\times100=\mathbf{25}$ **(%)**

⇦ $\dfrac{80-60}{60}\times100=33.3\cdots$(%) としないように注意！

（**2**）（1）のとき，割引き後の缶コーヒー1本当たりの売り値は，

$$120\times\left(1-\frac{25}{100}\right)=90\text{（円）}$$

このとき，缶ジュースの本数をy本とすると，

$$90\times(y+15)+80\times y=120\times20+80\times6$$

⇦右辺においては（合計26本なので），割引きはない．

∴　$170y=1530$　∴　$y=\mathbf{9}$ **（本）**

缶コーヒーの本数は，$9+15=\mathbf{24}$ **（本）**

➡**注**　確かに，$9+24=33>30$ となっています．

4★ 演習題 (p.71)

A店では，チョコレートを1個45円で販売しています．一方，B店では，ケーキをある値段で販売しています．また，B店では，右のような割引きがあります．

- ケーキ2個までは割引きはしない．
- ケーキを3個買うと購入金額全体の2%，4個買うと購入金額全体の4%，以後同様に，1個増やすごとに2%ずつ割引率が増える．
- 最大30%まで割引きを行い，それ以上は行わない．

A店でチョコレートを35個，B店でケーキを7個買うと，購入金額が同じになります．

（1）B店のケーキ1個の値段を求めなさい．

（2）A店でチョコレートをいくつか買い，B店でケーキをいくつか買いました．このとき，チョコレートの個数はケーキの個数の5倍でした．また，A店での購入金額は，B店での購入金額より600円高くなりました．A店で買ったチョコレートの個数を求めなさい．

（08　豊島岡女子学園）

5　チケットを売る／ニュートン算

あるチケット売り場に，発売開始前に 20 人の列ができている．発売開始後は一定の割合でこの列に人が加わる．

はじめ，窓口を 4 つ開いて発売したところ，15 分後には列に並ぶ人は 50 人となった．そこで窓口を 2 つ増やして発売を続けたところ，発売開始から 40 分後に列はなくなった．どの窓口も 1 分間に処理できる人数は同じとする．

（1）　発売開始後に 1 分間に列に加わる人数を x 人，1 つの窓口で 1 分間に処理できる人数を y 人とするとき，x，y の値をそれぞれ求めなさい．

（2）　はじめから窓口を 6 つ開いて発売すると，列がなくなるのは何分後であるか．

（09　芝浦工大柏）

算数ではとても考えにくい‘ニュートン算’ですが，数学で文字を使い方程式を立てれば一本道ですね！

⇦本問では，最初の 15 分と，次の 25(＝40－15)分について立式する．

解　（1）　与えられた条件より，最初の 15 分について，

$20+x\times15=(y\times4)\times15+50$　整理して，$x-4y=2$　……①

次の 25(＝40－15)分について，

$50+x\times25=(y\times6)\times25$　整理して，$x-6y=-2$　…②

①－②より，$2y=4$　∴　$\boldsymbol{y=2}$（人）

これと①より，$\boldsymbol{x=10}$（人）

（2）　求める時間を t（分後）とすると，

$20+x\times t=(y\times6)\times t$　（1）より，$20+10t=12t$

∴　$2t=20$　∴　$t=\mathbf{10}$（**分後**）

*　　　　*

【類題⑦】　72 ℓ の水が入った水そうがある．この水そうに一定の割合で水を入れながら，ポンプを何台か使って水をくみ出す．8 台のポンプを使うと水そうは 9 分で空になる．10台のポンプを使うと水そうは 6 分で空になる．ただし，どのポンプも同じ割合で水をくみ出すものとする．
このとき，12台のポンプを使うと水そうは何分何秒で空になるか．

（08　専修大松戸）

⇦下の演習題は，典型的な‘ニュートン算’ではないので，この類題も解いてみよう(解答は，☞p.167)．

5★ 演習題（p.71）

ある劇場の当日券売り場は，開演 3 時間前から 1 分間に x 人の割合で列をつくりはじめたので，開演 2 時間前から 1 分間に y 人の割合で，当日券の販売受付を開始した．

（1）　開演の 2 時間 30 分前に並んだ人が，販売受付までに 50 分かかったという．$x=4$ のとき，y の値を求めなさい．

（2）　この劇場の入場券は，当日券と前売券の割合が 3：7 で用意され，前売券は 8 割が売れて，当日券については開演と同時に受付を終了し，これも 8 割が売れたという．

（i）　用意された当日券の枚数を y を使って表しなさい．

（ii）　前売券を買った人はすべて入場し，当日券を買った人とあわせて，3200人の人が入場した．y の値を求めなさい．

（08　清風）

6 料金プラン

ある携帯電話会社の料金プランには右の３つのプランA，B，Cがある．また，１か月の使用料金は，基本料金と，無料通話分を超えた通話料金の合計である．ただし，通話時間は１分単位で考えるものとする．

プラン	１か月の基本料金	１分あたりの通話料金
プランA	3600円(無料通話分1000円が含まれる)	40円
プランB	4600円(無料通話分2000円が含まれる)	35円
プランC	6600円(無料通話分4000円が含まれる)	28円

（１）プランAで，ある月の使用料金は7000円であった．もしプランBを利用した場合の使用料金を求めなさい．

（２）太郎君はプランA，次郎君はプランB，三郎君はプランCを利用している．ある月の３人の１か月の使用料金を比べたところ，３人とも同じであった．また，通話時間を比べたら，太郎君は次郎君より20分短かった．このとき，三郎君の通話時間を求めなさい．

（08　芝浦工大柏）

プランが３つもあるので，混乱しないように注意しましょう．

⇦最近流行の，現実的な(？)問題．

解　（１）通話時間を x 分とすると，

$3600+40\times x-1000=7000$　∴　$x=110$ (分)

このとき，プランBを利用した場合の使用料金は，

$4600+35\times 110-2000=$ **6450（円）**

（２）次郎君，三郎君の通話時間をそれぞれ，y 分，z 分とすると，

$3600+40\times(y-20)-1000=4600+35\times y-2000$ ……①

$=6600+28\times z-4000$ ……②

⇦順に，太郎，次郎，三郎の使用料金．

①の両辺が等しいことから，$5y=800$　∴　$y=160$ (分)

このとき，①＝8200 (円)…③　であるから，これと②より，

$28z+2600=8200$　∴　$28z=5600$　∴　$z=$ **200（分）**

⇦①の値が③(＞6600)なので，三郎君の通話料金は無料通話分を超えており，三郎君の使用料金は確かに②となる．

6★ 演習題 (p.71)

あるプロバイダー会社(インターネット接続業者)では，１ヶ月の料金(基本料金と回線使用料金の合計金額)について，右表の３種類の料金プランA，B，Cを用意している．

	基本料金	回線使用料金
Aプラン	なし	１時間につき50円の割合
Bプラン	あり(a円)	15時間まで無料，15時間を超える分の使用料金は１時間につき20円の割合
Cプラン	あり(b円)	１時間につきc円の割合

A，Bの２つのプランでは回線を20時間使用したとき１ヶ月の料金は同じである．また，３つのプランを比較すると，Bプランの１ヶ月の料金が最も高くなるのは回線使用時間が５時間までのときで，逆に最も安くなるのは，回線使用時間がある時間からある時間までの10時間である．

（１）Bプランの基本料金a円を求めなさい．

（２）Bプランにおいて，回線使用時間をx時間，１ヶ月の料金をy円としたとき，xとyの関係をグラフに表しなさい．

（３）Cプランの基本料金b円，１時間あたりの回線使用料金c円を求めなさい．　（06　金沢大付）

7　文字の設定

2種類のポンプA，Bを利用してタンクTに給水する．Tを満水にするために必要な時間と，ポンプを動かすためにかかる費用は，

Aを1台とBを2台利用すると，36時間，1260円

Aを3台とBを4台利用すると，15時間，1275円

である．

（1）　Aを1台利用して12時間給水したときと同じ量の水を，Bを1台利用して給水するときの時間を求めなさい．

（2）　Aのみを数台利用してTを満水にするときの費用を求めなさい．

（3）　Aをx台とBをy台利用してTを満水にするための時間と費用は，8時間，1280円である．x，yを求めなさい．　（05　筑波大付）

未知数がいろいろ出てきます．**文字は惜しみなく設定**しましょう．

⇦「時間＆費用」と，条件が‘複線化’しているので，混乱しないようにしよう．

解　（**1**）　A，B 1台あたりの1時間の給水量をそれぞれa，bとすると，Tの満水量について，次式が成り立つ．

$(a+2b)\times36=(3a+4b)\times15$ ……………………①

⇦（1）の目標は，「$a:b$」

整理して，$3a=4b$ ……②　よって答えは，**16時間**．

⇦②より，$12a=16b$ となる．

（**2**）　A，B 1台あたりの1時間の費用をそれぞれc，d（円）とすると，　$(c+2d)\times36=1260$，$(3c+4d)\times15=1275$

それぞれを整理して，$c+2d=35$，$3c+4d=85$

これらを解いて，$c=15$（円）……③，$d=10$（円）

⇦要するに，aだけ給水するのに15円かかるということ（問題文の「数台」という表現がちょっと気になるが，何台でも（④だけ給水する）費用は変わらない）．

ところで，①，②より，Tの満水量は，

$(3a+4b)\times15=(3a+3a)\times15=90a$ ………………④

であるから，答えは，$90\times$③$=$**1350（円）**

（**3**）　給水量について，$(ax+by)\times8=90a$ ……………………⑤

費用について，　$(cx+dy)\times8=1280$ ……………………⑥

⑤と②より，$4x+3y=45$，⑥と（2）より，$3x+2y=32$

これらを解いて，$\boldsymbol{x=6}$（台），$\boldsymbol{y=7}$（台）

7　演習題（p.72）

ある展覧会の入場料は，幼児が1人50円，子どもが1人150円，大人が1人350円である．

（1）　ある日の入場者数は，全部で600人であった．幼児の入場者数は，大人の入場者数の$\dfrac{5}{3}$倍であった．この日の入場料の合計が95000円であるとき，幼児，子ども，大人の入場者数をそれぞれ求めなさい．

（2）　いま，20人のグループが，この展覧会に入場しようとしています．ただし，このグループについて以下のことがわかっているものとします．

（A）　この20人のグループの入場料の合計は3900円である．

（B）　子どもの人数と幼児の人数の合計は，大人の人数の2倍を上回らない．

（C）　子どもの人数は奇数である．

このグループの中で，幼児，子ども，大人の人数をそれぞれ求めなさい．　（04　立命館）

8 水を注ぐ

同じ形の容器 A，B にそれぞれ太さの違う給水管から一定の割合で満杯になるまで水を注いだ．まず A，B ともに水を注入し，次に A を止めて B のみ注入し，次に再び A，B ともに注入した．グラフは A の水位の高さから B の水位の高さを引いたものである．

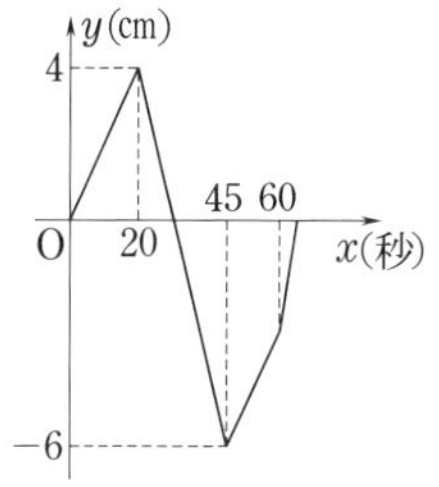

（1） 容器 B の水面の上昇速度を求めなさい．

（2） 容器 A の水面の上昇速度を求めなさい．

（3） 容器の高さを求めなさい．

（4） 容器 A が満杯になるのは何秒後か．

（06　昭和学院秀英）

与えられたグラフから情報を読み取るわけですが，その際のポイントは，**‘折れ目’に着目する**ことです．

◆グラフの‘折れ目’の所では，何か状況に変化が起きているはず（本問では，特に 60 秒後の‘折れ目’で何が起きているか，の判断がポイント）．

解　**(1)**　右図の PQ 間では，B のみで注水が行われているから，B での水面の上昇速度は，$\dfrac{4-(-6)}{45-20}=\mathbf{0.4}$ **(cm/秒)**

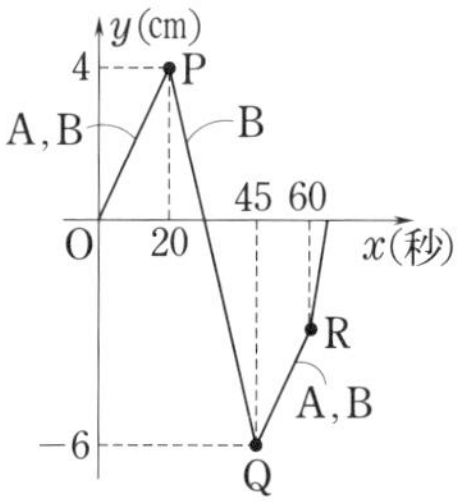

⇦「PQ の傾き」の絶対値が，B の上昇速度になる．

(2)　OP 間では，A，B ともに注水が行われているから，A での水面の上昇速度を a (cm/秒) とすると，

$a-0.4=\dfrac{4-0}{20-0}$　∴　$a=\mathbf{0.6}$ **(cm/秒)**

(3)　図の点 R において，B が満杯になっているから，容器の高さは，　$0.4\times60=\mathbf{24}$ **(cm)**

⇦B では，0〜60 秒の間，休みなく注水されている．

(4)　A が満杯になるのが t 秒後だとすると，(2)，(3)より，

$0.6\times(\underset{\sim\sim\sim}{t-25})=24$　∴　$t=\mathbf{65}$ **(秒後)**

⇦45−20＝25(秒間)，A の注水は止まっているので，〜〜〜となる．

8 演習題 (p.72)

30 ℓ の水が入った水槽がある．この水槽では，管 A から毎分 a ℓ の割合で給水され，管 B から毎分 b ℓ の割合で排水される．給水と排水の操作を次の①〜④の順に行ったときの，操作を開始してからの時間と水槽の水の量を示したのが右のグラフである．

① 管 A，B を同時に開く．

② 16 分後に，管 A，B を同時に閉じる．

③ c 分後に，給水の割合を毎分 $2a$ ℓ に変え，排水の割合は毎分 b ℓ のままで，管 A，B を同時に開く．

④ 30分後に，管Aだけを閉じ，管Bの排水の割合をそれまでの $\dfrac{1}{7}$ 倍に変えたら，d 分後に水槽の水はなくなった．

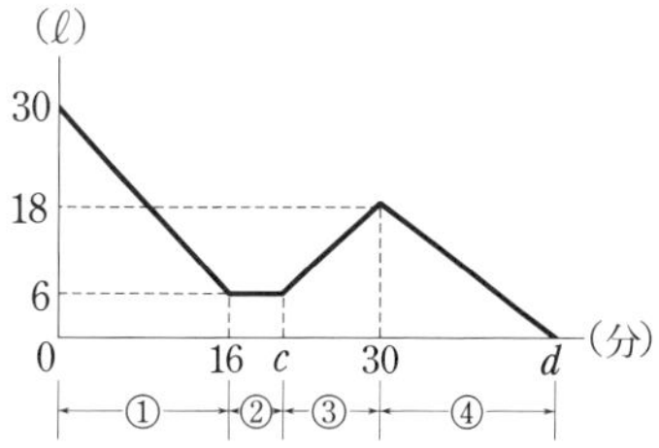

①の状態で給水・排水を続けたときに，水槽の水がなくなるまでにかかる時間と c の値は等しいという．

（1） c の値を求めなさい．

（2） a，b，d の値をそれぞれ求めなさい．

（04　東京工業大付）

9　速さ／バスとの出会い

18km 離れたA町とB町の間を同じ速さのバスが運行している．太郎君は自転車でA町を午前8時に出発してB町に向かった．途中，午前8時15分にB町午前7時50分発A町行きのバスに出会い，午前8時24分にA町午前8時16分発B町行きのバスに追い越されたという．

（1）　自転車とバスの時速をそれぞれ求めなさい．

（2）　太郎君は，ちょうどC停留所まで来たとき自転車が故障してしまったので，そこで5分待って，B町行きのバスに乗り，B町には午前9時15分に着いた．このC停留所はA町から何km の所にあるか(ただし，バスに乗るときに要する時間は考えないものとする)．

（08　岡山理科大付）

（1）　自転車とバスの‘**出会い**’**に着目**して立式します．

解　（1）　ダイヤグラムは，右図のようになる．

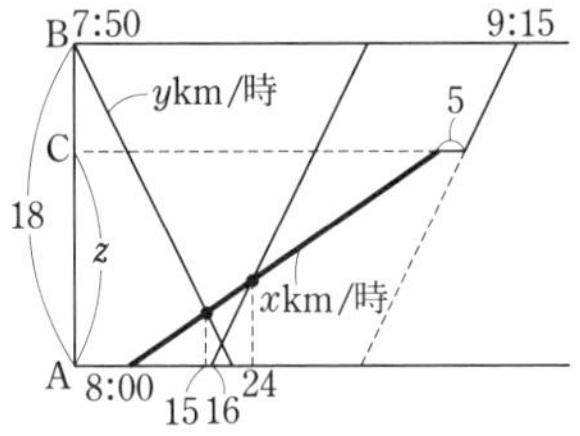

←速さの問題では，‘**ダイヤグラム**’**を書いて条件を整理する**のを原則としよう．

自転車，バスの時速をそれぞれ x，y (km/時)とする．

図の●の2点に着目すると，次式が成り立つ．

$x\times\frac{15}{60}+y\times\frac{25}{60}=18$，$x\times\frac{24}{60}=y\times\frac{8}{60}$

それぞれを整理して，$3x+5y=216$，$3x=y$

これを解いて，$y=\mathbf{36}$ (**km/時**)，$x=\mathbf{12}$ (**km/時**)

（2）　AC 間の距離を z (km)とすると，

$$\frac{z}{12}+\frac{5}{60}+\frac{18-z}{36}=1+\frac{15}{60}$$

⇦まず，両辺を36倍して，分数を解消する．

整理して，$2z=24$　∴　$z=\mathbf{12}$ (**km**)

9　演習題 (p.72)

Aさんは毎朝7時に家を出てバス停まで歩き5分間バスを待ってバスで学校まで通っている．妹のBさんは，Aさんと同じルートを自転車で学校まで通っている．Aさんが家からバス停まで歩く時間と，バスに乗車している時間は同じである．また，いつもAさんとBさんは同時に家を出て，Aさんの方が3分早く学校に着く．Aさんの歩く速さ，Bさんの自転車の速さ，バスの速さはそれぞれ時速4km，10km，20km で一定とし，Aさんがバスから降りた地点は学校まで0分とする．

(1)　(i)　家から学校までの道のりを求めなさい．

(ii)　Aさんが学校に着く時刻を求めなさい．

(iii)　BさんがAさんの乗ったバスに追い抜かれる時刻を求めなさい．

(2)　ある朝，Aさんはいつもどおり家を出たが，Bさんは家を出るのがAさんより7分遅れてしまったので，いつもより急いで自転車で学校に向かったところ，Aさんの乗ったバスに追い抜かれた地点はいつもと同じだった．この日，Bさんが歩いているAさんを追い抜いた時刻を求めなさい．ただし，Bさんの自転車の速さは一定とする．

（07　お茶の水女子大付）

10 速さ／3人の出会い

P地点からQ地点までの道のりは6720mである．この道をA君とC君はPからQに向かって，B君はQからPに向かって，3人がそれぞれ一定の速さで進む．A君が午前8時に分速80mで出発するのと同時にB君が出発したところ，午前8時21分にA君とB君は出会った．また，C君はA君より何分か遅れて分速480mで出発したところ，しばらくしてA君に追いつき，さらにその4分後にB君と出会った．

（1） B君の速さを求めなさい．

（2） B君がP地点に着いてすぐに折り返しA君を追いかければ，何時何分にA君に追いつくか．

（3） C君は何時何分に出発したか．また，C君がA君に追いついたのは，P地点から何mのところか．

（08 近畿大付和歌山）

3人の動きがからんでいるので，‘ダイヤグラム’などで整理して，混乱しないようにしましょう．

⇦条件が複雑であればある程，‘ダイヤグラム’の効用が際立つ．

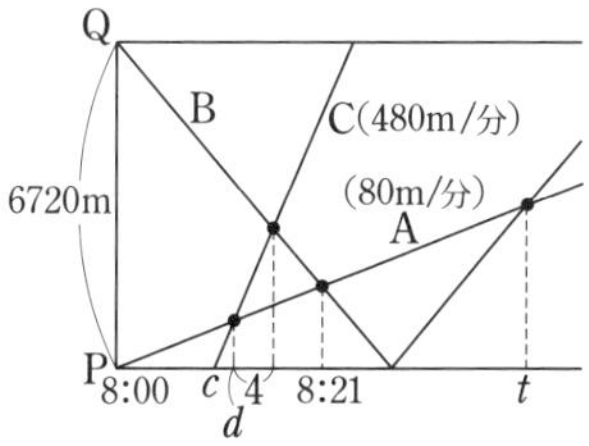

解 （1） Bの分速をbmとすると，AとBがスタートしてから出会うまでに進んだ距離の和について，

⇦原則通り，出会いの点(図の●)に着目して立式する(☞p.55)．

$b \times 21 + 80 \times 21 = 6720$

⇦まず，両辺を21で割ろう．

$\therefore \ b =$ **240 (m/分)**

（2） 8時t分に追いつくとすると，AとBがスタートしてから追いつくまでに進んだ距離の差について，

$240 \times t - 80 \times t = 6720 \quad \therefore \ t = 42 \quad \therefore$ **8時42分**

（3） Cが8時c分にスタートして，8時d分にAに追いつくとすると，$480 \times (d - c) = 80 \times d$ ……………………………①

$480 \times (d + 4 - c) + 240 \times (d + 4) = 6720$ …………………②

①より，$5d = 6c$ …………③，②より，$3d - 2c = 16$ …………④

③，④を解いて，$d = 12$，$c = 10$

よって，Cは**8時10分**に出発し，Aに追いついた地点は，Pから，　$80 \times 12 =$ **960 (m)**

10 演習題 (p.73)

Ⓐ地からA君が，Ⓑ地からB君が，Ⓒ地からC君が午後0時に出発してⒹ地に向かう．右の図は，Ⓐ地からの距離と時間との関係を表したものである．ここで，A君，B君，C君の速さの比は5：3：1であり，Ⓑ地とⒸ地の間の距離は32kmである．午後2時にB君はA君に追い越され，午後5時にA君とC君は同時にⒹ地に着いた．ただしⒶ地からⒹ地までは一本道で，Ⓐ地，Ⓑ地，Ⓒ地，Ⓓ地の順にあるものとする．

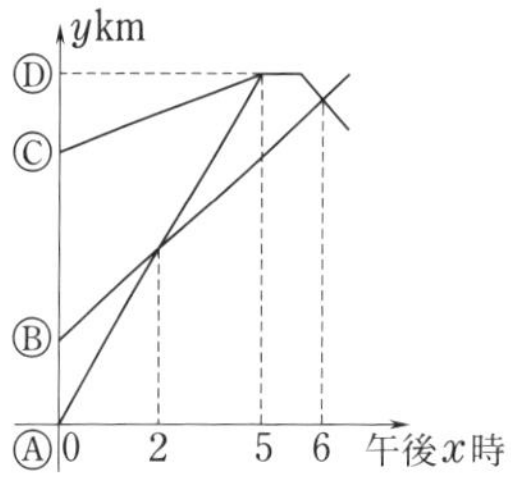

（1） C君がⒹ地に向かうときの速さを毎時$a$kmとし，Ⓐ地とⒷ地の間の距離を$b$kmとしたとき，a，bの値を求めなさい．

（2） A君が，B君の位置とC君の位置のちょうど真ん中の位置にくるのは午後何時何分か．

（3） C君はⒹ地で休んだ後，Ⓒ地へ毎時8kmの速さで同じ道を戻った．途中，B君と午後6時にすれ違った．C君は何分間休んだか．

（04 成城学園）

11 速さ／流水算

次の各問いに答えなさい．

(ア) 川の下流にA地点が，60km離れた上流にB地点がある．この2地点の間を船で往復するとき，A地点からB地点へ向かう途中で，エンジンが30分間止まってしまった．A地点からB地点へ向かうときには4時間，B地点からA地点へ向かうときには2時間かかった．静水での船の速さを毎時$x$km，川の流れの速さを毎時$y$kmとしてx，yの値を求めなさい．

(06　三田学園)

(イ) 上りのエスカレーターがあり，一定の速さで上昇しているとする．このエスカレーターを1段ずつ歩いて上ったところ，20段で上に着いた．歩かずに上ったところ，上に着くのに40秒かかり，歩いて上るよりも10秒遅く着いた．このエスカレーターは，毎秒何段ずつ上っているかを求めなさい．

(08　共栄学園)

(ア)　往路，復路の条件について，連立方程式を立てます．

(イ)　「下から上まで何段あるのか」に着目しましょう．　⇦「何段見えているか」ということ．

解　(ア)　復路について，　⬅'ダイヤグラム'を補助に使おう．

$x\times2+y\times2=60$

$\therefore\ x+y=30$ ……………①

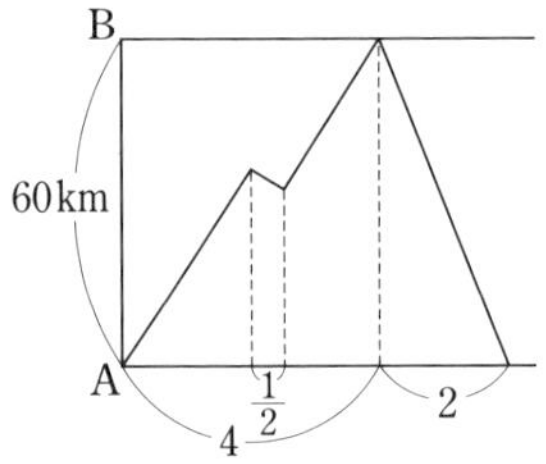

往路については，

$x\times\left(4-\dfrac{1}{2}\right)-y\times4=60$　⇦ の符号に注意(復路では下っているから＋，往路では上っているから－)．

$\therefore\ 7x-8y=120$ …………②

①×8＋②より，$15x=360$　$\therefore$　$\boldsymbol{x=24}$ (km/時)

これと①より，$\boldsymbol{y=6}$ (km/時)

(イ)　エスカレーターの下から上までの段数をx段とし，毎秒y段ずつ上っているとする．　⇦このyが，(ア)の「川の流れ」に相当する．

20段歩いたときは，30秒で上に着いたのであるから，

$x=20+y\times30$ ……………………………………③

歩かなかったときは，40秒で上に着いたのであるから，

$x=y\times40$ ………………………………………④

③＝④より，$10y=20$　$\therefore$　$y=$**2 (段/秒)**　⇦$x=80$ (段)となる(長い!?)．

11 演習題 (p.73)

流れの速さが一定の川の，下流に地点P，上流に地点Qがあり，PQ間の距離は1400mである．A君はPからQに向かってボートで出発し，B君はA君が出発してから2分後にQからPに向かってボートで出発した．A君が出発してから8分後に二人は出会いそのまま進んだが，A君はB君に用があったのを思い出し，二人が出会ってから2分後にPに向かって引き返し，引き返してから6分後に，Pに着くまでに追いついた．二人のボートの速さは一定で，A君，B君のボートの静水での速さをそれぞれ毎分xm，毎分ymとし，川の流れの速さを毎分zmとする(ただし，$0<z<y<x$である)．

(1)　xをyの式で表しなさい．

(2)　実際にA君がB君に追いついたのはPから280mだけ上流の地点であった．このときx，y，zの値を求めなさい．

(04　灘)

12　速さ／2乗に比例

27m の坂を下りるのに，A さんはローラースケートで 9 秒かかったという．A さんがローラースケートで坂を下りるとき，進む距離はかかった時間の 2 乗に比例する．

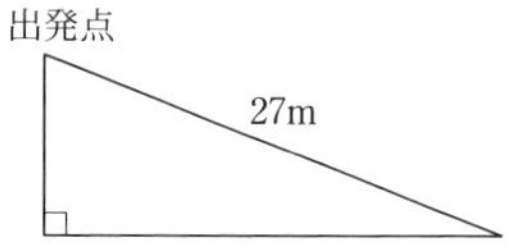

（1） A さんが出発して x 秒後に出発点から ym 進んだとするとき，y を x の式で表しなさい．

（2） 同じ坂を B さんは毎秒 3m の一定の速さで A さんと同じ出発点から走って下りる．A さんが出発してから 2 秒後に B さんが出発するとき，

（i） A さんが出発してから x 秒後に B さんが進む距離を x の式で表しなさい．ただし，$x \geqq 2$ とする．

（ii） B さんが出発してまもなく A さんを追い越すが，その後，A さんに追いつかれる．A さんが出発してから何秒後に B さんは A さんに追いつかれるか．（09　法政大女子）

「y は x の 2 乗に比例 ⇨ $y=ax^2$」です．

⇦p.55 参照.

解　（1） $y=ax^2$（a は定数）と表せて，$x=9$ のとき，$y=27$ であるから，　$27=a\times9^2$　∴　$a=\frac{1}{3}$　∴　$\boldsymbol{y=\frac{1}{3}x^2}$ ……………①

（2）（i） B さんが進む距離を y（m）とすると，$x=2$ のとき，$y=0$ であるから，$y=3(x-2)$　∴　$y=\mathbf{3}\boldsymbol{x}\mathbf{-6}$ **(m)** …………………②

⇦「一定の速さ」で進むときの距離は，(時間の) 1 次関数になる．

（ii） B さんと A さんが同じ場所にいるような x の値は，

$\frac{1}{3}x^2=3x-6$　∴　$x^2-9x+18=0$

∴　$(x-3)(x-6)=0$　∴　$x=3,\ 6$

よって，追いつかれるのは，$\boldsymbol{x}=\mathbf{6}$ **(秒後)**

➡**注**　①と②をグラフで表すと，右図のようになって，「追い越す」「追いつかれる」のイメージが具体的につかめますね．

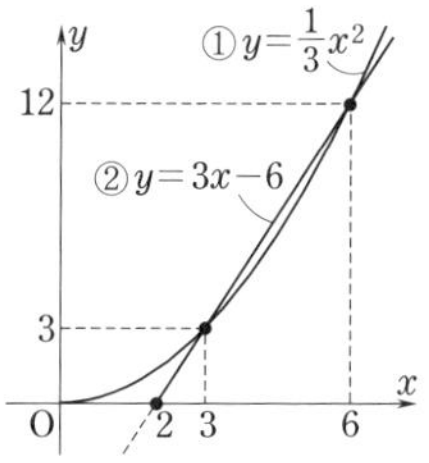

⬅「2 乗に比例」の問題では，**放物線のグラフを補助に持ち出す**と見通し良くなることが多い．

12　演習題 (p.74)

A 駅を出発した電車が x 秒間で A 駅から ym だけ走ったとすると，A 駅から 500m 離れた B 地点までは $y=\frac{1}{5}x^2$ の関係がある．一方，線路に沿って平行な道路上を 3 台の自動車 P，Q，R がそれぞれ定速で走っている．

（1） A 駅を出発した電車は，20 秒後に自動車 P に追い越されたが，40 秒後には追いついた．自動車の秒速を求めなさい．また，電車が A 駅を出発したとき，自動車 P は A 駅の手前何 m の地点を走っていたか．

（2） A 駅を出発した電車は，25 秒後に自動車 Q に追い越され，B 地点までに追いつくことは出来なかった．自動車 Q の速さは秒速何 m より速いといえるか．

（3） A 駅を出発した電車は，C 地点で自動車 R に追い越され，B 地点で追いついた．電車が A 駅を出発したとき，自動車 R は A 駅の手前 300m の地点を走っていた．C 地点は A 駅から何 m の所にあるか．

（09　久留米大付）

13 速さ／周回路を回る

一周 68km のサイクリングコースの S 地点を，A 君は時計回り，B 君は反時計回りに同時に出発した．A 君は 4 時間 48 分でコースを一周し，そのまま走り続けた．B 君は A 君と初めてすれ違ってから，5 時間後に S 地点に到着した．ただし，A 君，B 君の速さはそれぞれ一定とする．

（1） B 君がコースを一周する時間を求めなさい．

（2） A 君と B 君が 2 回目にすれ違うのは，S 地点から時計回りに何 km の地点か．

（08　海城）

（1）が問題です．スタートしてから(初めて)すれ違うまでの時間を文字でおきましょう．

（2）では，すれ違う瞬間はスタート時と同じ状況であることに注意しましょう．

解　**（1）** 出発してから 2 人が初めてすれ違う(右図の T 地点)までの時間を x 時間とすると，2 人の各区間での所要時間は右のようになる．

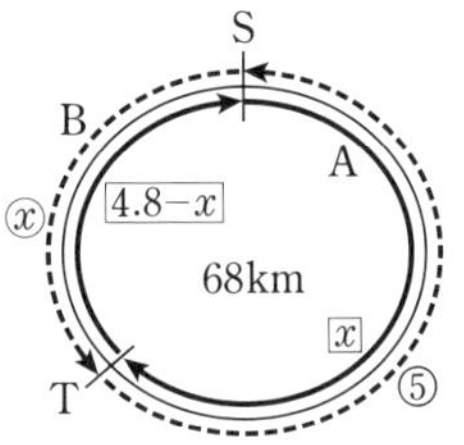

⇦4 時間 48 分＝4.8 時間

よって，$x:(4.8-x)=5:x$
が成り立つから，

⇦2 人の速さはそれぞれ一定だから，同じ道のりを進む時間の比は等しい．

$x^2+5x-24=0$　∴　$(x-3)(x+8)=0$

$x>0$ より，$x=3$

したがって，答えは，3＋5＝**8（時間）**

（2） T 地点における状況は，スタート時の S 地点における状況と同じであるから，2 人が 2 回目にすれ違うのは，T の時点から (x＝)3 時間後である．

⇦S から T まで，A，B 合わせて 68km を進み，T から次にすれ違う地点まで，やはり 2 人合わせて 68km を進む．

よって，A はスタートしてから 2 回目にすれ違うまでに 6 時間走るから，求める道のりを $y$km とすると，

$68:y=4.8:(6-4.8)=4:1$

∴　$4y=68$　∴　$y=$**17（km）**

⇦A が進む道のりと時間の比は等しい．

13 演習題 (p.74)

太郎君は池の周りをスタート地点Sから右回りに，途中の P 地点まで自転車で行き，P 地点からスタート地点Sまで徒歩で 1 周して戻る．次郎君はS地点から左回りにP地点まで自転車で行き，P 地点からS地点まで徒歩で 1 周して戻る．2 人が同時に S 地点を出発して，27 分後に 2 人は出会い，次郎君は太郎君より 10 分早く戻ってきた．ただし，徒歩は時速 5km，自転車は時速 20km とする．

（1） 2 人が出会った地点は S 地点から左回りに何 km の地点か求めなさい．

（2） S 地点から P 地点までの右回りの道のりを $x$km，左回りの道のりを $y$km として，x，y の連立方程式をつくりなさい．

（3） 池の周りは何 km か求めなさい．

（07　城北埼玉）

14　ゲームの順位

A，B，C の 3 チームでサッカーの試合を行い，右の表のような結果になりました．ただし，表の中の勝率とは，勝ち数を勝ち数と負け数の和で割った数のこととします．

チーム	勝ち数	負け数	引分け	勝率	勝ち点
A	3	4	x	ア	
B	イ	2	y	$\frac{5}{7}$	
C	4	ウ	0	$\frac{2}{5}$	

（1）　表のア，イ，ウにあてはまる数を求めなさい．

（2）　表の試合総数が 15 のとき，x，y にあてはまる数を求めなさい．

（3）　（2）のとき 1 つの勝ちに対して「勝ち点 a 点」，1 つの引分けに対して「勝ち点 b 点」を与えることにしたところ，A チームと C チームが同じ勝ち点になりました．このとき，a と b の比を求めなさい．（負けに対しては勝ち点を与えません）

（4）　（3）のように勝ち点を決めます．このあとさらに，A 対 B，B 対 C，C 対 A の試合を 2 試合ずつ行い，勝ち点の多い順に順位を決定することにします．B は 1 勝 3 引分けで優勝できるでしょうか．理由を添えて答えなさい．　　（06　獨協埼玉）

（4）　‘B にとって最悪のケース’を想定してみましょう．　⇦B の勝ち点は確定している．

解　（1）　A～C の勝率について，

$\frac{3}{3+4}=$ア，$\frac{イ}{イ+2}=\frac{5}{7}$，$\frac{4}{4+ウ}=\frac{2}{5}$　∴　**ア$=\frac{3}{7}$，イ$=5$，ウ$=6$**

（2）　（1）より，A～C の勝ち数(負け数)の合計は 12 であるから，引分けは，$15-12=3$（試合）

C の引分けは 0 であるから，$\boldsymbol{x=y=3}$　⇦引分けの 3 試合は，全て A 対 B.

（3）　A と C の勝ち点が等しいことから，

$$a\times3+b\times3=a\times4+b\times0$$

$$\therefore\ a=3b\cdots①\quad\therefore\ a:b=\mathbf{3:1}$$

（4）　①のとき，表における勝ち点は，A，C …$12b$；B …$18b$　⇦B …$a\times5+b\times3=18b$

このあと，B が 1 勝 3 引分けのとき，B の勝ち点は，$24b$ …②　⇦$18b+a\times1+b\times3=24b$

このとき，A，C のうち B と 2 引分けだったチームが他方に 2 連勝したとすると，そのチームの勝ち点は，$20b$ ……………………③　⇦‘B にとって最悪のケース’　⇦$12b+b\times2+a\times2=20b$

②＞③であるから，**B は優勝できる．**

14★ 演習題 (p.74)

図のような的に，6 人がボールをあてて得点を競うゲームをしました．得点は A が一番高く，次に B，その次に C の順になっています．1 人で 5 回ずつ投げ，その合計で順位を競った結果は，右のとおりでした．

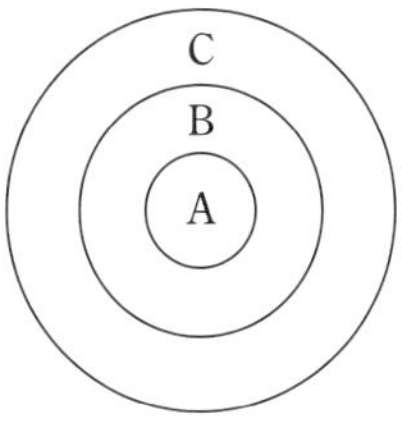

（1）　C の得点を求めなさい．

（2）　4 位の人が B にあてた回数，および合計得点を求めなさい．　　（06　東海大付浦安）

［結果］
- 全員が A，B，C にそれぞれ少なくとも 1 回ずつあたり，はずれはありませんでした．
- 合計得点は全員違いました．
- A に 2 回以上あてた人が，1 位，2 位，3 位となりました．
- 1 位の合計得点は 42 点で，6 位の合計得点は 32 点でした．
- 1 位と 2 位の合計得点の差は，3 点でした．

文章題
演習題の解答

1 食塩の量のフロー・チャートを書くのはもちろん，本問では，食塩水についても同様の図を利用します．

解 まず，第1の条件から，

$$300\times\frac{x}{100}+400\times\frac{y}{100}=(300+400)\times\frac{13}{100}$$

$$\therefore\ 3x+4y=91\ \cdots\cdots\cdots①$$

次に，第2の条件の操作1〜3において，容器A，B内の食塩の量の推移は下のようになる．

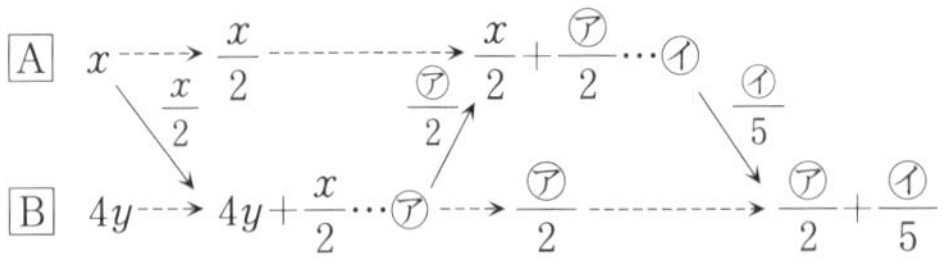

よって，操作終了後のB内の食塩の量は，

$$\frac{㋐}{2}+\frac{㋑}{5}=\frac{㋐}{2}+\frac{1}{5}\left(\frac{x}{2}+\frac{㋐}{2}\right)=\frac{3}{5}\times㋐+\frac{x}{10}$$

$$=\frac{3}{5}\times\left(4y+\frac{x}{2}\right)+\frac{x}{10}=\frac{2}{5}x+\frac{12}{5}y\cdots\cdots\cdots②$$

また，食塩水の量は，次のように推移する．

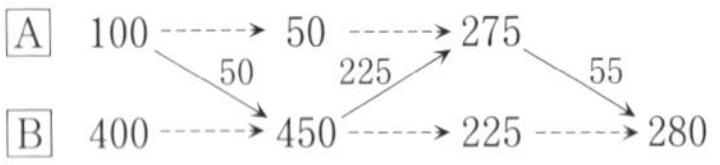

よって，$②=280\times\frac{15}{100}$

整理して，$x+6y=105$ ……③

①，③を解いて，$\boldsymbol{x=9}$ (%)，$\boldsymbol{y=16}$ (%)

2 (1)の答えが，(2)，(3)で使える‘公式’になります．

解 (1) 題意の操作における食塩の量の推移は，以下のようになる．

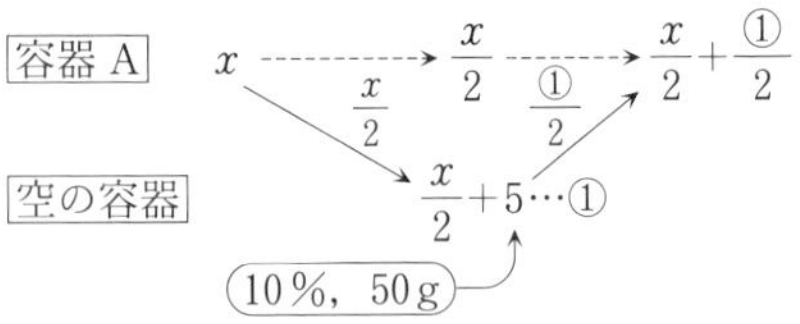

よって，求める濃度は，

$$\frac{x}{2}+\frac{①}{2}=\frac{x}{2}+\frac{1}{2}\left(\frac{x}{2}+5\right)=\boldsymbol{\frac{3}{4}x+\frac{5}{2}}\ (\%)\ \cdots②$$

(2) ②の値をyとおくと，(1)と同様にして，次の操作後のAの濃度は，$\frac{3}{4}y+\frac{5}{2}$ (%)

である．よって答えは，

$$\frac{3}{4}\left(\frac{3}{4}x+\frac{5}{2}\right)+\frac{5}{2}=\boldsymbol{\frac{9}{16}x+\frac{35}{8}}\ (\%)\ \cdots③$$

(3) ③の値をzとおくと，$\frac{3}{4}z+\frac{5}{2}=8.5$

$$\therefore\ 3z+10=34\quad\therefore\ z=8$$

$$\therefore\ \frac{9}{16}x+\frac{35}{8}=8\quad\therefore\ \boldsymbol{x=\frac{58}{9}}\ (\%)$$

3 A，B，Cの中には常に100gの食塩水が入っているので，食塩の量(g)と濃度(%)の数値は一致します(☞p.56)．

解 (1) 操作前に含まれる食塩の量は，

A…6g，B…4g，

C…2g

であるから，1回目の操作での食塩の移動は，右図のようになる．

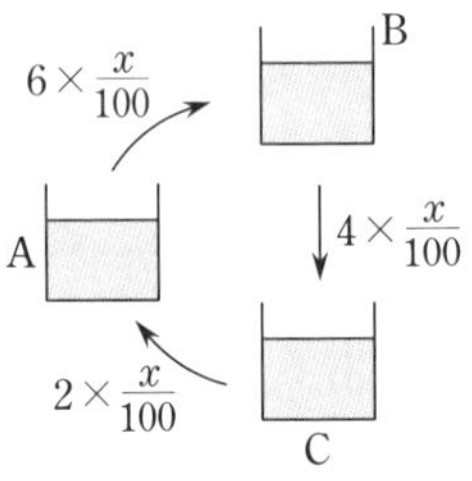

よって，1回目の操作後の食塩の量(g)は，

$$A\cdots 6\times\frac{100-x}{100}+2\times\frac{x}{100}=6-\frac{x}{25}\ \cdots\cdots①$$

$$B\cdots 4\times\frac{100-x}{100}+6\times\frac{x}{100}=4+\frac{x}{50}\ \cdots\cdots②$$

$$C\cdots 2\times\frac{100-x}{100}+4\times\frac{x}{100}=2+\frac{x}{50}\ \cdots\cdots③$$

2回目の操作後のAの濃度(%)は，含まれる食塩の量(g)に等しいから，

$$①\times\frac{100-x}{100}+③\times\frac{x}{100}$$

$$=\boldsymbol{6-\frac{2}{25}x+\frac{3}{5000}x^2}\ (\%)$$

（2） 同様に，2回目の操作後のB，Cの濃度(%)はそれぞれ，

$$②\times\frac{100-x}{100}+①\times\frac{x}{100}$$

$$=4+\frac{1}{25}x-\frac{3}{5000}x^2\,(\%)\ \cdots\cdots\cdots④$$

$$③\times\frac{100-x}{100}+②\times\frac{x}{100}=2+\frac{1}{25}x\,(\%)\ \cdots⑤$$

④＝⑤より，$\frac{3}{5000}x^2=2$ ………………⑥

$$\therefore\ x^2=\frac{10000}{3}\quad\therefore\ x=\frac{100}{\sqrt{3}}=\boldsymbol{\frac{100\sqrt{3}}{3}}\,(\mathrm{g})$$

➡注　④＝⑤の2次方程式は，⑥のように1次の項が消えたので，工夫するまでもありませんでしたが，次のようにすることもできます．

『④，⑤の左辺で，$\frac{x}{100}=X$ とおくと，

$$(4+2X)\times(1-X)+(6-4X)\times X$$
$$=(2+2X)\times(1-X)+(4+2X)\times X$$

展開・整理すると，$3X^2=1$

$$\therefore\ x=100X=100\times\frac{\sqrt{3}}{3}=\boldsymbol{\frac{100\sqrt{3}}{3}}\,(\mathrm{g})$$ 』

4 ケーキの個数と割引率の関係を，的確にとらえましょう．

解 （1） ケーキを7個買うと，購入金額全体の，(7−2)×2＝10 (%) 割引きとなるから，ケーキ1個の値段を x 円とすると，

$$45\times35=x\times7\times\left(1-\frac{10}{100}\right)\quad\therefore\ x=\boldsymbol{250}\,(\textbf{円})$$

（2） ケーキの個数を y 個とすると，$y\geqq3$ のとき，購入金額全体の，$(y-2)\times2$ (%)割引きとなるから(☞注)，

$$45\times5y=250\times y\times\left\{1-\frac{2(y-2)}{100}\right\}+600$$

両辺を5で割って，

$$45y=y\{50-(y-2)\}+120$$

これを整理すると，$y^2-7y-120=0$

∴ $(y-15)(y+8)=0$　$y>0$ より，$y=15$

よって答えは，$5y=\boldsymbol{75}$ (**個**)

➡注 ‘チョコレート5個の値段’
＝225円＜250円＝‘ケーキ1個の値段’
ですから，$y=1$，2は明らかに不適です．
なお，$y=15$ のときの割引率は26%で，「26≦30」も満たされています．

5 （2） 当日券は，1分間に y 人の割合で，2時間(＝120分)販売したことになります．

解 （1） 開演の2時間30分前に並んだ人の前には，$x\times30$ (人)が並んでいて，その人たちを処理するのに，50−30＝20 (分)かかったのだから，$x\times30=y\times20$

ここで，$x=4$ であるから，$\boldsymbol{y=6}$ (人)

（2）(ⅰ) 販売された当日券は，$y\times120$ (枚)であり，これが用意された当日券の8割であるから，答えは，$120y\div0.8=\boldsymbol{150y}$ (**枚**) ……①

(ⅱ) 用意された前売券は，$①\times\frac{7}{3}=350y$ (枚)

よって，売れた前売券は，

$$350y\times0.8=280y\,(枚)$$

∴ $280y+120y=3200$ ∴ $\boldsymbol{y=8}$ (人)

6 （3） Cのグラフは(切片が b，傾きが c の)直線ですが，Bの‘最高・最安’の条件から，その直線が通る2点が分かります．

解 （1） A，Bにおいて，回線を20時間使用したときの料金が等しいことから，

$50\times20=a+20\times(20-15)$ ∴ $\boldsymbol{a=900}$ (**円**)

（2） (1)より，$0\leqq x\leqq15$ のとき，$y=900$

$15<x$ のとき，$y=900+20\times(x-15)$

∴ $y=20x+600$ ………………①

グラフは，下図の太線のようになる．

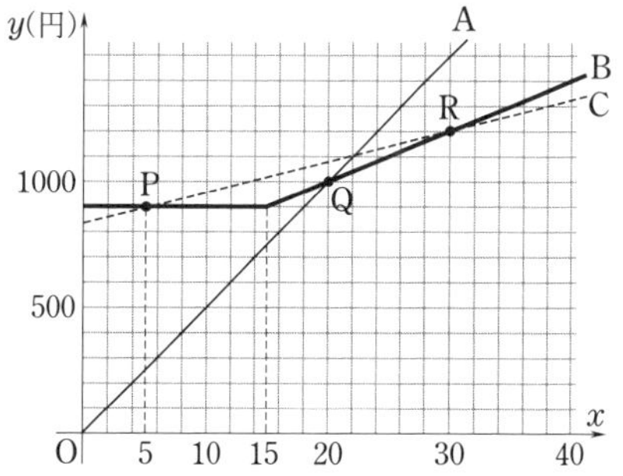

（3） Aについては，$y=50x$ であるから，そのグラフは上図の細線のようになる．

Cについては，$y=b+c\times x$，すなわち，

$y=cx+b$ …②　であるが，

$0\leqq x<5$ のときBが最も高いことから，直線②は上図の点P(5, 900)を通り，

また，Bが最も安くなるのは，(1)の交点Q(20, 1000)のときからの10時間であるから，直線②は，直線①上の点R(30, 1200)を通る．

$$\therefore\quad \boldsymbol{c}=\frac{1200-900}{30-5}=\mathbf{12}\text{（円）}$$

このとき，$\dfrac{900-b}{5-0}=12$ より，$\boldsymbol{b}=\mathbf{840}$（円）

7 (1)(2)とも3つの未知数に対して，(1)では'方程式が3つ'立ちますが，(2)では'方程式2つ＋不等式1つ(＋α)'となります．

解 (1) 幼児，子ども，大人の入場者数をそれぞれ x，y，z（人）とすると，与えられた条件より，

$x+y+z=600$ ……①，$x=z\times\dfrac{5}{3}$ ……②

$50x+150y+350z=95000$ …………③

③より，$x+3y+7z=1900$ ………………③′

③′－①より，$2y+6z=1300$

$\therefore\quad y+3z=650\quad\therefore\quad y=650-3z$ …④

②，④を①に代入して，

$\dfrac{5}{3}z+(650-3z)+z=600$

$\therefore\quad \dfrac{1}{3}z=50\quad\therefore\quad z=\mathbf{150}$（人）

これと②，④より，

$x=\mathbf{250}$（人），$y=\mathbf{200}$（人）

(2) (1)と同様に文字をおくと，与えられた条件より，$x+y+z=20$ ………………………⑤

$50x+150y+350z=3900$ ……………⑥

$x+y\leqq z\times 2$ ……⑦，y は奇数 ……⑧

⑥より，$x+3y+7z=78$ ………………………⑥′

(⑥′－⑤)÷2より，$y+3z=29$ …………⑨

一方，⑤⑦より，$20-z\leqq 2z$

$\therefore\quad 3z\geqq 20\quad\therefore\quad 3z=21,\ 24,\ 27,\ \cdots$

このうち，⑧⑨を満たすのは，$3z=24$

このとき，$z=\mathbf{8}$（人），$y=\mathbf{5}$（人）

これらと⑤より，$x=\mathbf{7}$（人）

8 与えられたグラフを，**座標平面と見なすことにしましょう**．

解 下図のように，座標軸をとる．

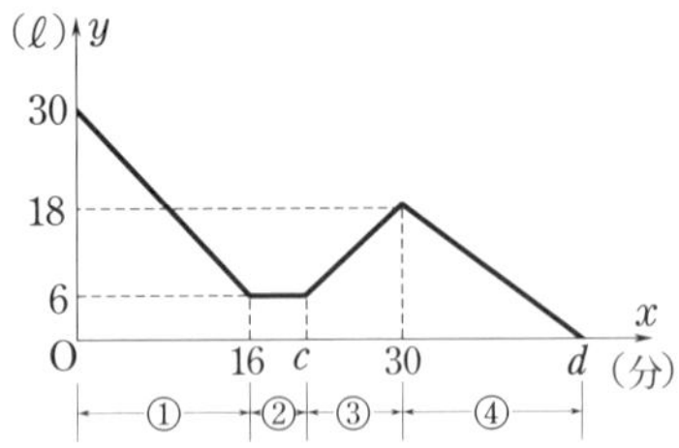

(1) ①の直線の傾きは，

$$-\frac{30-6}{16}=-\frac{3}{2}\quad\cdots\cdots\cdots\cdots\text{㋐}$$

であるから，その式は，$y=-\dfrac{3}{2}x+30$

これと x 軸との交点の x 座標が c であるから，

$$0=-\frac{3}{2}c+30\quad\therefore\quad \boldsymbol{c}=\mathbf{20}\ \cdots\cdots\cdots\text{㋑}$$

別解 $16:(30-6)=c:30$ より，
$2:3=c:30\quad\therefore\quad \boldsymbol{c}=\mathbf{20}$

(2) ㋑より，③の直線の傾きは，

$$\frac{18-6}{30-20}=\frac{6}{5}\quad\cdots\cdots\cdots\cdots\text{㋒}$$

㋐が $a-b$，㋒が $2a-b$ であるから，

$$a-b=-\frac{3}{2},\ 2a-b=\frac{6}{5}\quad\cdots\cdots\cdots\text{㋓}$$

これを解いて，

$$\boldsymbol{a}=\frac{\mathbf{27}}{\mathbf{10}}(=2.7),\ \boldsymbol{b}=\frac{\mathbf{21}}{\mathbf{5}}(=4.2)$$

このとき，④の直線の傾きについて，

$$-\frac{18}{d-30}=-\frac{1}{7}b=-\frac{3}{5}\quad\therefore\quad \boldsymbol{d}=\mathbf{60}$$

9 (1) 家から学校までの道のりを2通りに表しましょう．

(2) まず，その日のBの速さが分かります．

解 (1) 家から学校までの道のりを x（km）とし，また図のように t（分）を定める．

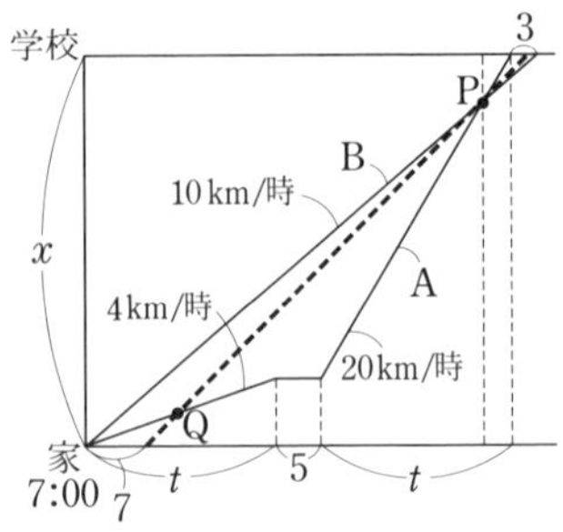

すると，次の2式が成り立つ．

$A\cdots x=4\times\dfrac{t}{60}+20\times\dfrac{t}{60}=\dfrac{2}{5}t$ ………㋐

$B\cdots x=10\times\dfrac{t+5+t+3}{60}=\dfrac{t+4}{3}$ ……㋑

㋐＝㋑ より，$t=20$ ∴ $x=$**8 (km)**

A の所要時間は，$20+5+20=45$ (分)

であるから，(ii)の答えは，**7 時 45 分** …㋒

また，A が B を追い抜いた地点(図の P)から学校までの所要時間は，A：B＝1：2 …㋓

であるから，(iii)の答えは，

㋒－(3 分)＝(**7 時 42 分**)

➡**注** (iii)は算数で解きましたが(㋓は，A と B の速さの逆比)，式を立てると(7 時 s 分として)，

$10\times\dfrac{s}{60}=4\times\dfrac{20}{60}+20\times\dfrac{s-25}{60}$ ∴ $s=42$

(**2**) その日の B(図の太破線)の速さを b (km/時)とすると，家から P までの距離について，$b\times\dfrac{42-7}{60}=10\times\dfrac{42}{60}$ ∴ $b=12$

このとき，B が A を追い抜いた時刻を 7 時 u 分とすると，家からその地点(図の Q)までの距離について，$12\times\dfrac{u-7}{60}=4\times\dfrac{u}{60}$

∴ $u=10.5$ ∴ **7 時 10 分 30 秒**

10 (1) 例題と同様，2 人が‘出会う’場合について，立式します．

(2) Ⓐ地からの距離について，‘A 君は，B 君と C 君の平均’ととらえます．

(3) Ⓐ地からⒹ地までの距離について立式しましょう．

解 (**1**) 図のようになって，まずスタートから P までの A，B の条件により，

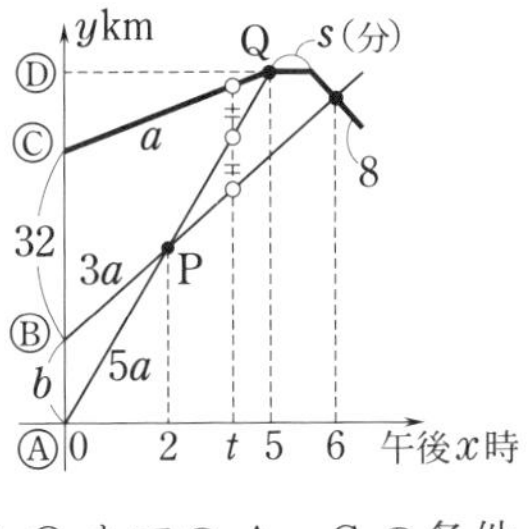

$5a\times2=b+3a\times2$

∴ $4a=b$ ……①

次に，スタートから Q までの A，C の条件により，$5a\times5=(b+32)+a\times5$

∴ $20a=b+32$ …………………②

②－①より，$16a=32$ ∴ $\boldsymbol{a=2}$ (km/時)

これと①より，$\boldsymbol{b}=4\times2=\mathbf{8}$ (km)

(**2**) 求める値を t (時)とすると，Ⓐ地からの距離について，

$$5a\times t=\frac{(b+3a\times t)+(b+32+a\times t)}{2}$$

(1)の値を代入して整理すると，

$12t=48$ ∴ $t=4$ ∴ **午後 4 時**

(**3**) 求める値を s (分)とすると，Ⓐ地からⒹ地までの距離について，

$$8\times\left(1-\frac{s}{60}\right)+(8+6\times6)=10\times5 \quad\cdots③$$

∴ $1-\dfrac{s}{60}=\dfrac{3}{4}$ ∴ $s=$**15 (分間)**

➡**注** ③について；C 君と B 君が出会った地点をⒺ地とすると，左辺は，「(C 君についての)Ⓓ地からⒺ地までの距離」＋「(B 君についての)Ⓐ地からⒺ地までの距離」，右辺は，「(A 君についての)Ⓐ地からⒹ地までの距離」です．

11 やはり‘ダイヤグラム’を利用して，条件を整理しましょう．

解 (**1**) 与えられた条件をダイヤグラムに表すと，右図のようになる(カッコ内は，実際に進む分速)．

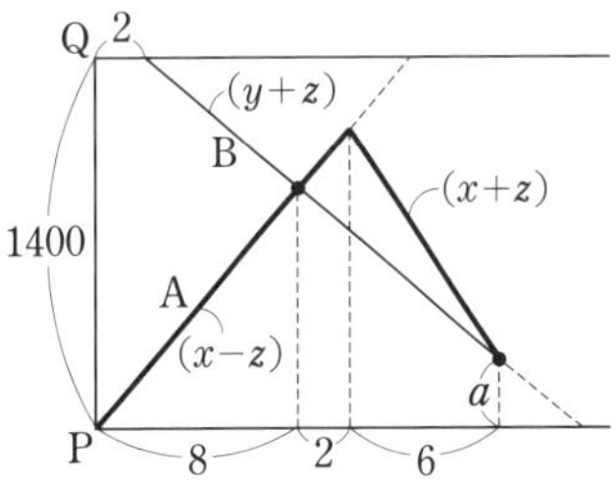

するとまず，A と B が 1 回目に出会うまでに各々進んだ距離の和について，

$(x-z)\times8+(y+z)\times(8-2)=1400$ …①

次に，1 回目～2 回目に Q→P 方向に進んだ距離が等しいことから，

$-(x-z)\times2+(x+z)\times6=(y+z)\times8$ …②

②を整理して，$\boldsymbol{x=2y}$ ……………………③

(**2**) 上図の $a=280$ より，

$(y+z)\times(8+2+6-2)=1400-280$

整理して，$y+z=80$ ……………………④

一方，①と③より，$11y-z=700$ ………⑤

④＋⑤より，$12y=780$ ∴ $\boldsymbol{y=65}$

これと③，④より，$\boldsymbol{x=130}$，$\boldsymbol{z=15}$

12 放物線と直線のグラフを利用します．そこでは，関数の知識も大いに活用しましょう．

解 （1） P についてのグラフは，図の直線 DE のようになり，

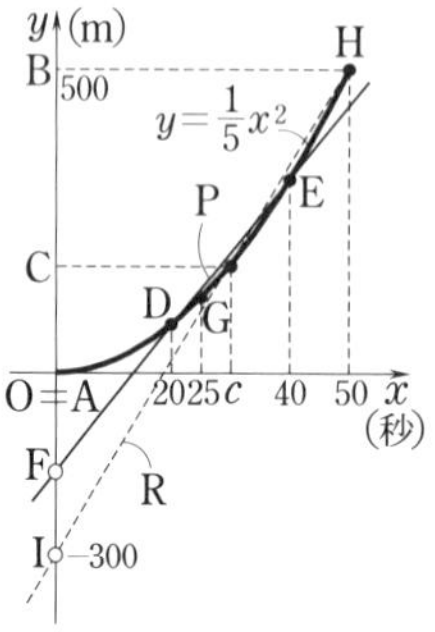

P の秒速

$=$DE の傾き

$=\frac{1}{5}\times(20+40)$

$=$**12 (m/秒)**

また，直線 DE の切片は，

$-\frac{1}{5}\times20\times40$

$=-160$

であるから，後半の答えは，A 駅の手前 **160 m** の地点(図の F).

（2） 題意より，

Q の秒速＞GH の傾き

$=\frac{1}{5}\times(25+50)=$**15 (m/秒)**

（3） R についてのグラフは，図の直線 HI のようになり，その切片について，

$-\frac{1}{5}\times c\times50=-300 \quad \therefore \quad c=30$

よって答えは，AC$=\frac{1}{5}\times30^2=$**180 (m)**

➡**注** 上の解答中の ▭ については，☞ p.106 の◎.

13 本問も，（1）が問題．与えられた条件から，解の（＊）までに気が付くかどうか….

解 （1） 次郎の方が先に S に戻ってきたことから，$x<y$ が分かり，すると（太郎のほうが先に P に着くから），2 人が出会ったとき，次郎は自転車に乗っている（太郎は歩いている）ことになる（＊）.

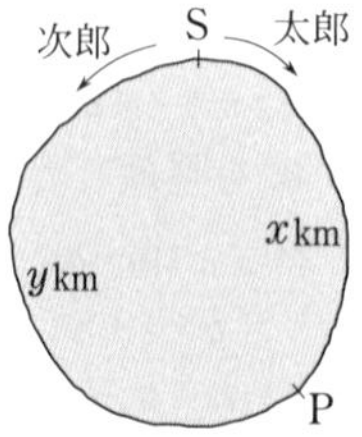

よって答えは，$20\times\frac{27}{60}=$**9 (km)**

（2） （1）より，2 人が出会うまでの太郎の所要時間について，

$$\frac{x}{20}+\frac{y-9}{5}=\frac{27}{60} \quad \therefore \quad \boldsymbol{x+4y=45} \quad \cdots①$$

また，次郎が 10 分早く戻ってきたことから，

$$\frac{y}{20}+\frac{x}{5}+\frac{10}{60}=\frac{x}{20}+\frac{y}{5} \quad \therefore \quad \boldsymbol{9y-9x=10} \cdots②$$

（3） ①×9＋② より，$45y=415$

$\therefore \quad y=\frac{415}{45}=\frac{83}{9}$ 　これと②より，$x=\frac{73}{9}$

よって答えは，$\frac{83}{9}+\frac{73}{9}=\frac{156}{9}=$ $\boldsymbol{\frac{52}{3}}$ **(km)**

14 与えられた[結果]を 1 つずつ，慎重に吟味していきましょう.

解 （1） A，B，C の得点をそれぞれ a，b，c（点），また，A，B，C にあてた回数をそれぞれ x，y，z（回）とする.

第 1 の結果より，x，y，z の組は，

{3，1，1}，{2，2，1}

のいずれかであり，これと第 2，第 3 の結果より，右表のようになる（☞注）.

		x	y	z
1 位	…	3	1	1
2 位	…	2	2	1
3 位	…	2	1	2
4 位	…	1	3	1
5 位	…	1	2	2
6 位	…	1	1	3

すると，第 4，第 5 の結果より，

$3a+b+c=42\cdots①$，$a+b+3c=32 \cdots②$

$2a+2b+c=39\cdots③$

②×2－③より，$5c=25 \quad \therefore \quad c=$**5 (点)**

➡**注** $a>b>c$ だけからは，上表の網目部分の優劣だけが決まらないのですが，それを定めるのが第 3 の結果というわけです.

（2） $c=5$ のとき，①～③より，

$a=10$，$b=7$

よって答えは，**3 回**；$a+3b+c=$**36 (点)**

第4章 場合の数・確率

他の分野とはやや違った発想法を要求される，独特の(ユニークな)分野である．そこでのメインの課題は「数える」ということ——‘シラミつぶし’的な数え方からは徐々に卒業し，手早く効率的な数え方を身に付けて行こう．また，演習題の難問率は，第2章の整数と並んで高くなっている．心してかかろう．

第４章　場合の数・確率
要点のまとめ

1. 場合の数

1・1　順列の数

異なる n 個のものの中から r 個を選んで**順番に並べる**場合の数は，

$$\underbrace{\boldsymbol{n}\times(\boldsymbol{n}-\mathbf{1})\times\cdots\times\{\boldsymbol{n}-(\boldsymbol{r}-\mathbf{1})\}}_{r\text{ 個}} \quad \cdots①$$

（①を，${}_n\mathrm{P}_r$ という記号で表すことがある.）

1・2　組合せの数

異なる n 個のものの中から r 個を選ぶ（**順番は考えない**）場合の数は，

$$\frac{①}{\boldsymbol{r}\times(\boldsymbol{r}-\mathbf{1})\times\cdots\times\mathbf{2}\times\mathbf{1}} \quad \cdots\cdots\cdots②$$

（②を，${}_n\mathrm{C}_r$ という記号で表すことがある.）

*　　　　　　*

例えば，$n=10$，$r=3$ の場合，

①は $10\times9\times8$（通り）；②は $\dfrac{10\times9\times8}{3\times2\times1}$（通り）

組合せとしては1通りの $\{A, B, C\}$ を，順列では，

ABC，ACB，BAC，BCA，CAB，CBA

の異なる $6(=3\times2\times1)$ 通り…③　として数えているので，②では①を③で割るわけである.

なお，$n\times(n-1)\times\cdots\times2\times1$ を $n!$（n の階乗（かいじょう））という記号で表すことがあるが，これを使うと，

$$①={}_n\mathrm{P}_r=\frac{n!}{(n-r)!}\ ;\ ②={}_n\mathrm{C}_r=\frac{n!}{(n-r)!\,r!}$$

1・3　場合の数でのポイント

・場合の数を数えるときには，**排反**（ダブリがなく）かつ**すべての場合を尽くす**（モレのない）**場合分け**をする必要がある.

・**余事象**の利用…ある事柄‘A が起こる場合の数’を数えるときに，‘A が起こらない場合の数’の方が数え易ければ，そちらの方を数えて全体の場合の数から引くこともできる.

その典型的な例は，問題文中に「**少なくとも1つ**」という表現がある場合だが，この言葉がなくても‘余事象’を数える方が早い場合もあるので，注意しよう.

・場合の数においても，樹形図，ベン図などの**図の活用**は有効である．さらには，‘**対等性・対称性**への着目’や‘適切な**言い換え**’などが功を奏する場面も少なくない．そして，‘**シラミつぶし**’は，原則的には最後の手段と考えるべきだが，スケールが小さい場合には，むしろ手っ取り早く確実に解決できる．どの手法を選ぶべきかは，問題に応じて，臨機応変に対処したい.

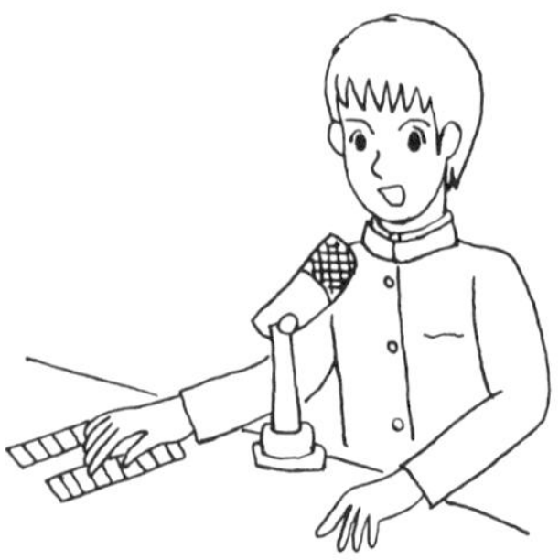

2. 確率

2・1　確率の定義

起こり得るすべての場合の数が n 通りで，そのうち，ある事柄Aが起こる場合の数が a 通りであるとき，Aが起こる確率は，$\dfrac{a}{n}$ ……①

で与えられる．

2・2　同様に確からしい

①の分母の n 通りは，起こることが‘同様に確からしい’ものでなければならない．例えば，

サイコロを3個投げる場合　… $n=6^3$（通り）

4人でジャンケンをする場合 … $n=3^4$（通り）

などである．

*　　　*

①の分子の a 通りは，条件を満たす‘場合の数’を数えるわけだから，左のページで述べた「場合の数でのポイント」がそのまま当てはまる．

2・3★　順列か組合せか

①において，

n が順列なら，a も順列

n が組合せなら，a も組合せ

で数えなければならない．

どちらで数えるべきかは，

原則としては順列で数えて（順列は常に同様に確からしい），組合せも同様に確からしいと判断できる場合には，組合せで数える（その方が n も a も小さい数になる）くらいのことでよく，この選択にあまり神経質になる必要はないだろう．

2・4★　確率の積の法則・和の法則

‘Aが起こる’ことと‘Bが起こる’ことが，互いに影響を及ぼさない場合，

AそしてBが起こる確率

＝（Aが起こる確率）×（Bが起こる確率）

が成り立ち，これを“確率の積の法則”という．

また，AとBに共通部分がないとき，

AまたはBが起こる確率

＝（Aが起こる確率）＋（Bが起こる確率）

が成り立ち，これを“確率の和の法則”という．

2・5　確率でのポイント

これも，左のページの「ポイント」とほぼ同様であるが，いくつか補足すると，

・**余事象**の確率 … Aが起こらない確率（余事象の確率）を P とすると，$P=\dfrac{n-a}{n}=1-\dfrac{a}{n}$

であるから，Aが起こる確率は，$\dfrac{a}{n}=1-P$

で求められる．

・入試で頻出の「サイコロ2個（or 2回）」の問題では，$n=6^2=36$（通り）なのだから，‘6×6の表’を書いてしまうのが，迅速かつ確実である．これは，左記の‘シラミつぶし’が有効となる典型的な例である．

1　場合の数／樹形図を書く

図のような，赤，青，白，黒の 4 枚の不透明な円板を中心をそろえてすべて重ね，真上から見る．図 A のように重ねたとき，すべての色が見える．図 B のように重ねたとき，青と黒の 2 色だけが見える．

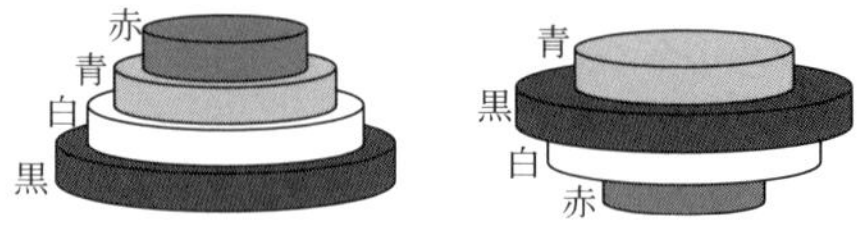

図A　　図B

（1）　黒だけが見える重ね方は全部で何通りあるか．

（2）　青と黒の 2 色だけが見える重ね方は全部で何通りあるか．

（3）　2 色だけが見える重ね方は全部で何通りあるか．　（09　西南学院）

（3）（2）と同様に‘シラミつぶし’をしますが，**黒は必ず見える**ことに留意しましょう．

⇦問題によっては，‘シラミつぶし’せざるをえない(or‘シラミつぶし’の方が手っ取り早い)場合がある．そのときには，ためらうことなく実行しよう．

解　（1）　黒だけが見えるのは，黒が一番上の場合であるから，他の 3 色の重ね方として，$3\times2\times1=$**6（通り）**

（2）　青と黒だけが見えるのは，上から，右図のような **3 通り**である．

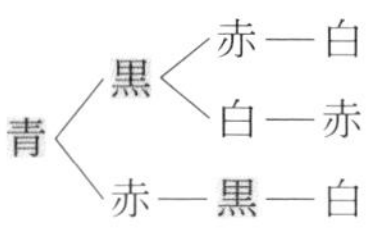

➡**注**　「白＞青」なので，白は黒より下に置くことになります．

⬅‘シラミつぶし’に**樹形図は有効**である．大いに活用しよう．

（3）　黒は必ず見えるので，2 色だけが見えるのは，（2）の場合の他，

①赤と黒だけが見える……上から，右上図のような 2 通り

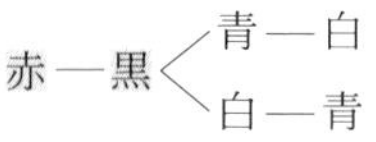

②白と黒だけが見える……上から，右下図のような 6 通り

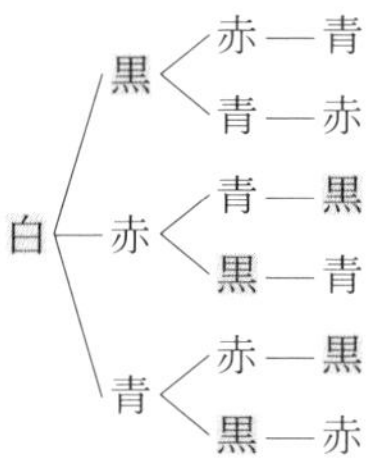

よって答えは，$3+2+6=$**11（通り）**

➡**注**　結局，すべての重ね方 24 通りのうち，
1 色だけが見える …（1）の 6 通り
2 色だけが見える …（3）の 11 通り
4 色全部が見える … 図 A の 1 通り
3 色だけが見える … 6 通り ………………①
ということになります．

⇦$4\times3\times2\times1=24$（通り）

⇗①について；見えないのが白の場合 1 通り，青の場合 2 通り，赤の場合 3 通りだから，計 6 通り．

1　演習題（解答は，☞p.96）

正方形のタイルを，右の図のような床に次の規則にしたがって 1 枚ずつ並べていく．

- タイルは壁または，すでに置いたタイルと 2 辺で接するように置く．

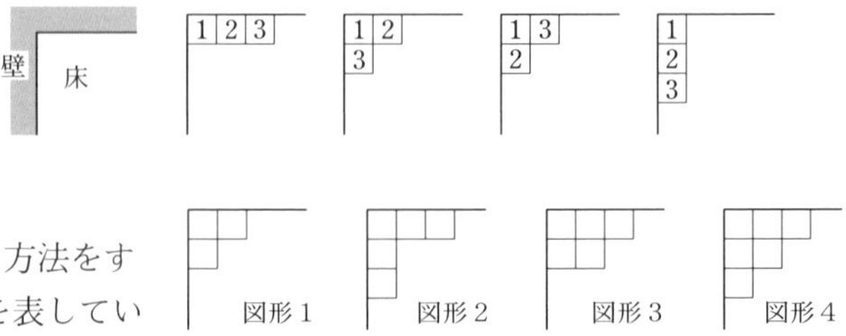

右上の 4 つの図は，3 枚のタイルを並べる方法をすべて書き出したもので，数字は並べた順序を表している．このうち，図形 1 ができる並べ方は 2 通りある．

（1）　図形 2，図形 3 ができる並べ方は，それぞれ何通りありますか．

（2）　図形 4 ができる並べ方は，何通りありますか．　（09　大阪教大付池田）

2 場合の数／色の塗り分け

図1，図2のように4つの部分に区切られた円板を，赤，白，青，黄の4色の絵具の中から何色かを選んでぬり分けます．となり合う部分には異なる色をぬるものとします．次の場合，ぬり分け方は何通りありますか．ただし，どちらの図についても，回転して同じになるものは同じぬり方とします．たとえば，図1では，例1，例2のぬり方は同じぬり方です．

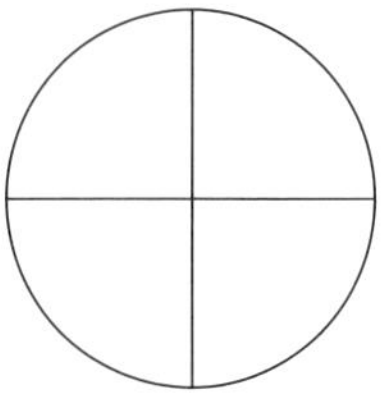
図1

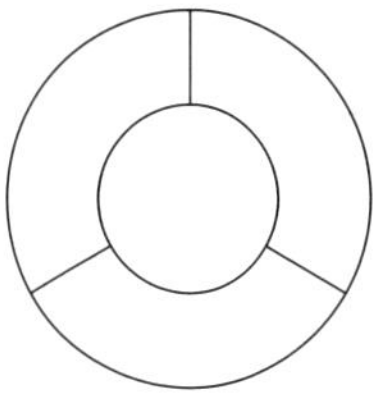
図2

例1

例2

（1） 図1について

（ⅰ） 4色すべてを用いてぬり分ける場合

（ⅱ） 4色のうち3色を選んでぬり分ける場合

（ⅲ） 4色のうち2色を選んでぬり分ける場合

（2） 図2について

4色すべてを用いてぬり分ける場合

（07 四天王寺）

（1）は4つの円順列，（2）は周りの部分が3つの円順列です．円順列では，**1つの場所を固定**して考えるのが定石です．

解 （1）（ⅰ） 図のアの部分を赤でぬると決めてよく，すると，イ～エのぬり方は，3×2×1＝**6（通り）**

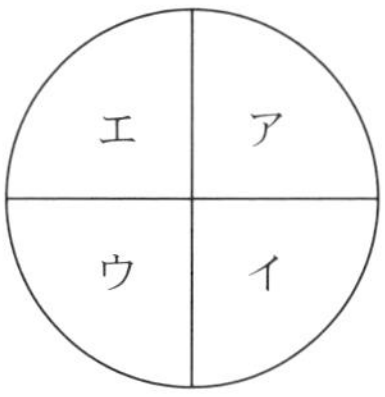

（ⅱ） 3色の選び方は，4通りある．そのそれぞれについて，同色をぬる場所をア，ウと決めてよく，その色として3通り，イ，エのぬり方として1通りある．

⇦どの色を選ばないかの4通り．

⇦3色の場合，ある色を2か所にぬることになる．

⬅イ，エのぬり方を逆にしても，回転すれば同じになる．

よって答えは，4×（3×1）＝**12（通り）**

（ⅲ） 2色の選び方は，**6通り** ……① あり，そのそれぞれについて，ぬり方は1通りに決まるから，①が答え．

⇦$\frac{4\times3}{2\times1}$＝6（通り）

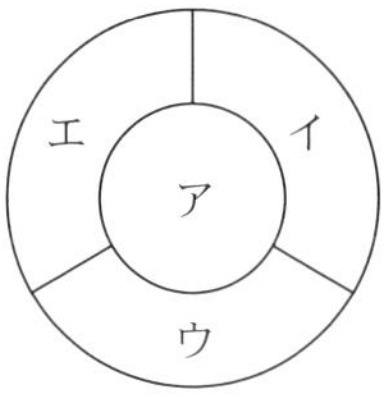

（2） アにぬる色として，4通りある．それが赤だとすると，イを白でぬると決めてよく，ウ，エのぬり方は2通り．

⇦周りは，円順列．

よって答えは，4×2＝**8（通り）**

2 演習題（p.96）

立方体の6つの面に色を塗ることを考える．白と黒の2色を用い，どの面にもこれらのどちらかを使うものとし，立方体を回転することによって塗り分けが一致するものは同じ塗り方と考えるものとする．黒を塗る面の数をpとして，pの値で分けて考えると，

（1） $p=0$，1の場合はそれぞれ□通りの塗り方がある．

（2） $p=2$の場合は□通り，$p=3$の場合は□通り，それぞれ塗り方がある．

（3） $p=4$，5，6の場合は合わせて□通りの塗り方がある．

（4） 従って全部で□通りの塗り方がある．

（09 芝浦工大柏）

◆3　場合の数／玉を箱に入れる

5個の玉を3つの箱に入れるとき，次の各場合の入れ方は何通りあるか．ただし，どの箱にも1個は玉を入れるものとする．

（1）　玉にも箱にも区別がないとき

（2）　玉には区別がないが，箱にはA，B，Cのラベルが貼ってあるとき

（3）　玉には1から5の番号がふってあり，箱にはA，B，Cのラベルが貼ってあるとき

（04　巣鴨）

（3）が，やや問題．2つのタイプごとに，地道に数えるのが確実でしょう．

⇦（1）で現れる2つのタイプ．

解　（**1**）　3つの箱に入れる玉の個数として，

{3，1，1}……①　と，{2，2，1}……②　の**2通り**．

⇦ただし書きに注意．

（**2**）　箱に区別があるとき，①②とも，3通りずつの入れ方があるから，答えは，　$3\times 2=$**6（通り）**

⇦①は3個がどの箱か，②は1個がどの箱か，の各3通り．

（**3**）　①のとき，Aに3個とすると，Bに入れる玉として5通り，Cに入れる玉として4通り（Aは自動的に決まる）ある．Bに3個，Cに3個の場合も考えて，

$(5\times 4)\times 3$（通り）　……………………………③

②のとき，Aに1個とすると，Aに入れる玉として5通り，Bに入れる玉として，$\dfrac{4\times 3}{2\times 1}=6$（通り）　あるから，全部で，

⇦Cは自動的に決まる．

$(5\times 6)\times 3$（通り）………………………………④

⇦Bに1個，Cに1個の場合も考える．

よって答えは，③＋④$=(5\times 3)\times(4+6)=15\times 10=$**150（通り）**

◆3　演習題（p.96）

赤箱，青箱，黄箱，白箱，黒箱の5つの空箱それぞれに，赤玉，青玉，黄玉，白玉，黒玉の5個の玉をそれぞれ1個ずつ入れる．このとき，箱の色と中に入っている玉の色が一致する色の数をpとする．次の各場合の数を求めなさい．

（1）　$p=3$の場合

（2）　$p=1$の場合

（3）★　$p=0$の場合

（（1）（2）の類……06　専修大松戸；（3）……06　早大本庄）

4 場合の数／三角形・四角形の個数

正十二角形 ABCDEFGHIJKL があり，この 12 個の頂点から 3 個を選んで，それを頂点とする三角形を作る．このとき，次の問いに答えなさい．

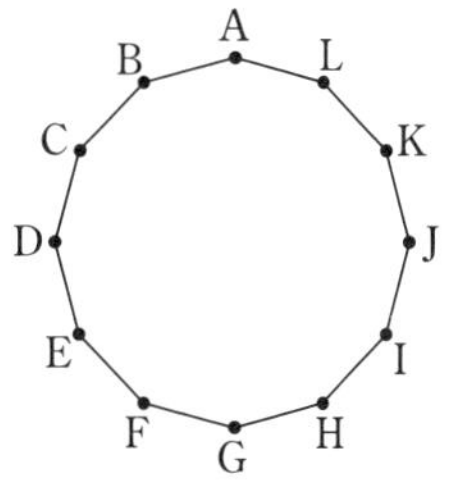

（1） 正十二角形と 2 辺を共有する三角形は何個あるか．

（2） 正十二角形と 1 辺だけを共有する三角形は何個あるか．

（3） 直角三角形は何個あるか．

（4） 二等辺三角形(正三角形を含む)は何個あるか． （05 愛光）

（3） ‘直径’を主役にしましょう．

（4） ‘正三角形’の場合をダブル・カウントしないように注意！

⇦「直角」は，直径に対応する円周角．

解 （**1**） 共有する 2 辺は，隣り合った 2 辺であるから，
AB･BC，BC･CD，…，LA･AB の **12 個**.

（**2**） 共有する 1 辺が AB のとき，他の頂点として，
D，E，…，K の 8 個があるから，答えは，8×12＝**96**（**個**）

（**3**） 正十二角形の外接円の直径として AG をとると，他の頂点として，A，G 以外の 10 個があり，これらはすべて直角三角形である．

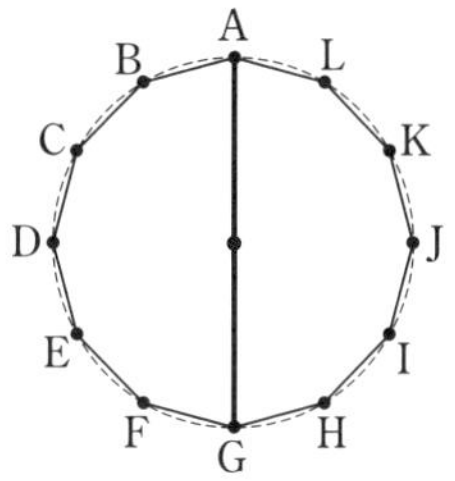

直径は全部で 6 本とれるから，答えは，

10×6＝**60**（**個**）

（**4**） まず，正三角形以外の二等辺三角形の個数を求める．頂角が∠A の場合，底辺として，
BL，CK，DJ，FH の 4 本がある(EI の場合は，正三角形になる)から，求める個数は，4×12＝48（個）

正三角形は，△AEI，△BFJ，△CGK，△DHL の 4 個であるから，答えは，48＋4＝**52**（**個**）

⇦二等辺三角形は，**頂角で場合分け**して数えるのが明快．

⇦とりあえず‘正三角形’もカウントして，あとでダブリの分を引いてもよい［4 個の正三角形は，3 回ずつカウントされているから，
5×12－4×2＝**52**（**個**）］．

4★ 演習題（p.97）

右図 1 のように，間隔が 1cm の方眼に 25 個の点がある．

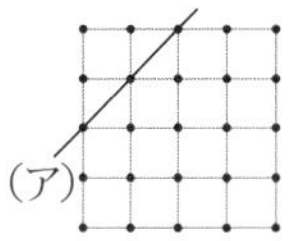

（図 2）

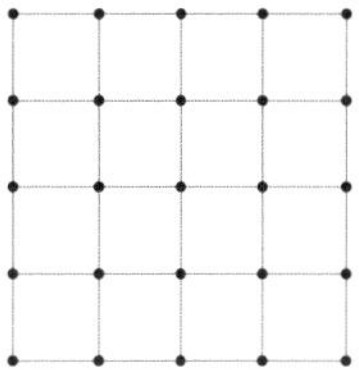

（図 1）

（1） 異なる 2 点を結んで直線を引く．

(a) 右図 2 の(ア)と平行な直線は，(ア)以外に何本引けますか．

(b) (a)のように，互いに平行な直線は 1 種類と数えるとき，何種類の直線ができますか．

（2） 異なる 4 点を結んで，長方形または正方形をつくる．

(a) 面積が $8\mathrm{cm}^2$ のものは何個できますか．

(b) 何種類の大きさの正方形ができますか．できる正方形の 1 辺の長さをすべて書きなさい．

（07 大阪教大附池田）

5　場合の数／英字を並べる

A，B，C，D，E，F，Gの7文字を1文字ずつ1列に並べた文字列を辞書式に配列する．ただし，辞書式に配列するとは

ABCDEFG，ABCDEGF，ABCDFEG，…，GFEDCAB，GFEDCBA

のように配列することとする．

（1） Aで始まる文字列のうち一番最後のものは何か．また，それは何番目か．

（2） 2005番目の文字列は何か．

（05　慶應志木）

（2）（1）を参考にして，少しずつ範囲を狭(せば)めながら，目標に向かいましょう．

解 （1） Aで始まる文字列のうち一番最後のものは，

AGFEDCB…① であり，それは，

$6\times5\times4\times3\times2\times1=$**720（番目）**……………………②

⇦①は，B～Gを逆順に並べたもの；また②は，B～Gの順列の個数に等しい．

（**2**）（1）と同様に，Bで始まる文字列も，720通りある．

次に，CAで始まる文字列は，

$5\times4\times3\times2\times1=120$（通り）

ありCB，CD，CEで始まる文字列も同様．

⇦A～Cで始まる文字列は，全部で，$720\times3=2160$（通り）あるから，求める文字列は「Cで始まる」ことが分かる．

CFA，CFB，CFDで始まる文字列は，それぞれ，

$4\times3\times2\times1=24$（通り）

あり，ここまでで，

$720\times2+120\times4+24\times3=1992$（通り）

⇦少しずつ，目標の「2005」に近づけていく．

そして，CFEA，CFEBが，それぞれ，

$3\times2\times1=6$（通り）

あるから，$1992+6\times2=2004$（通り）

よって，2005番目は，CFEDの最初の，**CFEDABG**

*　　　*

【類題8】★ A，A，A，B，B，B，C，Cの8個の文字を1列に並べるとき，Bが連続することのない並べ方は□通りである．また，Bが連続することがなく，Cも連続することのない並べ方は□通りである．（07　灘）

⇦解答は，☞p.167.

5★ 演習題（p.97）

K，A，M，A，G，A，K，Uの8文字があります．

（1） 異なる並べ方は何通りですか．

（2） 必ず母音と子音が交互になっている並べ方は何通りですか．

（3） MとGの間に必ず2文字入っている並べ方は何通りですか．

（08　鎌倉学園）

6　場合の数／○と×の列

2種類の記号○，×を横一列に並べて1つの記号の列をつくる．このとき，○や×が1つ以上連続している部分を「ブロック」とよぶ．例えば，○○×××○××○や，○××○○×××○では，並べ方は違うが，どちらも○のブロックの数が3で，×のブロックの数が2であり，ブロックの総数は5である．○を4個，×を5個使って記号の列をつくるとき，次の各問いに答えなさい．

（1）　ブロックの総数が3となる並べ方は，何通りあるか答えなさい．

（2）　○のブロックの数が4となる並べ方は，何通りあるか答えなさい．　　（07　広島大付）

（1），（2）とも，‘○のブロックと×のブロックの並び方’と‘それぞれのブロックへの○と×の分け方’の両方を考える必要があります．

解　（1）　○のブロックをA，×のブロックをBで表すと，ブロックの総数が3となるのは，ABA，BABのいずれかである．

前者では，2つのAへの○の分け方として，

(3, 1)，(2, 2)，(1, 3)

の3通りあり，後者では，2つのBへの×の分け方として，

(4, 1)，(3, 2)，(2, 3)，(1, 4)

の4通りある．

⇦Bは「×××××」となるしかない(後者でのAも同様)．

よって答えは，3+4=**7（通り）**

（2）　Aの数が4となるのは，

ABABABA，BABABABA，ABABABAB，BABABABAB

のいずれかである．

⇦Bの数は，順に，
3，4，4，5

いずれの場合も，○は1個ずつ分けるしかなく（＊），また，×の分け方としては，

Bが3つ…{3, 1, 1}，{2, 2, 1}が各3通り

Bが4つ…{1, 1, 1, 2}が4通り

Bが5つ…{1, 1, 1, 1, 1}が1通り

よって答えは，(3×2)×1+4×2+1×1=**15（通り）**

⇦（＊）に着目した**別解**
『右の6か所の↓の中から4か所を選んで○とすればよく，$\frac{6\times5}{2\times1}$=**15（通り）**』

↓×↓×↓×↓×↓×↓

6★ 演習題 (p.97)

1から5までの数字を1つずつ書いたカードが5枚ある．このカードをすべて横1列に並べ，次の規則に従って記号の列にかえていく．数字の列を左から順に見て，数字が大きくなるときは「○」，小さくなるときは「×」とする．

［例］　カードの並びが 1 3 4 2 5 のとき，「○○×○」の記号の列になる．
　　　　　　　　　　　　○ ○ × ○

（1）「○○○×」となるカードの並べ方は何通りあるか．

（2）「○×○○」となるカードの並べ方は何通りあるか．

（3）「○××○」となるカードの並べ方は何通りあるか．　　（07　桐光学園）

7　場合の数／漸化式

円を何本かの弦で分割することを考える．例えば，弦が２本のとき，右の図のように円は３個または４個に分割される．

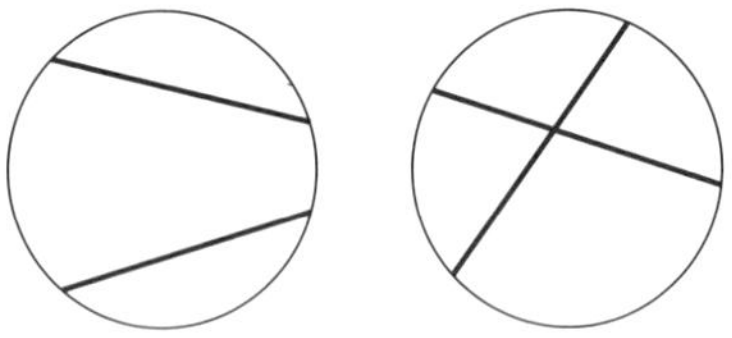

（１）　３本の弦で，円は最大何個に分割されるか答えなさい．また，そのときの図を示しなさい．

（２）　４本の弦で，円は最大何個に分割されるか答えなさい．

（３）　６本の弦で，円は最大何個に分割されるか答えなさい．

（09　茗渓学園）

最大で「６本」なので，きれいな図を書いて数えることもできるでしょうが，何本でも通用する解法を示します．

解　（**1**）　弦が３本の場合，問題文の右側の図に，右の破線のような弦を加えればよいから，円は最大**7 個**に分割される．

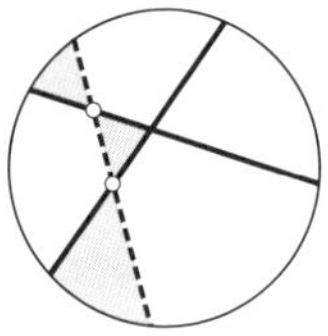

➡**注**　「最大」の場合，３本目の弦は(それ以前に引かれた) ２本の弦と交わり，その２交点(図の○)によって３つの部分に分けられます．そしてその３つの部分のそれぞれについて，新たな分割部分(網目部)が生まれます．

（**2**）　４本目の弦によって，新たな分割部分が４個できるから，答えは，　　$7+4=\mathbf{11}$ (**個**)

（**3**）　同様に考えて，５本の弦で，円は最大

$11+5=16$ (個)

に分割され，６本の弦では，

$16+6=\mathbf{22}$ (**個**)

に分割される．

➡**注**　一般に，n 本の弦で，円が最大 a_n 個に分割されるとすると，

$a_1=2$，$\boldsymbol{a_n=a_{n-1}+n}$ $(n\geqq2)$

が成り立ちます．

⇦このような，a_n と a_{n-1} などの間に成り立つ関係式を "**漸化式**" という(高校で学ぶ)．

7★ 演習題 (p.98)

床から階段を一歩で１段または２段のいずれかであがるとき，次の各問いに答えなさい．

（１）　階段の総数が６段のとき，あがり方は全部で何通りあるか．

（２）　階段の総数が６段のとき，途中のどの段でも，それまでに１段であがった回数が，２段であがった回数より少なくならないあがり方は，全部で何通りあるか．

（３）　階段の総数が10段のとき，一歩で１段あがることが連続していないあがり方は全部で何通りあるか．

（09　滝）

8　サイコロ2回の確率／カードを裏返す

一方の面が白，もう一方の面が黒の6枚のカードを白の面を表にして横一列に並べ，サイコロを2回投げる．まず，1回目に出た目の数だけカードを左からかぞえ，それらをすべて裏返す．次に，2回目に出た目の数だけカードを右からかぞえ，それらをすべて裏返す．例えば，1回目が2，2回目が5のときは，左の2枚のカードを裏返した後に右の5枚のカードを裏返すので，カードの並び方は右図のようになる(左から，黒・白・黒・黒・黒・黒)．

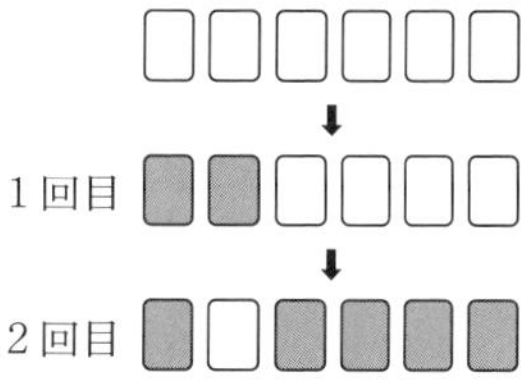

(1)　白が表になっているカードが2枚となる確率を求めなさい．
(2)　白が表になっているカードが4枚となるカードの並び方は何通りあるか．

(07　専修大松戸)

‘サイコロ2回’ですから，定石通り表を作ります．その過程で“規則性”が見えてくるはず(？)です．
(2)では，同じ並び方があるので，注意！

⇐サイコロ2回(or 2個)の場合は，左のような**‘6×6の表’を書く**のがbest.

解　(1)　1回目，2回目に出た目をそれぞれa，bとすると，操作後に白が表になっているカードの枚数は，右表のようになる．

b＼a	1	2	3	4	5	6
1	4	3	②	1	0	1
2	3	②	1	0	1	②
3	②	1	0	1	②	3
4	1	0	1	②	3	4
5	0	1	②	3	4	5
6	1	②	3	4	5	6

⇦$(a,\ b)=(p,\ q)$，$(q,\ p)$の場合の結果が同じになることに気付けば，表は太線部だけを書けば済む．

よって，求める確率は，$\dfrac{3+5}{6^2}=\dfrac{\mathbf{2}}{\mathbf{9}}$

⇦‘サイコロn回(or n個)’の場合の確率の分母は，6^n

(2)　表の網目部分の4つの場合について，カードの並び方を図示すると，右のようになる．

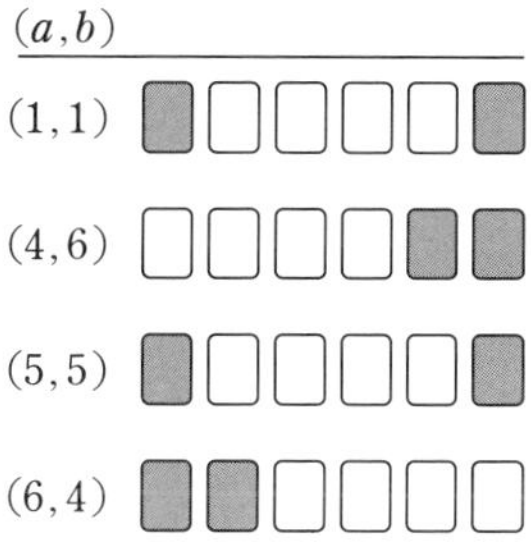

よって，求めるカードの並び方は，((1，1)と(5，5)の場合は同じなので)**3通り**である．

⇦表から「4通り」と答えると，間違う．

8★ 演習題 (p.98)

6枚のコインを横1列に並べ，左から順に1，2，3，4，5，6の番号をつける．最初は，6枚とも表を向いている．サイコロを1回投げるごとに出た目の数の約数と同じ番号のコインをひっくり返すものとする．例えば4の目が出たときは，番号1，2，4のコインをひっくり返す．
(1)　サイコロを2回投げたとき，1回目に6の目が，2回目に3の目が出た．このとき裏向きのコインは何枚あるか．
(2)　サイコロを2回投げたとき，1枚もコインが裏向きになっていない確率を求めなさい．
(3)　サイコロを2回投げたとき，ちょうど2枚のコインが裏向きになっている確率を求めなさい．

(08　ラ・サール)

9　サイコロ3回の確率／目の和・積

大，中，小の3種類のさいころが1つずつあります．この3個のさいころを同時に1回振るとき，次の問いに答えなさい．
（1）　3個のさいころの目がすべて等しくなる確率を求めなさい．
（2）　3個のさいころの目の和が5となる確率を求めなさい．
（3）　3個のさいころの目の和が5の倍数となる確率を求めなさい．

（06　岡山）

「さいころ3個(or 3回)」の場合は，表が書きにくいので，まずは条件を満たす‘**目の組**’**からとらえていく**ようにしましょう．

解　（**1**）　全部で6^3通りの目の出方のうち，すべての目が等しいのは(1～6の) 6通りであるから，求める確率は，$\dfrac{6}{6^3}=\mathbf{\dfrac{1}{36}}$

（**2**）　目の和が5となるのは，目の組が

$\{1,\ 1,\ 3\}$……①，$\{1,\ 2,\ 2\}$……②

の場合であり，各3通りであるから，求める確率は，$\dfrac{3\times2}{6^3}=\mathbf{\dfrac{1}{36}}$

⇦まず‘目の組’①，②をとらえ，次に，目を‘大，中，小’に割り当てていく(①は「3」がどれかで3通り，②は「1」がどれかで3通り)．

（**3**）　目の和が10，15となるのは，目の組が

$\{6,\ 3,\ 1\}$，$\{6,\ 2,\ 2\}$，$\{5,\ 4,\ 1\}$，$\{5,\ 3,\ 2\}$，$\{4,\ 4,\ 2\}$，
$\{4,\ 3,\ 3\}$；$\{6,\ 6,\ 3\}$，$\{6,\ 5,\ 4\}$，$\{5,\ 5,\ 5\}$

の場合であり，——は各6(＝3×2×1)通り，〰〰は各3通り，-----は1通りであるから，

$6\times4+3\times4+1\times1=37$（通り）

これと(2)より，求める確率は，

$\dfrac{6+37}{6^3}=\mathbf{\dfrac{43}{216}}$

➡**注**　‘2個の表’を利用すると——
『2個までの目の和(右表)について，3個目を加えた和が5の倍数となるのは，網目部分が各2通り，他は各1通りであるから，
$2\times7+1\times(36-7)=43$（通り）』

	1	2	3	4	5	6
1	2	3	4	5	6	7
2	3	4	5	6	7	8
3	4	5	6	7	8	9
4	5	6	7	8	9	10
5	6	7	8	9	10	11
6	7	8	9	10	11	12

⬅さいころ3個の場合も，2個の場合の表を利用できるケースが少なくない．
⇦4＋1＝5，4＋6＝10；
9＋1＝10，9＋6＝15

9★ 演習題 (p.98)

1つのサイコロを3回投げるとき，出る目の数を順にa，b，cとする．
（1）　a，b，cのうち，少なくとも1つは3である確率を求めなさい．
（2）　a，b，cの最小の数が4である確率を求めなさい．
（3）　積abcが15の倍数である確率を求めなさい．

（08　桐光学園）

10　サイコロ３回の確率／目により動く

右の図で，１つのサイコロを振って出た目の数だけ矢印の向きに駒を進めるゲームをする．はじめ駒はAの位置にある．たとえば１回目に３の目が出たら駒はＤに進み，２回目に２の目が出たら駒はＦに進む．３回目以降も同様に駒を進める．ただし，駒が再びAに止まったときには次の１回はどの目が出ても進まない．

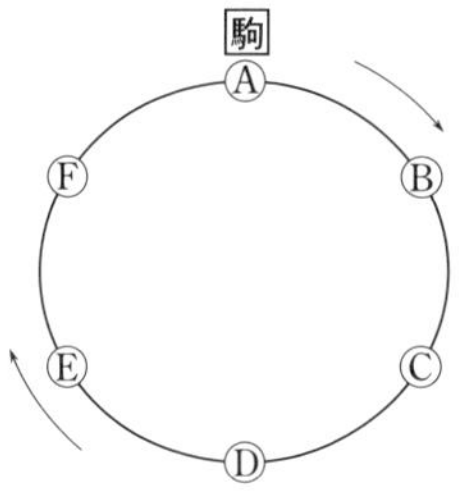

（１）　サイコロを１回振ったとき駒がＣの位置にある確率を求めなさい．
（２）　サイコロを２回振ったとき駒がＣの位置にある確率を求めなさい．
（３）　サイコロを３回振ったとき駒がＣの位置にある確率を求めなさい．

（04　安田女子）

（２)（３）　ただし書きのルールに気をつけましょう．ここでも，「6×6 の表」が確実！

解　１回目，２回目，３回目に出る目を，それぞれ a，b，c とする．

（**1**）　$a=2$ の場合であるから，答えは，$\mathbf{\frac{1}{6}}$

（**2**）　サイコロを２回振ったとき駒がある位置は，右表のようになる．

b＼a	1	2	3	4	5	6
1	Ⓒ	D	E	F	A	A
2	D	E	F	A	B	A
3	E	F	A	B	Ⓒ	A
4	F	A	B	Ⓒ	D	A
5	A	B	Ⓒ	D	E	A
6	B	Ⓒ	D	E	F	A

⇦$a=6$ のとき，b によらず A にあることに注意！

よって，求める確率は，$\frac{5}{6^2}=\mathbf{\frac{5}{36}}$

（**3**）　表の網目の場合は，３回目に進むことができず，それ以外の場合は，３回目にＣまで進む目が各１つずつある．

⬅（３）でも，（２）の表が利用できる．

⇦A～Fまでちょうど6個なので，どこにいても，Ｃまで進む目は１つあり，１つに限る．

よって，求める確率は，

$$\frac{(36-5)\times 1}{6^3}=\mathbf{\frac{31}{216}}$$

10★ 演習題（p.99）

図のような数直線上の０の位置に太郎君は立っている．太郎君はさいころを投げるごとに，偶数の目が出たときは正の方向に１だけ移動し，奇数の目が出たときは負の方向に１だけ移動する．ただし，連続して同じ目が出たときは，移動しないものとする．

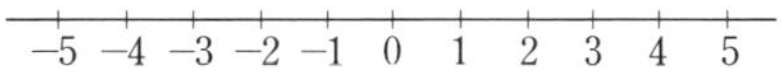

（１）　さいころを２回投げるとき，１の位置にいる確率を求めなさい．
（２）　さいころを３回投げるとき，１の位置にいる確率を求めなさい．
（３）　さいころを３回投げるとき，少なくとも１回は１の位置にいる確率を求めなさい．

（07　立教新座）

11　サイコロと座標平面

大小2個のサイコロを同時に投げたとき，大きいサイコロの目をx，小さいサイコロの目をyとする．このとき，座標平面上に点P(x，y)を考える．

（1）　点Pが直線$y=2x$上にある確率を求めなさい．

（2）　2点A(1，1)，B(6，1)と点Pを結んでできる△ABPの面積が10となる確率を求めなさい．

（3）　点C(5，2)がある．△ACPの面積が$\dfrac{7}{2}$となる確率を求めなさい．

（04　大阪信愛女学院）

舞台が座標平面の場合は，下図のような **‘格子’が表の代役** になってくれます．

（3）（2）と違って，底辺が‘斜め’になっていますが，同様の発想で処理できます．

解　（1）　右図のような，$1\leqq x\leqq 6$，$1\leqq y\leqq 6$ の36個の格子上の点のうち，●の3点が条件を満たすから，答えは，

$$\frac{3}{36}=\mathbf{\frac{1}{12}}$$

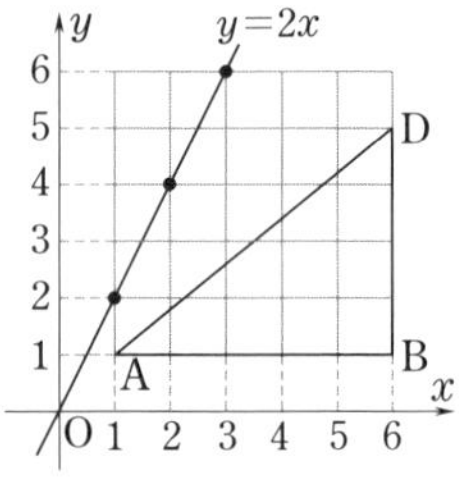

⇦Pが，この36個の格子点のどれになるかが‘同様に確からしい’．

（2）　図の点Dに対して，△ABD＝10

よって，条件を満たすのは，$y=5$上の6点であるから，答えは，$\dfrac{6}{36}=\mathbf{\dfrac{1}{6}}$

（3）　右図において，

$$\triangle ACE=\frac{CF\times 2}{2}=\frac{3.5\times 2}{2}=\frac{7}{2}$$

よって，条件を満たすのは，図の太線上の2点(○)であるから，$\dfrac{2}{36}=\mathbf{\dfrac{1}{18}}$

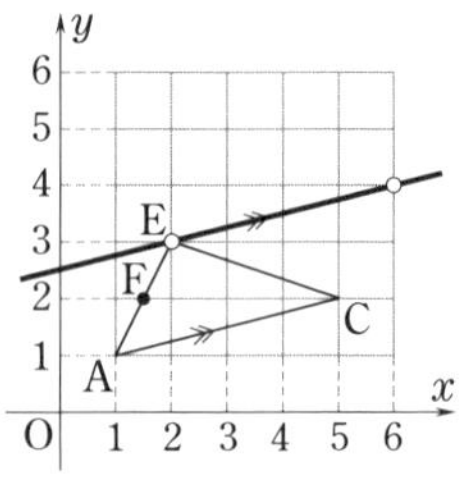

⇦（2）と同様に，“等積変形”の構図(直線ACより下に，条件を満たす点はない)．

11　演習題 (p.99)

右の図において，曲線①は関数$y=\dfrac{1}{7}x^2$のグラフである．1から6までの目の出る大，小2つのさいころを同時に1回投げ，大きいさいころの出た目の数をa，小さいさいころの出た目の数をbとする．点Aの座標を(a，7)，点Bの座標を(7，b)，点Cの座標を(a，0)とし，3点A，B，Cをこの図にかき入れることとする．

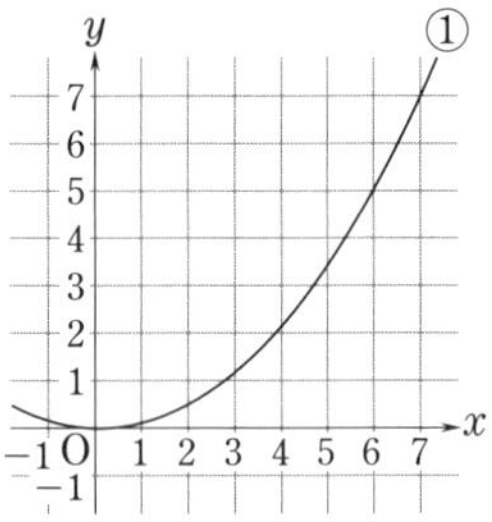

（1）　図の状態で，大，小2つのさいころを同時に1回投げるとき，直線ABの傾きが，−2以下になる確率を求めなさい．

（2）　図の状態で，大，小2つのさいころを同時に1回投げるとき，線分ACと直線OBとの交点のy座標が，線分ACと曲線①との交点のy座標より小さくなる確率を求めなさい．

（09　県立横浜翠嵐）

12　座標平面上を動く

座標平面上に点Pがあり，その座標は初め(0，0)である．いま，一つのさいころを振り，出た目に応じて右のようにPの座標を変えるものとする．

1：x 座標に1を加える
2：x 座標から1を引く
3：y 座標に1を加える
4：y 座標から1を引く
5と6：座標を変えない

（1）　さいころを3回振った後，Pの座標が(0，0)になる確率を求めなさい．

（2）　さいころを3回振った後，Pの x 座標と y 座標が等しくなる確率を求めなさい．

（08　渋谷幕張）

（2）（1）の他に，Pの座標が(1，1)になる場合と(−1，−1)になる場合がありますが，後2者は明らかに**対等**です．

⇦(2，2)などには行けない．

⬅**対等性・対称性に着目する**ことも，重要なポイントになる(あらゆる分野において)．

解　（1）　出た目を[1]〜[6]とすると，点Pの動きは右図の太線のようになる．

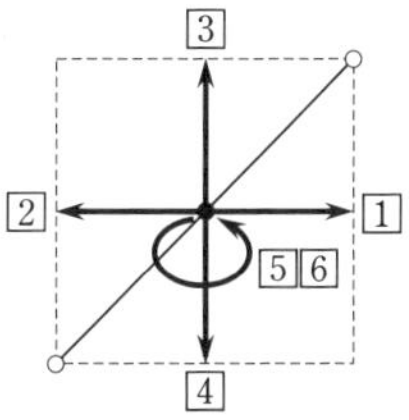

Pの座標が(0，0)になるのは，

1°　3回とも[5]または[6]

2°　1回が[5]または[6]で，他の2回は{[1]，[2]}または{[3]，[4]}

⇦まず，条件に適する目の組を慎重にとらえよう．

1°の場合の数は，$2^3=8$ (通り)

2°の場合の数は，$2\times2\times(3\times2\times1)=24$ (通り)

⇦〰〰が各2通り，それが決まれば，3つの目の順番として，$(3\times2\times1)$通り．

よって，求める確率は，$\dfrac{8+24}{6^3}=\dfrac{32}{6^3}=\mathbf{\dfrac{4}{27}}$

（2）　Pの座標が(1，1)になるのは，

1回が[5]または[6]で，他の2回は{[1]，[3]}

の場合で，$2\times(3\times2\times1)=12$ (通り)

Pの座標が(−1，−1)になる場合の数も同様であるから，これと(1)より，求める確率は，$\dfrac{32+12\times2}{6^3}=\dfrac{56}{6^3}=\mathbf{\dfrac{7}{27}}$

⇦1回が[5]または[6]で，他の2回は{[2]，[4]}

12　演習題 (p.100)

図Ⅰにおいて，点Pを右のルール1で移動させる．

（1）　さいころを3回投げたとき，次の各問いに答えなさい．

（ⅰ）　点Pが到達する可能性のある点は全部で何個あるかを答えなさい．

（ⅱ）　点Pが，その中の点(2，1)に到達する確率を求めなさい．

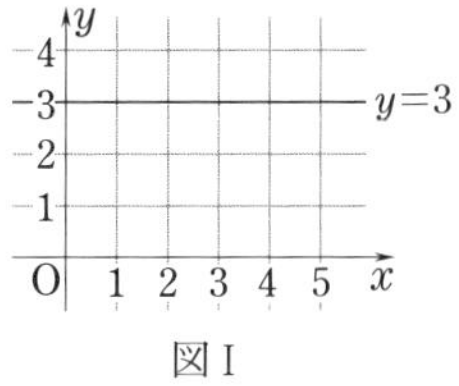

図Ⅰ

（2）　新たに，右のルール2を追加して，点Pを①，②，③のルールで移動させる．このとき，点Pが(2，3)に到達して終了する確率を求めなさい．

（08　東大谷）

【ルール1】
①　最初に点Pは原点Oにある．
②　1個のさいころを投げ，偶数の目が出ると x 軸の正の方向に1だけ移動し，奇数の目が出ると y 軸の正の方向に1だけ移動する．

【ルール2】
③　点Pが直線 $y=3$ 上に到達したら終了する．

13 ジャンケンの確率

A，B，C，Dの4人で1回だけジャンケンをする．
（1） Aだけが勝つ確率を求めなさい．
（2） グーとチョキで勝負が決まる確率を求めなさい．
（3） 異なる手であいこになる確率を求めなさい． （06 芝浦工大柏）

（2） 地道に場合分けするのが基本ですが，別解のように一気に数えることもできます．

（3） 直接求めることも，“余事象”を利用することもできます．

⇦できれば，様々な解法を身に付けたい．

解 （1） 4人の手の出し方は，全部で，3^4 通り…① ある．

このうち，Aだけが勝つ場合は，どの手で勝つかの3通り（B～Dの手は自動的に決まる）あるから，求める確率は，$\frac{3}{①}=\mathbf{\frac{1}{27}}$

⬅ジャンケンの確率の基本は，
分母…n人で1回のとき，$\mathbf{3^n}$（通り）
分子…「**誰が，どの手で**」勝つかを数える

（2） グーを出す人が1人の場合…4通り

2人の場合…$\frac{4\times3}{2\times1}=6$（通り）……………………………②

3人の場合…4通り

よって，求める確率は，$\frac{4+6+4}{①}=\mathbf{\frac{14}{81}}$

⇦勝負が決まるのは，グーを出す人が1～3人の場合（グーを出す人を決めれば，残りの人は自動的にチョキを出す）．

別解 4人がグーまたはチョキを出す場合は，2^4 通り…③ ある．このうち，4人全員がグーまたはチョキを出す2通りが不適（勝負が決まらない）であるから，求める確率は，$\frac{③-2}{①}=\mathbf{\frac{14}{81}}$

（3） グー・チョキ・パーのうち，2人が出す手として3通り，どの2人がその手を出すかで，②がある．

⇦4人で3つの手だから，1つの手だけ2人が出すことになる．

さらに，他の2つの手を誰が出すかで2通りあるから，全部で，

$3\times②\times2=36$（通り）

よって，求める確率は，$\frac{36}{①}=\mathbf{\frac{4}{9}}$

別解 （2）より，「勝負が決まる場合…㋐」は，$14\times3=42$（通り）
また，「全員が同じ手であいこになる場合…㋑」は，3通りあるから，
求める確率は，$1-\frac{42+3}{①}=1-\frac{5}{9}=\mathbf{\frac{4}{9}}$

⇦他の2つの場合も，明らかに対等．

⇦あいこになるのは，「3つの手がすべてそろう」場合と，「全員が同じ手」の場合がある．

➡**注** 4人で1回ジャンケンをするときの，あいこになる確率は，

$\frac{36+3}{①}=\mathbf{\frac{13}{27}}$（≒0.48） になります．

13★ 演習題（p.100）

A，Bの2人が何回かジャンケンして，先に2勝した方を優勝とします．ただし，引き分け（あいこ）の場合も1回と数えます．
（1） 2回目のジャンケンでAが優勝する確率を求めなさい．
（2） 3回目のジャンケンでAが優勝する確率を求めなさい．
（3） 4回目のジャンケンが終わっても優勝が決まっていない確率を求めなさい．

（09 東邦大付東邦）

14　3色の球を取り出す

4個の箱 A，B，C，D のすべてには，赤，青，白の3色の球が1個ずつ計3個が入っている．これらの箱から同時に1個ずつ球を取り出す．

（1）　1色の球だけが取り出される確率を求めなさい．

（2）　3色の球すべてが取り出される確率を求めなさい．

（3）　2色の球だけが取り出される確率を求めなさい．　（09　城北）

（2）　3色のうちの1色は，2個の箱から取り出されることになります．

（3）　“余事象”を利用しましょう．

解　（**1**）　球の取り出し方は，全部で 3^4 通りある．

このうち，1色だけが取り出される場合は，3通りあるから，求める確率は，$\dfrac{3}{3^4}=\mathbf{\dfrac{1}{27}}$

（**2**）　2個の箱から取り出される色として3通りあり，それが取り出される箱として，$\dfrac{4\times3}{2\times1}=6$（通り）ある．さらに，他の2色の取り出し方として2通りあるから，求める確率は，$\dfrac{3\times6\times2}{3^4}=\mathbf{\dfrac{4}{9}}$

（**3**）　2色の球だけが取り出される場合は，（全体から（1）と（2）の場合の数を引けばよく）

$3^4-(3+36)=42$（通り）

よって，求める確率は，$\dfrac{42}{3^4}=\mathbf{\dfrac{14}{27}}$

➡**注**　（3）の場合を，直接数えると――
取り出される色として，3通り．
取り出される色（赤，青とすると）の組としては，
{赤，赤，赤，青}，{赤，赤，青，青}，{赤，青，青，青}
があり，順に，4，$6\left(=\dfrac{4\times3}{2\times1}\right)$，4通りあるから，
$3\times(4+6+4)=42$（通り）

⇦取り出される色の数は（当たり前だが），1色・2色・3色のどれか．

［**補足**］　本問が，左ページの**13番と同じ構造をしている**（箱が「人」で，球の色が「手」）ことが分かるだろうか．
（1）は**13**番の**別解**の㋑に，
（2）は**13**番の（3）に，
（3）は**13**番の**別解**の㋐に，
それぞれ対応している．

14★ 演習題 （p.101）

2個の玉が入っている袋について，右の［操作］を繰り返す．

最初に袋の中に白玉1個と黒玉1個を入れて，この［操作］を5回繰り返す．

［操作］
袋の中に赤玉を1個加え，3個の玉からよくかきまぜて1個の玉を取り出して，袋の中の玉を2個にする．

（1）　5回の操作の後，袋の中に白玉と黒玉が入っている確率を求めなさい．

（2）　5回の操作の後，袋の中に白玉が入っている確率を求めなさい．

（3）　5回の操作の後，袋の中に赤玉が1個だけ入っている確率，および袋の中に赤玉が2個入っている確率を求めなさい．　（08　聖望学園）

15 カードの確率／適切な言い換え

1から5までの整数を一つずつ書いたカードが5枚ある．このカードをよくきって1枚ずつ3回取り出したとき，1回目，2回目，3回目に出たカードの数をそれぞれ a，b，c とする．ただし取り出したカードは元にもどさないものとする．

（1） $a+b<c$ となる確率を求めなさい．

（2） a，b，c の中で c が最大となる確率を求めなさい．

（3） $a<b<c$ となる確率を求めなさい．（04　青雲）

（2）（3） 条件を満たす(a, b, c)の組を書き並べてもできますが，うまい‘言い換え’が功を奏します(☞注)．

⇦特に「場合の数・確率」の分野で，‘言い換え’の威力が際立つ．

解 （1） カードの取り出し方は，全部で，

$5\times4\times3$（通り）……………………………………①

ある．このうち，$a+b<c$ ……② となるのは，

$c=4$，$\{a, b\}=\{1, 2\}$

$c=5$，$\{a, b\}=\{1, 2\}$，$\{1, 3\}$

の3組の場合であるから，$2\times3=6$（通り）………………………③

⇦$a+b\geqq3$ だから，②となりうるのは，$c=4$，5のとき．

よって，求める確率は，$\dfrac{③}{①}=\mathbf{\dfrac{1}{10}}$

（2） c が最大となるのは，

$c=3$，$\{a, b\}=\{1, 2\}$

⇦まず，すべて書き出してみる．

$c=4$，$\{a, b\}=\{1, 2\}$，$\{1, 3\}$，$\{2, 3\}$

$c=5$，$\{a, b\}=\{1, 2\}$，$\{1, 3\}$，$\{1, 4\}$，$\{2, 3\}$，$\{2, 4\}$，$\{3, 4\}$

の場合であるから，$2\times10=20$（通り）……………………………④

よって，求める確率は，$\dfrac{④}{①}=\mathbf{\dfrac{1}{3}}$

（3） $a<b<c$ となるのは，(a, b, c)が

(1, 2, 3)，(1, 2, 4)，(1, 2, 5)，(1, 3, 4)，(1, 3, 5)，(1, 4, 5)，(2, 3, 4)，(2, 3, 5)，(2, 4, 5)，(3, 4, 5)

の10通り ……⑤ であるから，求める確率は，$\dfrac{⑤}{①}=\mathbf{\dfrac{1}{6}}$

⇦要するに，（2）で，a，b が書かれた順になっている場合の10通り．

⬅5数から3数を選び，小さい順に a，b，c とすればよいから，

$\dfrac{5\times4\times3}{3\times2\times1}=10$（通り）

とするのも明快．

➡**注** 1〜5までのどの3数の組についても，

（2） (a〜c は対等だから)最大の数が c になる確率は，**1/3**

（3） 3数の並び方は，$3\times2\times1=6$（通り） あるから，$a<b<c$ となる確率は，**1/6**

15 演習題 (p.101)

1組52枚のトランプがあります．

（1） ハートのトランプ13枚からまず1枚を引いて，元に戻さずに残りのハートのトランプから2枚目を引きます．このとき，2枚目の数が1枚目の数より小さい確率を求めなさい．

（2） 52枚からまず1枚を引いて，元に戻さずに残りの51枚のトランプから2枚目を引きます．このとき，2枚目の数が1枚目の数より小さい確率を求めなさい．（06　鎌倉学園）

16 勝者になる確率

A，B，C の 3 人が，4，5，6 と数字の書かれた 3 本のクジより，それぞれ 1 本ずつ引く．次に，A は表が 1 で裏が 3，B は表が 0 で裏が 1，C は表が 0 で裏が 2，の数字がそれぞれ書かれているコインを 1 回ずつ投げる．

このとき，コインの数字の一番小さい者を勝者とする．これで勝者が決まらないときは小さい数字を出した者の中で，クジの数字の大きい者を勝者とするゲームを行う．

（1） 3 人の引くクジの数字と，コインの数字の出方の組み合わせは全部で何通りあるか答えなさい．

（2） 勝者になる確率が一番高い人の確率を求めなさい．　　（05　県立千葉）

（2） コインの裏表の数字の和が最小の B が一番有利そうですが，さて？

解　（1） クジの引き方は全部で，$3\times2\times1=6$（通り）……㋐

コインの裏表の出方は全部で，$2^3=8$（通り）……………………㋑

あるから，組み合わせは全部で，㋐×㋑$=$**48（通り）**…………㋒

⇦この㋒が，'同様に確からしい'．

（2） ㋑は右のようになり，○印の場合は勝者が決まる．

⇦8 通りしかないのだから，**すべてを書き並べるのが確実．**

A	B	C
1	0	0
1	⓪	2
1	1	⓪
1	1	2
3	0	0
3	⓪	2
3	1	⓪
3	①	2

一方，（　）のいずれが勝者になるかは明らかに対等（☞注）であるから，勝者になる確率が一番高いのは B で，その確率は，$\dfrac{3\times6+3\times3}{㋒}=\dfrac{27}{48}=\mathbf{\dfrac{9}{16}}$

⇦（　）の場合は，クジの数字の大小で勝者が決まる．

⇦B の○印の 3 通りについては，㋐によらず（6 通りのすべてについて），B が勝者になる．

なお，A，C が勝者になる確率は，A…$\dfrac{1\times3}{㋒}=\dfrac{1}{16}$

C…$\dfrac{2\times6+2\times3}{㋒}=\dfrac{6}{16}=\dfrac{3}{8}$

➡**注**　例えば，表の一番上のケースでは，B と C のクジの引き方は，

（B，C）＝（5，4），（6，4），（6，5）……………B 勝利
　　　　　（4，5），（4，6），（5，6）……………C 勝利

の 6 通りで，勝者となるのは各 3 通りです．

16 演習題（p.101）

A さんと B さんは 5 枚のカードが入った袋をそれぞれ持っている．カードには 1，2，3，4，5 の数字が 1 つずつ書いてあり，カードの色は赤，白，黒のいずれかである．2 人の袋の中のカードは表のとおりである．2 人がそれぞれ自分の袋から 1 枚ずつカードを同時に出して，右のルールでゲームを 1 回するとき，次の問いに答えなさい．

（1） A さんが白のカードを出して勝つ場合は何通りあるか，求めなさい．

（2） A さんと B さんが引き分けになる確率を求めなさい．

（3） A さんと B さんでは，どちらの勝つ確率が大きいか．A か B かを書き，その確率を求めなさい．

表

	赤のカード	白のカード	黒のカード
A さんの袋	1　2	3　5	4
B さんの袋	2　4	1　5	3

＜ルール＞
- 赤のカードは白のカードに勝つ
- 白のカードは黒のカードに勝つ
- 黒のカードは赤のカードに勝つ
- 同色のカードのときは数字の大きいほうが勝ち，数字も同じときは引き分ける

（07　兵庫県）

17★「連」の確率

1枚の硬貨をくり返し投げて，表が出たら黒のご石，裏が出たら白のご石を左から順番に並べていく．このとき，色が変わるところで区切ったそれぞれの部分を「連」ということにする．例えば，硬貨を10回投げたとき，右のようにご石が並んだならば，黒の連の数は3，白の連の数は2で，連の総数は5となる．

（1） ご石が5個並んだとき，連の総数が3となる確率を求めなさい．

（2） ご石が5個並んだとき，黒の連の数が2となる確率を求めなさい．

（3） ご石が7個並んだとき，連の総数が3となる確率を求めなさい． （09 慶應湘南藤沢）

色の変わり目に‘仕切り’を入れていく，と考えると，「連」がうまくとらえられます．

解 （**1**） 全部で2^5通りの表裏の出方のうち，「連」の総数が3となるのは，右図の4個の点線の中から2個を選び，それを区切りとして色が変わる場合であるから，

$$\frac{4\times3}{2\times1}\times2=12\text{（通り）}\quad\cdots\cdots①$$

⇦——の「×2」は，スタートが白か黒かの2通り．

よって，求める確率は，$\dfrac{12}{2^5}=\mathbf{\dfrac{3}{8}}$

（**2**） 黒の「連」の数が2となるのは，「連」の総数が3～5の場合．

「連」の総数が3の場合は，①÷2=6（通り）

⇦①で，スタートが黒のとき．

「連」の総数が4の場合は，①と同様に，4×2=8（通り）

⇦4個の点線の中から3個を選ぶ（4通り）．スタートは白でも黒でもよい．

「連」の総数が5の場合は，1通り（○●○●○）

よって，求める確率は，$\dfrac{6+8+1}{2^5}=\mathbf{\dfrac{15}{32}}$

（**3**）「連」の総数が3となるのは，①と同様に，

$$\frac{6\times5}{2\times1}\times2=30\text{（通り）}$$

⇦図の6個の点線の中から2個を選ぶ．スタートは，白と黒の2通りある．

よって，求める確率は，$\dfrac{30}{2^7}=\mathbf{\dfrac{15}{64}}$

17★ 演習題（p.102）

○と×を1列に並べることを考える．ただし，○と×はくり返し用いてもよく，1つも用いなくてもよい．

（1） 合計5個の○と×を1列に並べる並べ方は何通りあるか．

（2） 合計n個の○と×を1列に並べるとき，×が2個以上連続しないような並べ方の総数をa_nとかく．たとえば$a_1=2$，$a_2=3$である．a_3，a_4，a_9を求めなさい．

（3） さいころを投げ，1，2，3，4の目が出たときには○を，5，6の目が出たときには×を記録する．これをくり返して○か×を1列に並べていき，×が2個連続した時点で終了とする．○と×が合計6個並んで終了する確率を求めなさい． （09 慶應志木）

●場合の数・確率●
演習題の解答

1 すべて“樹形図”を書くのが確実ですが，‘対等性’や‘前の小問の利用’などにも気を配りたい．

解 （1） 下図の図形2のようにA～Eを決めると，並べる順序は右のようになり，A→Dの①は，A→Bと同様であるから，$3\times2=$**6（通り）**

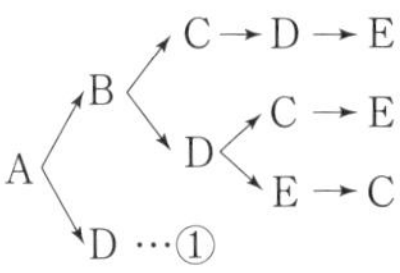

下図の図形3のようにA～Eを決めると，並べる順序は右のようになるから，答えは，**5通り**．

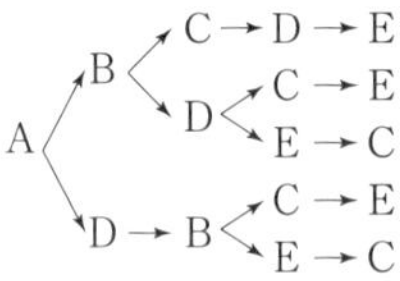

➡**注** 図形3の場合は，
A→BとA→Dは対等ではないことに注意！

（2） 上図の図形4のようにA～Fを決めると，並べる順序は右のようになり，

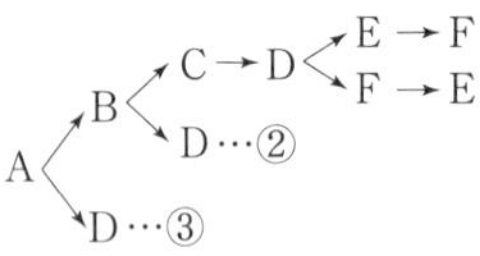

A→B→Dの②は，その後，C，E，Fを自由に選べるから，$3\times2\times1=6$（通り），また，A→Dの③は，A→Bと同様であるから，

$(2+6)\times2=$**16（通り）**

別解 最後の1枚は，C，E，Fのいずれかです．
『最後がFの場合，図形3に1枚(Fを)加えることになるから，（1）より，5通り．
最後がCの場合も，同様．
最後がEの場合は，図形2に1枚(Eを)加えることになるから，（1）より，6通り．
よって答えは，$5\times2+6=$**16（通り）**』

2 問題は，（2）です．‘重複’に気を付けて，慎重に数えましょう．
（3）では‘対等性’を利用します．

解 （1） $p=0$，1の場合の塗り方は，それぞれ**1**通りである．

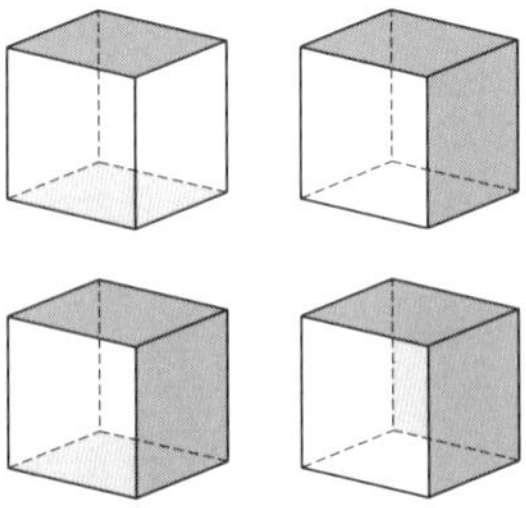

（2） $p=2$の場合は，右上図の**2**通り，$p=3$の場合は，右下図の**2**通りの塗り方がある．

（3） $p=4$の場合は，白が2面であるから$p=2$の場合と等しく，2通り，$p=5$，6の場合も同様に，それぞれ1通り，よって合わせて，

$2+1+1=$**4**通り

（4） （1）～（3）より，全部で，

$1+1+2+2+4=$**10**通り

3 （1）は，一致する3色を決めてしまえばオシマイですが，（2）では4個の，（3）では5個の“かく乱順列”を数えることになります．

解 （1） どの3色が一致するか(どの2色が一致しないか)で，$\dfrac{5\times4}{2\times1}=$**10（通り）** …①

一致しない2色は，互いに入れ替えるしかないから，①が答え．

（2） どの色が一致するかで，5通り ……②

他の4色をA～Dとし，Aの箱にBを入れるとすると，右の3通りがある．A→C，A→Dの場合も同様であるから，

A	B	C	D
B	A	D	C
	C	D	A
	D	A	C

$3\times3=9$（通り）………③

よって答えは，②×③=**45（通り）** ……④

（3） Aの箱にBを入れる場合(＊)について考える．

A	B	C	D	E
B	A	D	E	C
		E	C	D

このとき，Bの箱にAを入れると，残りの3つについては，右上の2通り…………⑤

また，Bの箱にCを入れるとすると，題意を満たすのは，右下の3通り．

A	B	C	D	E
B	C	A	E	D
		D	E	A
		E	A	D

B の箱に D または E を入れる場合も各 3 通りであるから，（＊）の場合は，

$2+3\times3=11$（通り）

A の箱に C～E を入れる場合も，各 11 通りであるから，答えは，$11\times4=$ **44（通り）**

➡注　$p=2$ の場合は，①×⑤＝20（通り）……⑥
$p=4$ の場合はなく，$p=5$ の場合は 1 通り …⑦
すべての入れ方は，$5\times4\times3\times2\times1$（通り）…⑧
ですから，（3）の場合の数を，
⑧－(①＋④＋⑥＋⑦)＝120－76＝**44（通り）**
と数えることもできます．

4　（1）(b)　‘傾き’で分類しましょう．

（2）　モレ落ちが出ないように，慎重に数えて行きましょう．

解　（1）(a)　右図の太線の，**6 本**.

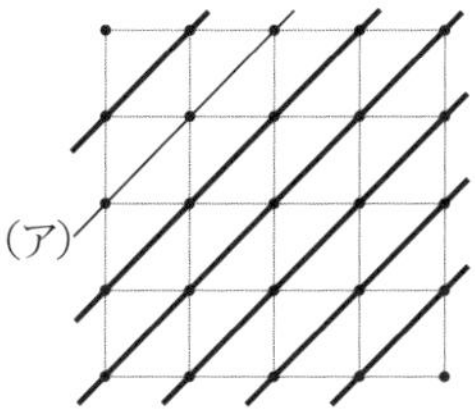

(b)　傾きが正のものとして，（ア）の 1 の他，

$2,\ 3,\ 4,\ \frac{3}{2},\ \frac{4}{3}$ と

これらの逆数の，計 $1+5\times2=11$（種類）…①　がある．

さらに，①のそれぞれの符号を負にしたものと，水平・垂直方向があるから，答えは，

①×2＋2＝**24（種類）**

（2）(a)　右図の網目の長方形と合同なものが，

$3\times2=6$（個）

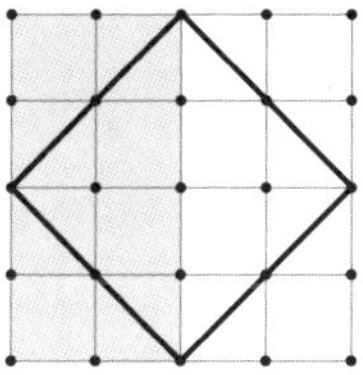

他に，太線の正方形があるから，計

$6+1=$ **7（個）**

(b)　水平・垂直方向に辺をもつものとして，

1 cm，2 cm，3 cm，4 cm

傾きが 1 の辺をもつものとして，

$\sqrt{2}$ cm，$2\sqrt{2}$ cm（右上図の太線）

傾きが 2 の辺をもつものとして，右図①の

$\sqrt{5}$ cm

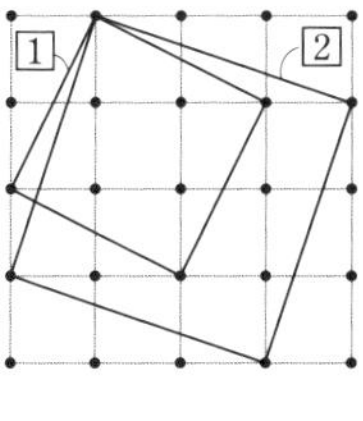

傾きが 3 の辺をもつものとして，右図②の

$\sqrt{10}$ cm

［傾きが 4，3/2，4/3 の辺をもつものはない．］

➡注　「正方形の 1 辺の長さ」を聞かれているのですから，以上を調べれば十分です．

5　（3）　まず，M と G 以外の 6 文字を並べてしまいましょう．

解　（1）　まず，1 個ずつの M，G，U の入れ方として，$8\times7\times6=336$（通り）………①

次に，2 個の K の入れ方として，

$\frac{5\times4}{2\times1}=10$（通り）……………②

（残った 3 か所に A を入れることになる．）

よって答えは，①×②＝**3360（通り）**

（2）　母音（A，A，A，U）の並べ方として，（U をどこに入れるかの）4 通り　…………③

子音（K，K，M，G）の並べ方として，（M と G をどこに入れるかの）

$4\times3=12$（通り）……………④

さらに，左端が母音か子音かの 2 通りがあるから，答えは，(③×④)×2＝**96（通り）**

（3）　M と G 以外の 6 文字の並べ方は，

6×②＝60（通り）……………⑤

このそれぞれについて，M と G の場所として，

ア　イ　ウ　エ　オ　カ　キ
∨○∨○∨○∨○∨○∨○∨

ア-ウ，イ-エ，ウ-オ，エ-カ，オ-キ

の 5 通りがあり，さらにどちらが M かで 2 通りあるから，答えは，⑤×(5×2)＝**600（通り）**

➡注　⑤は，「U の入れ方として 6 通り，あとは②と同じ」ということです．

6　ある程度の‘シラミつぶし’は避けられませんが，5の前後は○と×，1の前後は×と○と決まっていますから，5か1の場所を中心に考えましょう．

解　（1）「○○○×」となるのは，“E＝1～4 のどれかで，A～D が小さい順に並ぶ”場合であるから，**4 通り**ある．

A　B　C　D　E
　○　○　○　×

（2）　A＝1 のとき，“B＝3～5 のどれかで，C～E が小さい順に並ぶ”場合の，3 通り．

A　B　C　D　E
　○　×　○　○

C＝1 のとき，“残りの 4 数から 2 数を選んで小さい順に A，B とし，他の 2 数を小さい順に D，E とする”場合の，$\frac{4\times3}{2\times1}$＝6 通り．

よって答えは，3＋6＝**9 通り**

➡**注**　B＝5，E＝5 の場合分けをしてもよい．

（**3**）　E＝5 のとき，B＝4 に決まり，あとは“残りの 3 数から 1 数を選んで A とし，他の 2 数を大きい順に C，D とする”場合の，3 通り．

A	B	C	D	E
○	×	×	○	

B＝5 のとき，E＝4 ならば～～と同様の 3 通り；E＝3 ならばやはり 3 通り(☞注)；E＝2 ならば D＝1 で，あとは C として 2 通り．

よって答えは，3＋(3＋3＋2)＝**11 通り**

➡**注**　E＝3 のときも，～～のようにすれば，D＝4 となることはありません(D＝1 or 2)．
なお，A＝1，D＝1 の場合分けをしてもよい．

7　(1)は，研究の◎式を利用して求めるのが普通ですが，(2)，(3)を考えて，‘2 段の回数’で場合分けします．

解　（**1**）　2 段，1 段であがる回数は，右表のようになる．

2段	1段	
0	6	…㋐
1	4	…㋑
2	2	…㋒
3	0	…㋓

㋐，㋓は各 1 通り，㋑は 5 通り，㋒は，$\frac{4\times3}{2\times1}$＝6 通りあるから，全部で，1×2＋5＋6＝**13 (通り)**

■**研究**　本問のように，1 段 or 2 段で n 段の階段をあがる総数を a_n 通りとすると，

$\boldsymbol{a_n=a_{n-1}+a_{n-2}}$ $(n\geqq3)$ …………◎

という漸化式が成り立つことが知られています(☞増刊号『日日のハイレベル演習』p.115)．
本問で，◎を使うと，$a_1=1$，$a_2=2$ より，
$a_3=a_2+a_1=3$，$a_4=a_3+a_2=5$，
$a_5=a_4+a_3=8$，$a_6=a_5+a_4=$**13 (通り)**

（**2**）　条件を満たすあがり方は，㋐は 1 通り，㋓は 0 通り，㋑は，2 段が 1 回目以外の 4 通り，㋒は，「1 → 1 → 2 → 2」，「1 → 2 → 1 → 2」の 2 通りあるから，全部で，

1＋4＋2＝**7 (通り)**

（**3**）　条件を満たす場合の，2 段，1 段であがる回数は，右表のいずれかである(☞注)．

2段	1段	
3	4	…㋔
4	2	…㋕
5	0	…㋖

㋖は 1 通り，㋔は，「1→2」が交互の 1 通り，㋕は，右の↓から 2 か所を選んで「1」を入れればよく，$\frac{5\times4}{2\times1}$＝10 通り　あるから，全部で，

↓2↓2↓2↓2↓

1＋1＋10＝**12 (通り)**

➡**注**　例えば，2 段が 2 回，1 段が 6 回の場合は，条件を満たすあがり方はできません．

8　(3)　6^2 通りの‘シラミつぶし’をするのが実戦的ですが，少し工夫してみます．

解　（**1**）　右図のようになるから，答えは，②と⑥の **2 枚**．

①②③④⑤⑥
↓　↓
①②③④⑤⑥

（**2**）　題意を満たすのは，2 回続けて同じ目が出る場合であるから，求める確率は，$\frac{6}{6^2}=\boldsymbol{\frac{1}{6}}$

（**3**）　1 回目の目を a，2 回目の目を b とする．
a，b が共に素数(2，3，5)のとき，$a\neq b$ であれば題意を満たす．
$a=1$ のとき，題意を満たすのは，$b=4$
$a=4$ のとき，題意を満たすのは，$b=1$
$a=6$ のとき，題意を満たすのは，$b=2$，3
以上と，$(a,\ b)=(p,\ q)$，$(q,\ p)$の場合の結果が同じであることから，題意を満たすのは，

6×2＝12 (通り) (☞注)

よって，求める確率は，$\frac{12}{6^2}=\boldsymbol{\frac{1}{3}}$

➡**注**　題意を満たす目の組は，
{2，3}，{2，5}，{3，5}；
{1，4}，{6，2}，{6，3}
の 6 組なので，6×2＝12 (通り)となります．

9　(1)「少なくとも 1 つ」とあれば，“余事象”の出番です．
(2)「最小(or 最大)」が条件の場合には，研究にある考え方が有効です．
(3)　ここでも，研究の事項に注目！

解　（**1**）　全部で 6^3 通りの目の出方のうち，a，b，c とも 3 でない場合は，5^3 通り．

よって，求める確率は，$\frac{6^3-5^3}{6^3}=\boldsymbol{\frac{91}{216}}$

（2） 条件を満たす a，b，c の組は，

$\{a, b, c\}=\{4, 4, 4\}$，$\{4, 4, ○\}$，

$\{4, ○, ○\}$，$\{4, 5, 6\}$

（○は同じ数を表し，5 か 6）

場合の数は，順に，

1，3×2，3×2，3×2×1（通り）

であるから，求める確率は，

$$\frac{1+6+6+6}{6^3}=\mathbf{\frac{19}{216}}$$

➡注　上の ×2 は，○が 5 か 6 かの 2 通りです．

■研究　最小の数が 4 であるのは，「すべての目が 4 以上」の場合から，「すべての目が 5 以上」の場合を除いたものですから，$\frac{3^3-2^3}{6^3}=\mathbf{\frac{19}{216}}$

（3） 条件を満たす a，b，c の組は，

$\{a, b, c\}=\{5, 5, ○\}$，$\{5, ○, ○\}$，

$\{5, 3, 6\}$，$\{5, ○, △\}$

（○は同じ数を表し，3 か 6．△は 1 か 2 か 4）

場合の数は，順に，

3×2，3×2，3×2×1，

(3×2×1)×(2×3)（通り）

であるから，求める確率は，

$$\frac{6+6+6+36}{6^3}=\frac{54}{6^3}=\mathbf{\frac{1}{4}}$$

■研究　上の研究と同じように，サイコロが何個になっても通用する考え方を示します（かなり発展的で“大学受験用”ですから，軽い気持ちで読んで下さい）．

『積が「15 の倍数」になるのは，5 の目が少なくとも 1 回出て，3 か 6 の目のどちらかが少なくとも 1 回出る場合であるから，右図の網目部である．

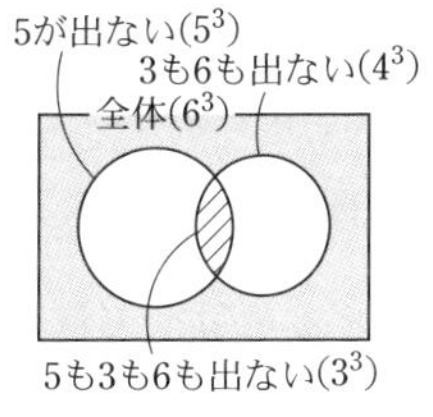

$$\therefore\quad \frac{6^3-(5^3+4^3-3^3)}{6^3}=\frac{54}{216}=\frac{1}{4}$$ 』

10　（2） 偶数の目が複数回出ることになりますが，同じ目で良いのか悪いのかを慎重に判断しましょう．

（3） “余事象”を考えるのが定石ですが…．

解　（1） さいころを 2 回投げて，1 の位置にいるのは，2，4，6 のいずれかの目が連続して出る場合であるから，その確率は，$\frac{3}{6^2}=\mathbf{\frac{1}{12}}$

（2） 奇数の目を×，偶数の目を○，また前と同じ偶数の目を◎，前と違う偶数の目を△と表すと，さいころを 3 回投げて，1 の位置にいるのは，右表の場合である．

1	2	3
○	×	○
○	△	×
×	○	△
○	◎	◎

その場合の数は，

3×3×3+(3×2×3)×2+3×1×1=66

であるから，求める確率は，$\frac{66}{6^3}=\mathbf{\frac{11}{36}}$

（3） さいころを 3 回投げるとき，1 の位置にくることがないのは，

1 回目は×だが，×○△ではない

場合であるから，その確率は，

$$\frac{3}{6}-\frac{3\times3\times2}{6^3}=\frac{5}{12}$$

よって答えは，$1-\frac{5}{12}=\mathbf{\frac{7}{12}}$

別解　直接求める（むしろ，この方が楽!?）．
『題意を満たすのは，「1 回目が○」or「×○△」の場合であるから，$\frac{3}{6}+\frac{3\times3\times2}{6^3}=\mathbf{\frac{7}{12}}$ 』

11　（1） A，B の 6 点ずつを問題文の図にプロットして，‘目で’考えてみます．

（2） こちらは，計算主体にとらえる方が紛れがなさそうです．

解　（1） 右図で，
A は●のいずれか，
B は○のいずれかであることが同様に確からしい．

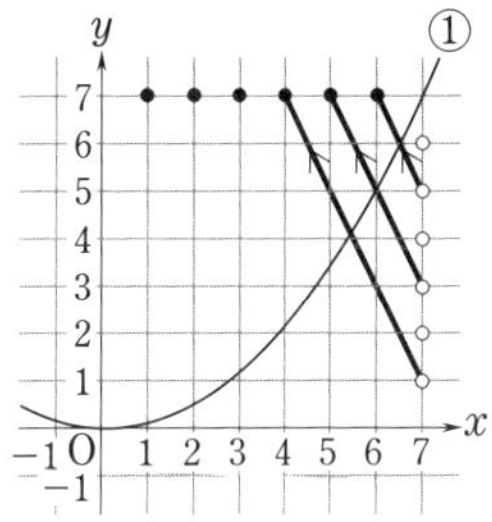

また，太線の傾きはすべて -2 である．

よって，AB の傾きが -2 以下になるのは，右の場合の，

1+3+5=9（通り）

a	b
4	1
5	3～1
6	5～1

であるから，確率は，$\frac{9}{6^2}=\mathbf{\frac{1}{4}}$

➡注　(AB の傾き)$=\frac{b-7}{7-a}\leqq-2$ より，
$2a-b\geqq7$．これと‘6×6 の表’で解く手もある．

(2) 線分AC … $x=a$ …㋐ と
直線OB … $y=\frac{b}{7}x$ との交点の y 座標は,

$$\frac{b}{7}\times a=\frac{ab}{7} \quad \cdots\cdots ㋑$$

一方, ㋐と曲線①との交点の y 座標は,

$$\frac{1}{7}\times a^2=\frac{a^2}{7} \quad \cdots\cdots ㋒$$

㋑<㋒より, $b<a$

この場合の数は, $\frac{6^2-6}{2}=15$(通り) ……㋓

よって, 求める確率は, $\frac{㋓}{6^2}=\mathbf{\frac{5}{12}}$

➡**注** ㋓の左辺について;「$b<a$」と「$b>a$」は'対等'ですから, 全体から「$b=a$」の6通りを引いて2で割っています.

12 (1)(ii) (i)の答えを a 個として,「$1/a$」が答えになるのか!?
(2) 点(2, 3)に到達する前に終了しないことが必要です.

解 (1)(i) 右図の●の**4個**.

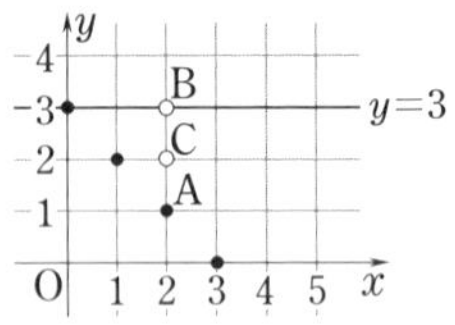

(ii) 点Pが図の点Aに到達するのは, 偶数の目が2回, 奇数の目が1回出る場合であるから, その確率は,

$$\frac{(3^2\times3)\times3}{6^3}=\mathbf{\frac{3}{8}}$$

➡**注** 最後の「×3」は, '奇数の目が何回目に出るか'の3通りです.
なお, (i)の4点に到達する確率は**同様に確からしくはない**ので, (ii)の答えを「1/4」とするのは間違いです.

(2) 図で, O→C→Bと進む確率を求めればよい.
O→Cと進む(偶数2回, 奇数2回)確率は,

$$\frac{(3^2\times3^2)\times6}{6^4}=\frac{3}{8} \quad \cdots\cdots ㋐$$

C→Bと進む(奇数が出る)確率は, $\frac{1}{2}$ …㋑

であるから, 答えは, ㋐×㋑$=\mathbf{\frac{3}{16}}$

➡**注** '5回中, 偶数が2回ならよい'とするのは間違いです(☞前書き).
なお, ㋐の「×6」は, $\frac{4\times3}{2\times1}=6$(通り)

13 (3) (1)(2)があるのですから, "余事象"を考えるのが自然な流れでしょう.

解 1回のジャンケンで, Aが勝つ場合を○, 負ける場合を×, あいこの場合を△で表す.

(1) ○となるのは, Aがどの手で勝つかの3通りあるから, その確率は, $\frac{3}{3^2}=\frac{1}{3}$ ……①

よって, ○→○となる確率は, ①$^2=\mathbf{\frac{1}{9}}$

(2) ①より, ×(Bが勝つ)の確率も $\frac{1}{3}$, よって, △の確率も $\frac{1}{3}$ である.

1	2	3
○	×	○
×	○	○
○	△	○
△	○	○

3回目でAが優勝するのは, 右のいずれかの場合であるから, その確率は, $\left(\frac{1}{3}\times\frac{1}{3}\times\frac{1}{3}\right)\times4=\mathbf{\frac{4}{27}}$

(3) 4回目でAが優勝するのは, 3回目までの結果の組が, {○, △, △}, {○, △, ×}のいずれかで, 4回目が○の場合である.
その確率は,

$$\left\{\frac{1}{3}\times\frac{1}{3}\times\frac{1}{3}\times(3+3\times2\times1)\right\}\times\frac{1}{3}=\frac{1}{9}$$

これと(1), (2)より, 4回目までにAが優勝する確率は, $\frac{1}{9}+\frac{4}{27}+\frac{1}{9}=\frac{10}{27}$ ……②

Bが優勝する確率も②であるから, 答えは,

$$1-②\times2=\mathbf{\frac{7}{27}}$$

➡**注** ═══は, 〰〰のそれぞれの, 起こる順番を考慮した場合の数です.

別解 (3)を直接数えると――
『4回目が終わっても優勝が決まらないのは, 4回目までの結果の組が, {△, △, △, △}, {△, △, △, ○}, {△, △, △, ×}, {△, △, ○, ×}のいずれかの場合である.
その確率は,
$\frac{1}{3}\times\frac{1}{3}\times\frac{1}{3}\times\frac{1}{3}\times(1+4+4+4\times3)=\frac{21}{81}=\mathbf{\frac{7}{27}}$』

14 （3） ‘ベン図’を補助にして考えると明快です．

解 （1） 5回の[操作]での玉の取り出し方は，全部で，3^5（通り）…① ある．

このうち，題意を満たすのは，5回とも赤玉を取り出す場合であるから，1^5 通り ……②

よって，求める確率は，$\dfrac{②}{①}=\mathbf{\dfrac{1}{243}}$

➡注 ②について；最初から赤玉を取り出し続けると，どの操作後にも袋の中には白・黒が1個ずつ残りますから，次の操作で赤玉を取り出すのは1通りです．

（2） 題意を満たすのは，5回とも白玉以外の2個の一方を取り出す場合であるから，2^5 通り．

よって，求める確率は，$\dfrac{2^5}{①}=\mathbf{\dfrac{32}{243}}$

（3） 右のベン図で，斜線部(白・黒)は(1)より1通り，左の円から斜線部を除いた部分(白・赤)は(1)(2)より，$32-1=31$（通り），右の円から斜線部を除いた部分(黒・赤)も同様に31通りである．

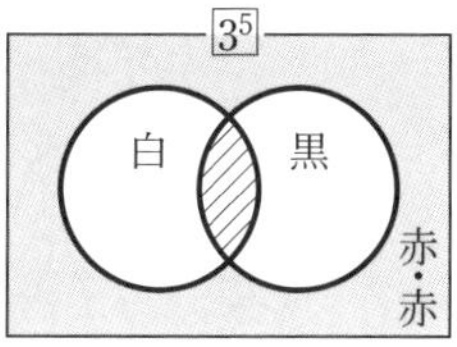

よって，赤玉1個の確率は，$\dfrac{31\times2}{3^5}=\mathbf{\dfrac{62}{243}}$

また，赤玉2個(網目部)の確率は，

$$1-\frac{62+1}{3^5}=1-\frac{7}{27}=\mathbf{\frac{20}{27}}$$

15 正直に，1枚目の数によって場合を分けて考えると少々面倒ですが，‘対等性’に着目できれば手早く解決します(☞別解)．

解 （1） 13×12 通りの引き方のうち，題意を満たすのは，1枚目が(1なら0通り)，2なら1通り，3なら2通り，…，13なら12通りであるから，求める確率は，

$$\frac{1+2+\cdots+12}{13\times12}=\frac{1}{13\times12}\times\frac{12\times13}{2}=\mathbf{\frac{1}{2}}$$

➡注 一般に，$1+2+\cdots+n=\dfrac{n(n+1)}{2}$ が成り立ちます(☞ p.35)．

（2） 52×51 通りの引き方のうち，題意を満たすのは，1枚目が2(4枚ある)なら 1×4 通り，3なら 2×4 通り，…，13なら 12×4 通りであるから，求める確率は，

$$\frac{4\times(1\times4+2\times4+\cdots+12\times4)}{52\times51}$$

$$=\frac{4^2(1+2+\cdots+12)}{52\times51}=\frac{4^2}{52\times51}\times\frac{12\times13}{2}=\mathbf{\frac{8}{17}}$$

別解 （1） 1枚目と2枚目の数の大小は対等であるから，求める確率は，$\mathbf{\dfrac{1}{2}}$

（2） 1枚目と2枚目の数が等しい確率は，$\dfrac{52\times3}{52\times51}=\dfrac{1}{17}$ であるから，(1)と同様に考えて，求める確率は，$\left(1-\dfrac{1}{17}\right)\times\dfrac{1}{2}=\mathbf{\dfrac{8}{17}}$

16 （3） (1)(2)があるので，Aを主役にして考えます．ところで与えられた<ルール>から，‘有利・不利’の予想は付きますか？

解 （1） Aが白のカードを出して勝つ場合は，右の**4通り** ……①

A	B
3	3
	1
5	3
	1

（2） 全部で 5^2 通りの出し方のうち，引き分けになるのは，同色の同じ数字を出す場合であるから，2 と 5 を出す場合の2通りである．

よって，求める確率は，$\dfrac{2}{5^2}=\mathbf{\dfrac{2}{25}}$

（3） Aが赤のカードのいずれかを出して勝つのは，Bが白のカードのいずれかを出す場合であるから， $2\times2=4$ 通り …………………②

また，Aが黒のカードを出して勝つのは，Bが赤のカードのいずれか，または 3 を出す場合であるから，$1\times(2+1)=3$ 通り ………③

以上①～③より，Aが勝つ場合は，

$4+4+3=11$ 通り

これと(2)より，Bが勝つ場合は，

$25-(2+11)=12$ 通り

よって，勝つ確率が大きいのは**B**の方で，

その確率は，$\mathbf{\dfrac{12}{25}}$

➡注 2人は，色では対等ですが，同色を出したとき(9通り)の数字対決では，Aの3勝4敗2引き分けなので，Bの方が有利――ということです．

17 （2） a_3，a_4 は‘樹形図’でもすぐですが，a_9 があるので，p.98 にある◎式(本問でも，成り立ちます)を示してみます．

（3） 逆方向の‘樹形図’を書いてみましょう．

解 （1） 5 個のすべてについて，○ or × の 2 通りがあるから，$2^5=$ **32（通り）**

（2） 1 個目が○のとき，2 個目は○でも×でもよく，2〜n 個目の並べ方は，a_{n-1} 通り

1	2	3	…	n
○	a_{n-1} 通り			
×	○	a_{n-2} 通り		

1 個目が×のとき，2 個目は○で，3〜n 個目の並べ方は，a_{n-2} 通り

よって，$a_n=a_{n-1}+a_{n-2}$ $(n\geqq3)$ ………◎

が成り立つ．

$\therefore$ $a_3=a_2+a_1=3+2=\mathbf{5}$

$a_4=a_3+a_2=5+3=\mathbf{8}$

$a_5=a_4+a_3=8+5=13$

$a_6=a_5+a_4=13+8=21$

$a_7=a_6+a_5=21+13=34$

$a_8=a_7+a_6=34+21=55$

$a_9=a_8+a_7=55+34=\mathbf{89}$

（3） 6 個目で終了するのは，5 個目と 6 個目がともに×の場合であるから，5 個目から逆向きに樹形図を書くと，右のようになる．

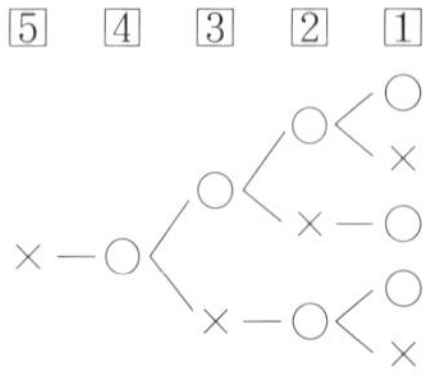

○ 1 個の確率は $\frac{4}{6}=\frac{2}{3}$，× 1 個の確率は $\frac{1}{3}$ であるから，求める確率は，

$$\left\{\left(\frac{2}{3}\right)^4+\frac{1}{3}\times\left(\frac{2}{3}\right)^3\times3+\left(\frac{1}{3}\right)^2\times\left(\frac{2}{3}\right)^2\right\}\times\left(\frac{1}{3}\right)^2$$

$$=\frac{2^4+2^3\times3+2^2}{3^6}=\mathbf{\frac{44}{729}}$$

➡**注** 上では，1〜4の○と×の個数でタイプ分けして数えています(5と6はともに×)．

第5章 関数（1）

ここでは，座標平面上での頻出タイプの問題を扱う．1次関数のグラフ(直線)か2次関数のグラフ(放物線)かを問わず，繰り返し入試に現れる典型的な問題の解法を学ぶのが，この章の主眼である．ここで足場をしっかり踏み固めて，次の応用編(関数(2))に進もう．

第５章　関数（1）
要点のまとめ

1. 点と直線

1・1　中点の座標

2点 A$(a,\ b)$，B$(c,\ d)$の中点 M の座標は，

$$\mathbf{M}\left(\frac{\boldsymbol{a}+\boldsymbol{c}}{2},\ \frac{\boldsymbol{b}+\boldsymbol{d}}{2}\right)$$

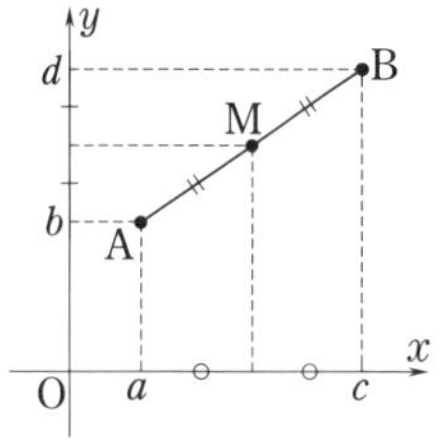

1・2　線分の長さ

右図で，

$\mathrm{AB}=\sqrt{\mathrm{BH}^2+\mathrm{AH}^2}$

$=\sqrt{(\boldsymbol{a}-\boldsymbol{c})^2+(\boldsymbol{b}-\boldsymbol{d})^2}$

＊　＊

AB の傾きが m のとき，図のようになって，

$\mathrm{AB}=\mathrm{BH}\times\sqrt{1+m^2}=(\boldsymbol{a}-\boldsymbol{c})\times\sqrt{\boldsymbol{1}+\boldsymbol{m}^2}$

（$m=\pm1,\ \pm2,\ \cdots$ などの場合に，この式がよく使われる．）

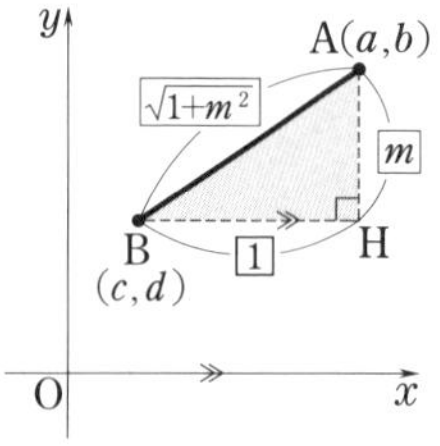

1・3　線分比

右図で，AB：BC

$=(a-c):(c-e)$

$=(b-d):(d-f)$

このように，線分比は，その比を座標軸上に移して，**x(or y)座標の差の比**としてとらえる．

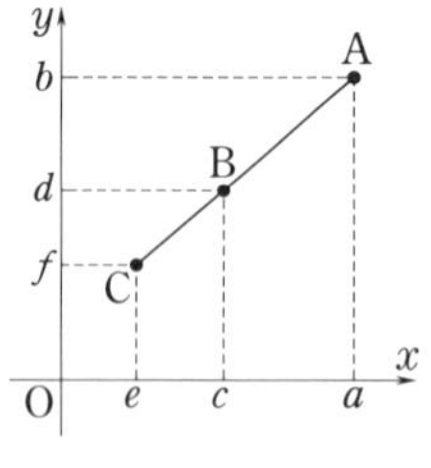

＊　＊

同一直線上でなくても，平行線など，**傾きの絶対値が等しい直線上の線分比**で使える．

1・4　線分の傾き

2点 A$(a,\ b)$，B$(c,\ d)$を結ぶ線分の傾きは，$a\neq c$ のとき，$\dfrac{b-d}{a-c}\left(=\dfrac{d-b}{c-a}\right)$

＊　＊

$b=d$ のとき，傾きは 0 であるが，$a=c$ のときは，傾きは存在しない．

1・5　直線の方程式

点 A$(a,\ b)$を通り，傾き m の直線 l 上の点を X$(x,\ y)$とすると，X$\neq$A のとき，右図で，$\dfrac{\mathrm{HX}}{\mathrm{AH}}=m$ より，

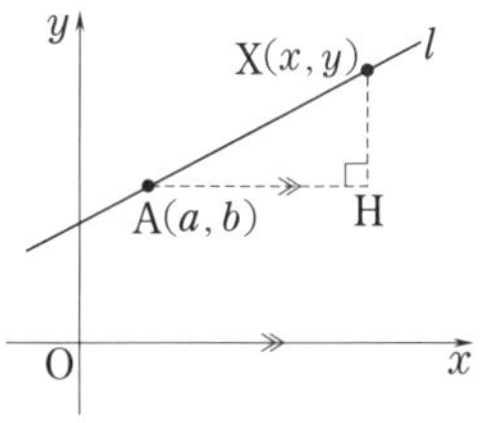

$$\frac{y-b}{x-a}=m \quad \therefore\ \boldsymbol{y}=\boldsymbol{m}(\boldsymbol{x}-\boldsymbol{a})+\boldsymbol{b} \quad \cdots①$$

＊　＊

①は，X＝A のときも成り立つ．

なお，A を通り x 軸に平行な直線は，①において $m=0$ とすればよく，その方程式は $\boldsymbol{y}=\boldsymbol{b}$．しかし，A を通り y 軸に平行な直線だけは，①の形では表されず，その方程式は $\boldsymbol{x}=\boldsymbol{a}$．

1・6　2直線の平行・垂直

2直線 $y=mx+n$ と $y=m'x+n'$ において，

平行である条件は，$m=m'$
垂直である条件は，$m\times m'=-1$

2. 面積

2・1　三角形の面積

座標平面上に（斜めに）置かれた三角形の面積は，右図の太実線（太破線でもよい）のような**座標軸に平行な線分**を底辺と見て，$\dfrac{a\times(c-b)}{2}$ として求める．

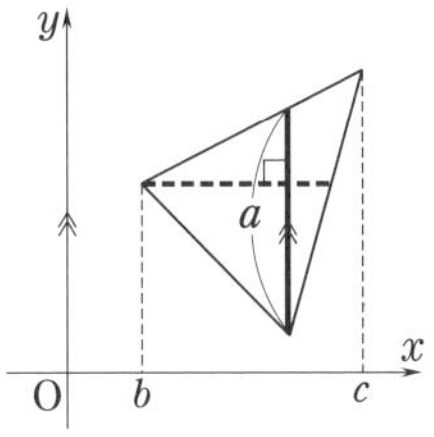

2・2　等積変形

直線 l 上の定点A，Bに対して，右図のように，

$\triangle ABP=\triangle ABQ$ ……①

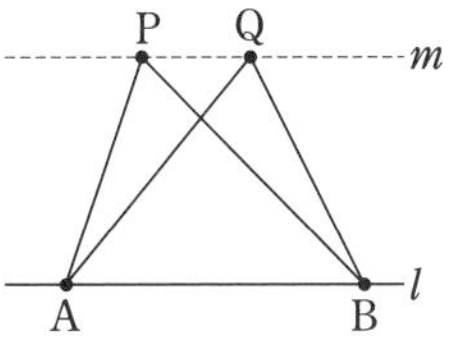

となる点P，Qをとると，直線 $PQ /\!/ l$ である（逆に，$l /\!/ m$ のとき，①が成り立つ）．

3. 放物線

3・1 放物線と直線の交点

放物線 $y=ax^2$ ……①
と直線 $y=mx+n$ …②
の交点の座標は，①と②を連立させて解くことで求められる．

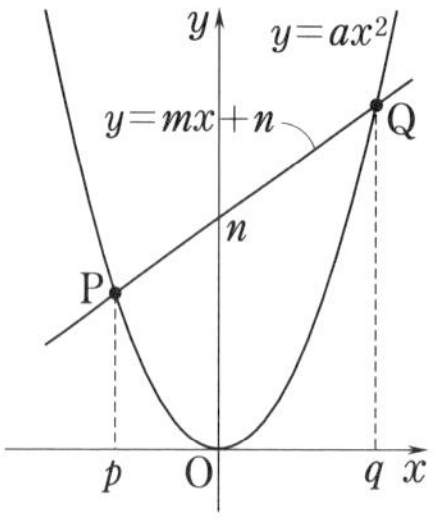

すなわち，

$$ax^2=mx+n$$

∴ $ax^2-mx-n=0$ ……………………③

の解が交点の x 座標であり，それを①または②に代入することで，y 座標が得られる．

* *

③の解が1つだけであるとき，①と②は**接している**ことになる．

3・2 放物線上の2点を通る直線

3・1 の図のように，①と②の交点P，Qの x 座標を p，q とすると，これらは③の解であるから，“解と係数の関係”(☞p.8)により，

$$p+q=\frac{m}{a},\ pq=-\frac{n}{a}$$

が成り立つ．これを変形して，

$$\boldsymbol{m=a(p+q),\ n=-apq}\ \cdots\cdots\cdots◎$$

* *

放物線の問題で，この◎式を使う場面はとても多い．放物線上の2点を通る直線の傾きや切片を求めるときには，この◎式で手早く求める習慣をつけておこう．

3・3 放物線の相似

2つの放物線

$y=ax^2$，$y=bx^2$
……①

と直線 $y=mx$ とのO以外の交点A，Bの x 座標は，それぞれ，

$\frac{m}{a}$，$\frac{m}{b}$ であるから，

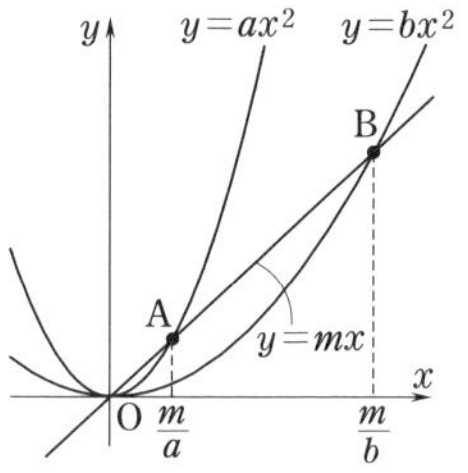

$$\mathrm{OA}:\mathrm{OB}=\left|\frac{m}{a}\right|:\left|\frac{m}{b}\right|=|\boldsymbol{b}|:|\boldsymbol{a}|\ \cdots②$$

これは m によらず成り立つので，①同士は**Oを相似の中心として相似の位置にある**(相似比は②)ことが分かる．

* *

放物線はすべて相似形ということで，上記のことは，右図のように a と b が異符号の場合にも，もちろん成り立つ．

また，このことから，①と直線 $y=nx$ とのO以外の交点をC，Dとすると，

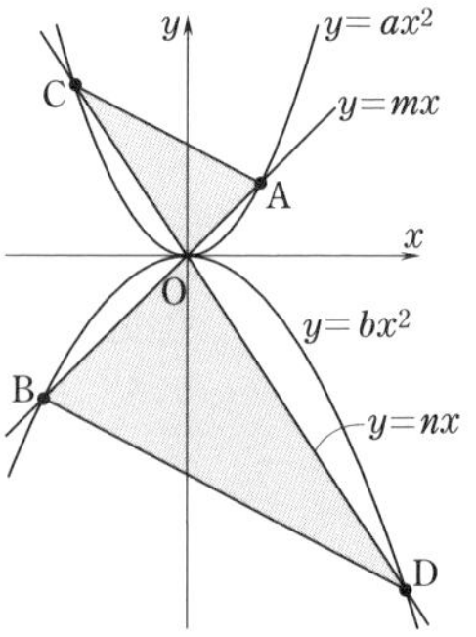

AC // BD

△OAC∽△OBD

などが必ず成り立つことになる．

4. 回転体の体積

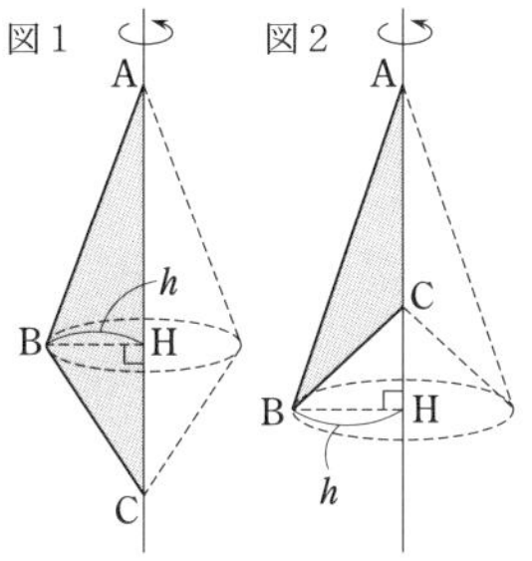

座標平面上の△ABCを，直線ACの回りに回転して得られる立体の体積をVとする．

Bから回転軸である直線ACに下ろした垂線の足をHとし，BH$=h$とすると，

図1の場合，

$$V=\frac{\pi h^2\times \mathrm{AH}}{3}+\frac{\pi h^2\times \mathrm{CH}}{3} \quad \cdots\cdots\cdots\cdots ①$$

$$=\frac{\pi h^2\times(\mathrm{AH}+\mathrm{CH})}{3}=\frac{\pi h^2\times \mathrm{AC}}{3}$$

図2の場合，

$$V=\frac{\pi h^2\times \mathrm{AH}}{3}-\frac{\pi h^2\times \mathrm{CH}}{3} \quad \cdots\cdots\cdots\cdots ②$$

$$=\frac{\pi h^2\times(\mathrm{AH}-\mathrm{CH})}{3}=\frac{\pi h^2\times \mathrm{AC}}{3}$$

となって，いずれの場合も，

$$\boldsymbol{V=\frac{\pi h^2\times \mathrm{AC}}{3}} \quad \cdots\cdots\cdots\cdots\cdots\cdots ◎$$

*　　　　　　　*

座標平面上の図形を回転して得られる立体の体積を求めるときは，上記以外の場合でも，①や②のように，**円錐の体積のたし引きに帰着させる**ようにしよう．

1　三角形の面積２等分（１）

右の図で，直線 l の式は $y=\frac{1}{2}x$，直線 m の式は $y=-\frac{3}{4}x+10$ である．l と m の交点を A，m と y 軸との交点を B とする．

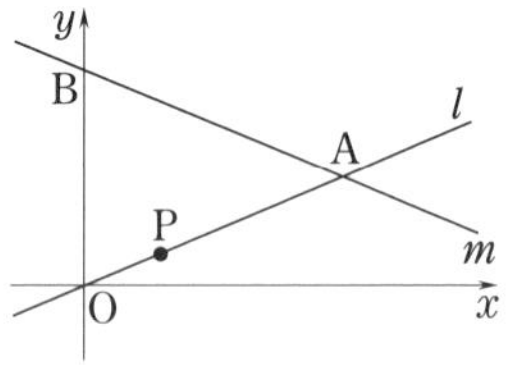

（１）　点 A の座標を求めなさい．

（２）　原点を通り，△OAB の面積を２等分する直線の式を求めなさい．

（３）　l 上の点 P(2，1)を通り，△OAB の面積を２等分する直線の式を求めなさい．

（05　志学館）

（３）　一般的には，別解のように‘面積比の公式’を使うところですが，（２）があるので，‘等積変形’を利用します．

解　（１）　l と m の式を連立して，**A(8，4)**　………………①

（２）　AB の中点を M とすると，直線 OM の式を求めればよい．

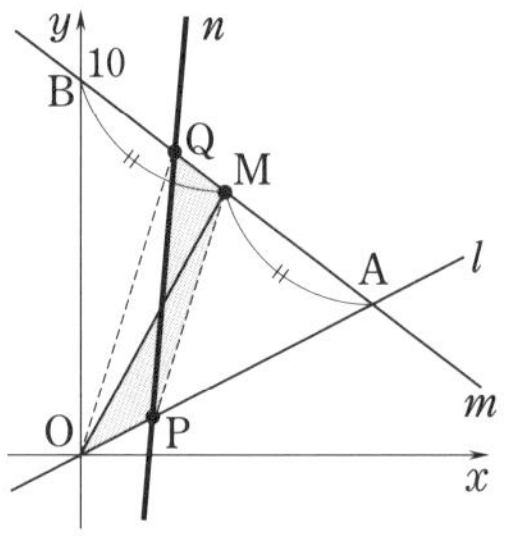

①より，$M\left(\frac{8}{2},\ \frac{10+4}{2}\right)=(4,\ 7)$

⇦中点の座標については，☞p.104.

よって，答えは，$\boldsymbol{y=\frac{7}{4}x}$

（３）　題意の直線を n とし，n と m との交点を Q とする(右図).

△OPM＝△QPM より，OQ // PM

⇦$\underset{\sim\sim\sim\sim\sim\sim\sim\sim}{\triangle OAM=\triangle PAQ}=\frac{\triangle OAB}{2}$

〜〜の両辺から，△PAM を引くと，△OPM＝△QPM …(＊)

ここで，PM の傾きは，$\frac{7-1}{4-2}=3$ であるから，直線 OQ の式は，

$y=3x$．これと m の式を連立して，$Q\left(\frac{8}{3},\ 8\right)$

よって，n の式は，$y=\frac{8-1}{8/3-2}(x-2)+1$　∴　$\boldsymbol{y=\frac{21}{2}x-20}$

⇦直線の式については，☞p.104.

別解　（３）　$\frac{\triangle PAQ}{\triangle OAB}=\frac{AP}{AO}\times\frac{AQ}{AB}=\frac{1}{2}$

⇦▒▒の‘三角形の面積比の公式’については，☞p.137.

$\frac{AP}{AO}=\frac{8-2}{8}=\frac{3}{4}$ より，$\frac{AQ}{AB}=\frac{2}{3}$　∴　$Q\left(\frac{8}{3},\ 8\right)$（以下略）

1　演習題（解答は，☞p.126）

図のように２点 A，B を通る直線があり，この直線は y 軸と点 C で交わっています．点 A の座標が(−2，2)，点 C の座標が(0，6)で，AC：CB＝1：3 が成り立っています．

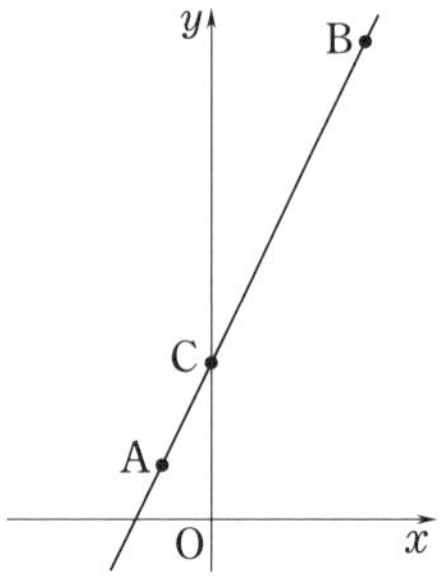

（１）　点 B の座標を求めなさい．

（２）　2 点 A，B を通る直線の式を求めなさい．

（３）　△OAB の面積を求めなさい．

（４）　x 軸に平行な直線を l とし，y 軸との交点を P(0，t)とします．直線 l が△OAB の面積を２等分するとき，t の値を求めなさい．　（04　清風）

2 同じものを引く・加える

右の図のように，3本の直線 l，m，n が3点A，B，Cで交わっている．直線 l は原点を通り，直線 m の切片は4である．点Bの座標は(6，−3)，点Cの座標は(2，7)である．

（1） 直線 m の式を求めなさい．

（2） 点Aの座標を求めなさい．

（3） △ABCの面積を求めなさい．

（4） x 軸上の正の部分に点Dをとると，△ABCの面積と四角形AODCの面積が等しくなった．点Dの x 座標を求めなさい．

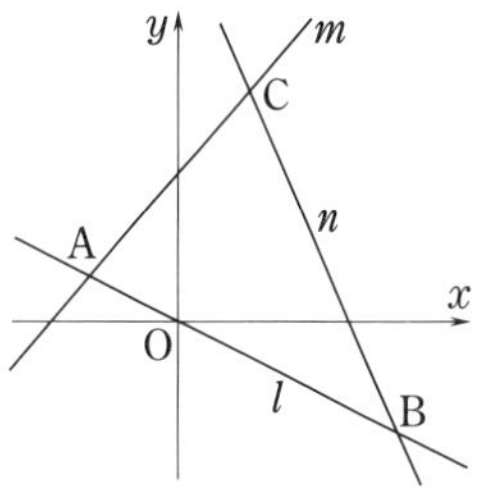

（05 海星）

（4） 直接□AODCをとらえることもできますが(☞別解)，**両方の図形から同じものを引いて**，‘等積変形’に結び付けてみます．

⇦左ページの(＊)でも，この操作を行っている．

解 （1） m の傾きは，$\dfrac{7-4}{2}=\dfrac{3}{2}$ であるから，その式は，

$$\boldsymbol{y=\frac{3}{2}x+4} \quad\cdots\cdots①$$

⇦m の‘切片’は与えられているから，‘傾き’を求めればよい．

（2） l の式は，$y=-\dfrac{1}{2}x$ ……………②

⇦OBの傾きは，$-\dfrac{1}{2}$

であるから，①，②より，**A(−2，1)**…③

（3） 右図のC′の y 座標は，②より，

$$y=-\frac{1}{2}\times2=-1$$

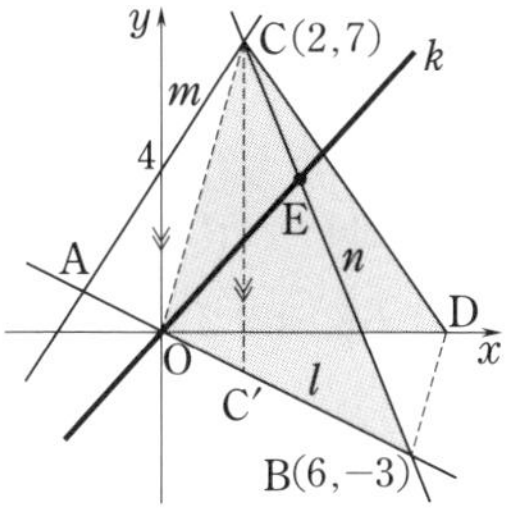

⇦座標平面上に斜めに置かれた三角形の面積の求め方については，☞p.105.

これと③より，$\triangle ABC=\dfrac{(7+1)\times(6+2)}{2}=\boldsymbol{32}$ ……………④

（4） △ABC＝□AODCのとき，両辺から△OCAを引いて，
△OBC＝△ODC ∴ BD // OC

よって，Dの x 座標を d とすると，$\dfrac{3}{d-6}=\dfrac{7}{2}$ ∴ $d=\boldsymbol{\dfrac{48}{7}}$

⬅$S=T$ のとき，
$S-a=T-a$
$(S+a=T+a)$

別解 $\triangle OCA=\dfrac{4\times(2+2)}{2}=8$ ∴ △ODC＝④−8＝24

∴ $\dfrac{d\times7}{2}=24$ ∴ $d=\boldsymbol{\dfrac{48}{7}}$

2 演習題 (p.126)

図で四角形OABCは正方形でA(a，0)，D(18，0)である．直線CDと辺ABの交点をEとする．△BCEの面積が△ADEの面積より36大きいとき，次の問いに答えなさい．

（1） a の値を求めなさい．

（2） 直線CDの式を求めなさい．

（3） △AEFの面積と△BCEの面積が等しくなるような点Fを，直線CD上にとる．点Fの座標を求めなさい．ただし，点Fの y 座標は負とする．

（06 慶應女子）

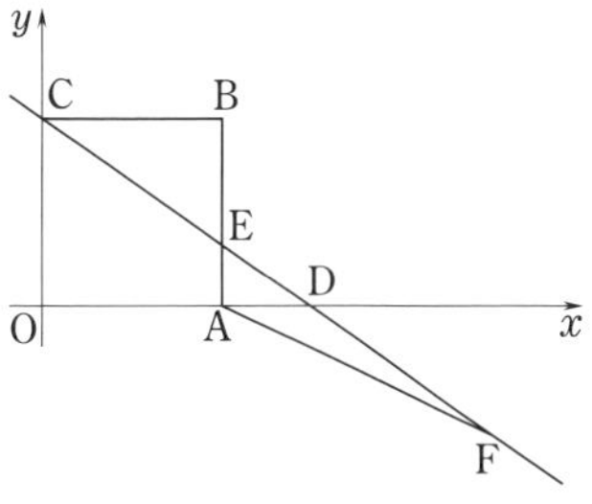

3　規則的に変わる

図のように，原点Oを通る傾き1の直線と放物線 $y=x^2$ の交点 $A_1(1,\ 1)$をとる．次に，点 A_1 を通る傾き -1 の直線と放物線の別の交点を A_2 とする．さらに，点 A_2 を通る傾き1の直線と放物線の別の交点を A_3 とする．以下同様に，傾き $-1,\ 1,\ -1,\ \cdots$ の直線と放物線の交点を順に $A_4,\ A_5,\ A_6,\ \cdots$ とする．

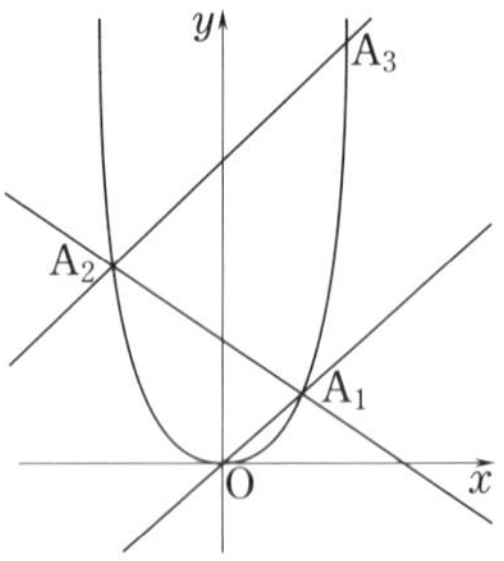

（1）　$A_2,\ A_3,\ A_{10}$ の座標をそれぞれ求めなさい．

（2）　$OA_1+A_1A_2+A_2A_3+\cdots+A_9A_{10}$ を求めなさい．　（08　慶應）

（1）の解答の過程で，‘規則性’がつかめるでしょう．

解　（1）　A_n の x 座標を a_n とおく．

$1\times(a_1+a_2)=-1,\ 1\times(a_2+a_3)=1$ ………………①　⇦☞p.106の◎.

より，$a_2=-1-a_1=-1-1=-2,\ a_3=1-a_2=1+2=3$

$\therefore$　$\mathbf{A_2(-2,\ 4),\ A_3(3,\ 9)}$

①と同様に，$a_{2n-1}+a_{2n}=-1,\ a_{2n}+a_{2n+1}=1\ (n\geqq1)$ が成り立つから，$a_4=-4,\ a_5=5,\ a_6=-6,\ \cdots$ となって，

$a_{10}=-10$　$\therefore$　$\mathbf{A_{10}(-10,\ 100)}$

⇦$A_{2n-1}A_{2n}$ の傾きは -1，$A_{2n}A_{2n+1}$ の傾きは1

⇦一般に，$a_{2n}=-2n$，$a_{2n+1}=2n+1$

（2）　$OA_1=1\times\sqrt{2}=\sqrt{2},\ A_1A_2=(1+2)\times\sqrt{2}=3\sqrt{2},$

$A_2A_3=(3+2)\times\sqrt{2}=5\sqrt{2}$

⇦傾きが±1の線分の長さは，x 座標の差 $\times\sqrt{2}$（☞p.104）

以下同様であるから，求める折れ線の長さは，

$$\sqrt{2}\times(1+3+5+7+\cdots+19)=\sqrt{2}\times\left(\frac{1+19}{2}\times10\right)=\mathbf{100\sqrt{2}}$$

⇦――は‘等差数列’の和だから，〰〰のようになる（☞p.35）．

➡**注**　――のように，1から$(2n-1)$までの n 個の奇数の和は，$\dfrac{1+(2n-1)}{2}\times n=\boldsymbol{n^2}$　になります（本問では，$10^2=100$）．

3★ 演習題（p.127）

図のように，放物線 $y=\dfrac{1}{2}x^2$ 上に，2点 $A_1\left(1,\ \dfrac{1}{2}\right)$，$B_1\left(-1,\ \dfrac{1}{2}\right)$があり，$\triangle OA_1B_1$（ただし，Oは原点）の面積を S_1 とする．$\triangle OA_1A_2=\triangle OB_1B_2=S_1$ となるように，放物線上に点 A_2，B_2 を定め，$\triangle OA_2B_2$ の面積を S_2 とする．次に，$\triangle OA_2A_3=\triangle OB_2B_3=S_2$ となるように，放物線上に点 A_3，B_3 を定め，$\triangle OA_3B_3$ の面積を S_3 とする．以下同様に，$A_4,\ B_4,\ S_4,\ A_5,\ B_5,\ S_5,\ \cdots$ と定めていく．ただし，$A_1,\ A_2,\ A_3,\ \cdots$ の x 座標は正であり，$B_1,\ B_2,\ B_3,\ \cdots$ の x 座標は負である．

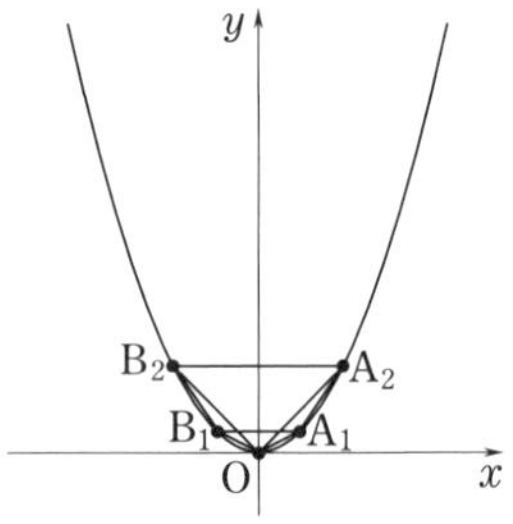

（1）　A_2 の座標を求めなさい．

（2）　A_{20} の座標を$\left(a,\ \dfrac{1}{2}a^2\right)$としたとき，$A_{21}$ の座標を a を用いて表しなさい．

（3）　S_5 を求めなさい．

（4）　$\triangle OA_5B_5$ と$\triangle OA_nB_n$ との共通部分の面積が32となるような n の値を求めなさい．ただし，$n>5$ とする．

（05　早稲田実業）

4　角の2等分線

関数 $y=ax^2$ のグラフは x 座標が -1 である点Aと，x 座標が3である点Bを通ります．直線ABの傾きが1であるとき，次の各問に答えなさい．

（1）　a の値を求めなさい．

（2）　直線ABの式を求めなさい．

（3）　点Aを通り x 軸と平行な直線を引き，この直線と $y=ax^2$ のグラフとの交点のうち，Aでない方の点をCとします．このとき，∠BACの2等分線の式を求めなさい．　（07　豊南）

（3）　“角の2等分線の定理”を使いますが，線分BC上で考えるのは正直過ぎます．

⇦定理については，☞p.137.

解　（1）　直線ABの傾きについて，

$$a\times(-1+3)=1 \quad \therefore \quad \boldsymbol{a=\frac{1}{2}}$$

（2）　直線ABの切片は，$-\frac{1}{2}\times(-1)\times3=\frac{3}{2}$

⇦☞p.106の◎.

よって，直線ABの式は，$\boldsymbol{y=x+\frac{3}{2}}$

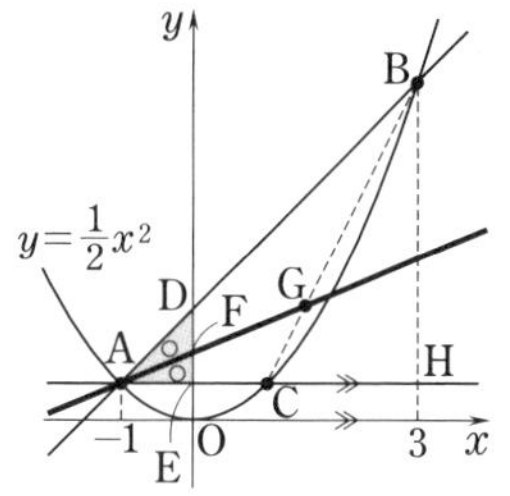

（3）　右図のようにD，E，Fを定めると，△AEDは(等辺1の)直角二等辺三角形であり，ここで，角の2等分線の定理により，

$$\mathrm{DF:FE=AD:AE}=\sqrt{2}:1$$

$$\therefore \quad \mathrm{FE=DE}\times\frac{1}{\sqrt{2}+1}=1\times\frac{1}{\sqrt{2}+1}$$

$$=\sqrt{2}-1$$

⇦△AEDを拡大すると，下図のようになる．

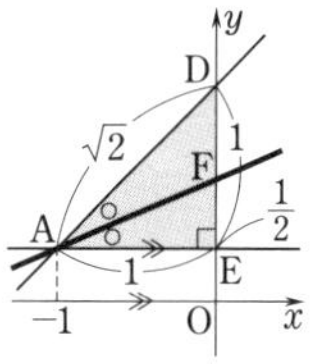

よって，直線AFの傾きは，$\frac{\mathrm{EF}}{\mathrm{AE}}=\sqrt{2}-1$

切片は，$\mathrm{OF=OE+EF}=\frac{1}{2}+(\sqrt{2}-1)=\sqrt{2}-\frac{1}{2}$

であるから，その式は，$\boldsymbol{y=(\sqrt{2}-1)x+\sqrt{2}-\frac{1}{2}}$

➡**注**　正直に，BG：GC＝AB：AC＝…　とやると，面倒です(BH上ならよい)．

4　演習題 (p.127)

右の図は，放物線 $y=\frac{4}{9}x^2$ と直線 $y=4$ の交点を，A，Bとし，Aを通る直線と放物線，x 軸との交点をそれぞれC，Dとします．また，点Bから∠ABOの2等分線を引き，直線ACとの交点をEとします．AC：CD＝3：1のとき，

（1）　直線ACの式を求めなさい．

（2）　△AEBの面積を求めなさい．

（08　明治大付中野）

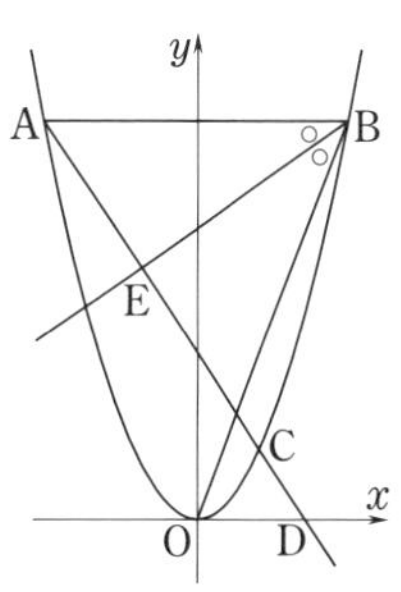

5　平行四辺形をとらえる

右図のように，$y=\frac{1}{2}x^2$ のグラフ上に3つの頂点A，B，Cをもつひし形ABCDがある．直線ACの式が $y=x+4$ であるとき，

（1）　点Aの座標を求めなさい．

（2）　直線BDの式を求めなさい．

（3）　点Dの座標を求めなさい．

（08　巣鴨）

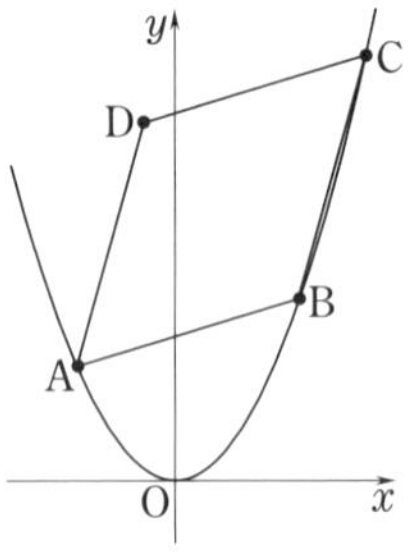

座標平面で平行四辺形をとらえるポイントは，次の2つです．

Ⅰ．**対角線の交点**に着目する．

Ⅱ．**合同な直角三角形**を利用する．

本問ではそれに，‘ひし形’の特徴が加味されます．

⇦問題によって，Ⅰ，Ⅱを臨機応変に使い分けよう．

⇦「4辺の長さが全て等しい」，「対角線が直交する」など．

解　（**1**）　Aの x 座標は，$\frac{1}{2}x^2=x+4$　∴　$x^2-2x-8=0$

∴　$(x+2)(x-4)=0$　∴　**A(−2, 2)**，C(4, 8)

（**2**）　（1）より，ACの中点は，M(1, 5)

よって，直線BDの式は，

$y=-(x-1)+5$　∴　$\boldsymbol{y=-x+6}$ …①

⇦BDは，ACを**垂直に2等分**する（ACの傾きは1だから，BDの傾きは−1）．

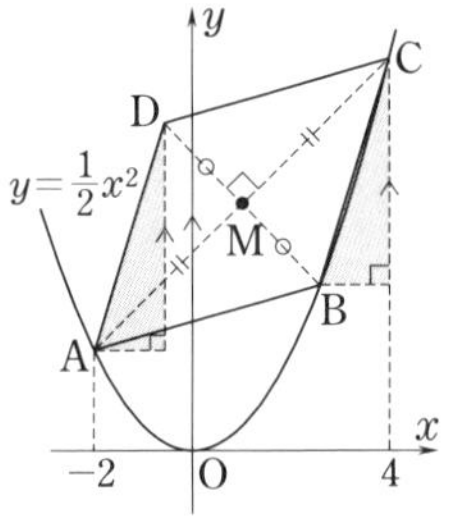

（**3**）　（2）より，Bの x 座標は，

$\frac{1}{2}x^2=-x+6$　∴　$x^2+2x-12=0$

⇦‘解の公式’（☞p.8）で解く．

$x>0$ より，$x=-1+\sqrt{13}$　…………②

ここで，Dの x 座標を d とすると，$\frac{d+②}{2}=1$　∴　$d=3-\sqrt{13}$

⇦BDの中点もM.

Dは①上にあるから，$\mathbf{D(3-\sqrt{13},\ 3+\sqrt{13})}$

⇦y 座標は，$y=-(3-\sqrt{13})+6=3+\sqrt{13}$

➡**注**　②の後，上図の網目の直角三角形が合同であることを利用して，4−②$=d-(-2)$ から d の値を求めることもできます．

5★ 演習題（p.128）

右の図で，放物線 $y=ax^2$ は点A(−2, 2)を通り，点Pはこの放物線上を動く点である．直線 $y=bx-2$ は点B(0, −2)を通り，点Qはこの直線上を動く点である．

（1）　a の値を求めなさい．

（2）　$b=1$ のとき，P，Qを動かし，四角形ABQPが平行四辺形になるようにするとき，点Qの座標を求めなさい．

（3）　（2）のとき，平行四辺形ABQPは y 軸により1つの三角形と1つの四角形に分けられる．三角形の面積 S_1 と四角形の面積 S_2 の比 $S_1:S_2$ をもっとも簡単な整数の比で求めなさい．

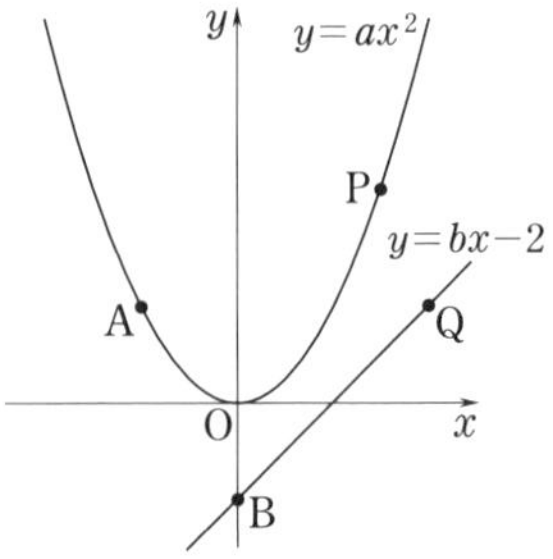

（4）　b が正のある値のとき，P，Qを動かして，四角形ABQPが平行四辺形になるようにすると，対角線の交点が放物線上にあった．このとき，点Qの座標を求めなさい．　（06　西大和学園）

6　頻出型の面積比

右の図のように，関数 $y=ax^2$ のグラフと直線 l が，2点A，Bで交わっている．点Aの座標は(2，2)，点Bの x 座標は4である．y 軸上に点P(0，t)（ただし，$t>0$)をとる．

（1）　a の値を求めなさい．

（2）　直線 l の式を求めなさい．

（3）　△ABPの面積が△OAPの面積の4倍になるように点Pの位置を決めるとき，t の値を求めなさい．　（08　岡山理科大付）

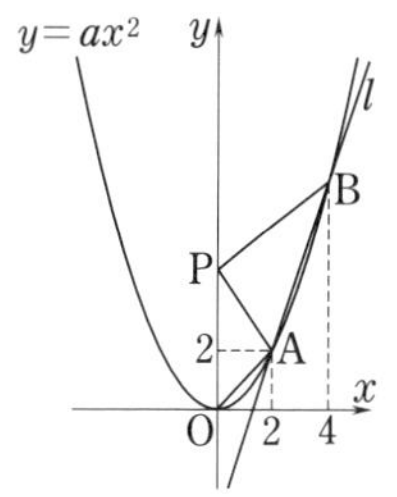

（3）　以下のように，補助点Qをとらえるのが基本ですが，別解のように，l を伸ばすのも明快です．

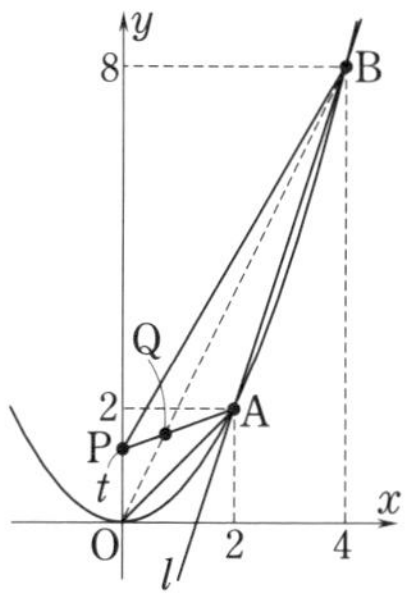

解　（1）　点Aが放物線上にあることから，

$2=a\times2^2$　∴　$\boldsymbol{a=\frac{1}{2}}$

（**2**）　直線 l の傾きと切片は，それぞれ，

$\frac{1}{2}\times(2+4)=3$，$-\frac{1}{2}\times2\times4=-4$

よって，その式は，$\boldsymbol{y=3x-4}$

（**3**）　図のように，OBとAPの交点をQとすると，△OAP：△ABP＝1：4のとき，OQ：QB＝1：4

∴　OQ：OB＝1：5　∴　$\mathrm{Q}\left(4\times\frac{1}{5},\ 8\times\frac{1}{5}\right)=\left(\frac{4}{5},\ \frac{8}{5}\right)$

このとき，(AQの傾き)＝(APの傾き)より，

$\frac{2-8/5}{2-4/5}=\frac{2-t}{2-0}$　∴　$\boldsymbol{t=\frac{4}{3}}$

別解　(1)，(2)より，図のようになって，

CA＝AB…①　より，

△ABP＝△CAP

∴　△CAP：△OAP＝4：1

∴　CP：OP＝4：1　∴　$t=4\times\frac{1}{3}=\boldsymbol{\frac{4}{3}}$

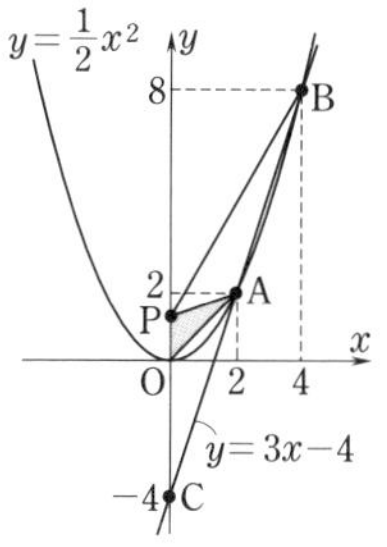

⬅下図で，$S_1:S_2=a:b$

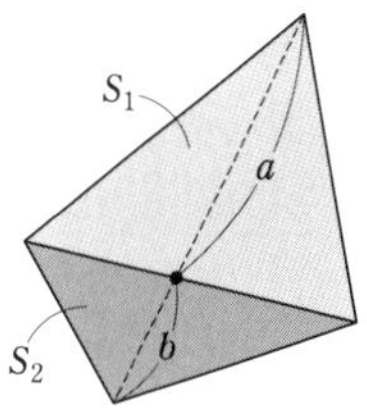

⇦①に着目することが，この別解のポイント．

⇦CO：OP＝3：1

6　演習題 (p.128)

放物線 $y=ax^2$ と直線 $y=3x+b$ が2点A(−2，2)，B(c，d)で交わっている．放物線 $y=ax^2$ の $0<x<c$ の部分の上に点Pをとり，線分OBと線分APの交点をQとする．ただし，Oは原点とする．

（1）　定数 a，b，c，d の値を求めなさい．

（2）　△OAPと△ABPの面積が等しくなるとき，直線APの傾きを求めなさい．

（3）　△OAQと△BPQの面積が等しくなるとき，点Pの座標を求めなさい．また，このとき，△OPQと△AQBの面積の比を最も簡単な整数比で答えなさい．

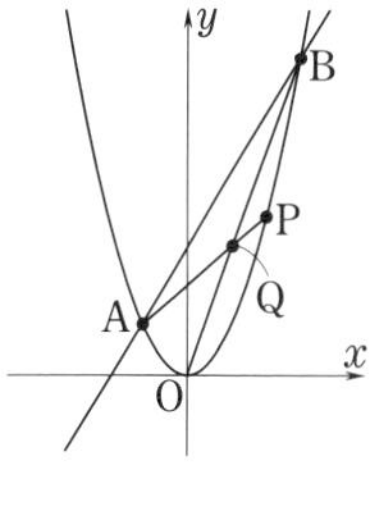

（07　奈良学園）

7　三角形の面積 2 等分（2）

図のように，放物線 $y=kx^2$ 上に 2 点 A，B があり，点 A の x 座標は -4 です．点 A と点 B の y 座標の比は 4：1 で，直線 AB と y 軸との交点を C とします．また，△OAB の面積は 12 です．

（1）　点 B の x 座標を求めなさい．

（2）　点 C の座標を求めなさい．

（3）　k の値を求めなさい．

（4）　点 C を通り，△OAB の面積を 2 等分する直線の式を求めなさい．

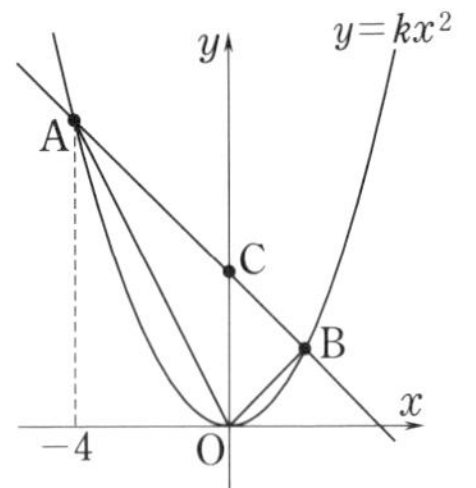

（07　四天王寺）

（4）　例題 **1** のような誘導がないので，三角形の面積比の公式を使います．

解　（**1**）　A の y 座標は，$k\times(-4)^2=16k$

であるから，B の y 座標は，$16k\div4=4k$

よって，x 座標は，$4k=kx^2$

∴　$x^2=4$　　$x>0$ より，$\boldsymbol{x=2}$　…㋐

（**2**）　$\triangle\mathrm{OAB}=\dfrac{\mathrm{OC}\times(2+4)}{2}=12$　…㋑

より，OC＝4…㋒　∴　**C(0，4)**　…㋓

（**3**）　$-k\times(-4)\times2=4$ より，$\boldsymbol{k=\dfrac{1}{2}}$

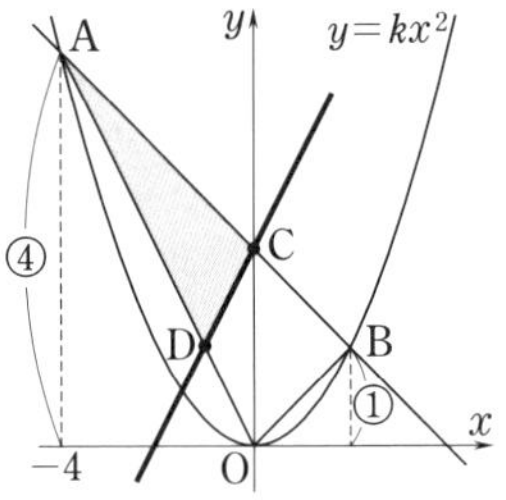

⇦切片についての公式，☞p.106 の◎．

（**4**）　題意の直線と辺 OA との交点を D とすると，

$$\frac{\triangle\mathrm{ADC}}{\triangle\mathrm{AOB}}=\frac{\mathrm{AD}}{\mathrm{AO}}\times\frac{\mathrm{AC}}{\mathrm{AB}}=\frac{\mathrm{AD}}{\mathrm{AO}}\times\frac{2}{3}=\frac{1}{2}$$

$$\therefore\quad\frac{\mathrm{AD}}{\mathrm{AO}}=\frac{3}{4}\quad\therefore\quad\frac{\mathrm{DO}}{\mathrm{AO}}=\frac{1}{4}$$

これと，A(−4，8)より，D(−1，2)……………………………㋔

㋓，㋔より，求める直線の式は，$y=\dfrac{4-2}{0+1}x+4$　∴　$\boldsymbol{y=2x+4}$

⇦△OAC＞△OBC より，題意の直線は辺 OA と交わる．

⇦　　の面積比の公式については，☞p.137．

➡**注**　D の x 座標を $-d$ とすると，

□OBCD$=\dfrac{㋒\times(㋐+d)}{2}=\dfrac{㋑}{2}$　∴　$d=\dfrac{㋑}{㋒}-㋐=\dfrac{12}{4}-2=1$

これからも，㋔が得られます．

✎線分の長さ(正)と座標(負もある)を混同しがちなので，特に文字の場合には注意しよう！

自分で文字をおくときには，注の「$-d$」のように，**0 以上の値を文字でおく**方が安全．

7　演習題（p.129）

放物線 $y=x^2$ と直線 $y=x+6$ が右の図のように 2 点 A，B で交わっている．点 A を通り傾きが -3 の直線とこの放物線との交点のうち A でない方を C とする．

（1）　3 点 A，B，C の座標をそれぞれ求めなさい．

（2）　直線 BC の式を求めなさい．

（3）　直線 $y=-x+6k$ が△ABC の面積を 2 等分するとき，k の値を求めなさい．

（06　灘）

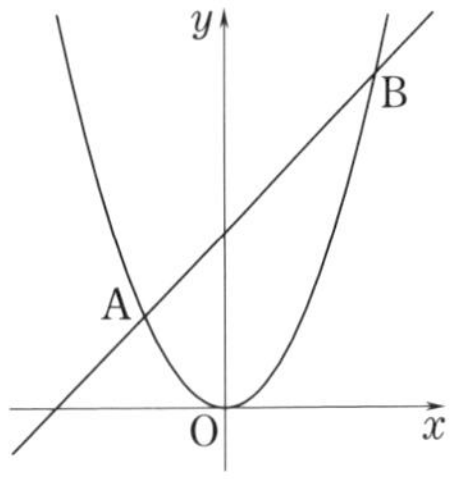

8　台形の面積２等分

図のように，放物線 $y=x^2$ と直線 $y=-x$ がある．また，放物線上の点 A(1，1)を通り直線 $y=-x$ に平行な直線と放物線との A と異なる交点を B，直線 $y=-x$ と放物線との原点 O と異なる交点を C とする．

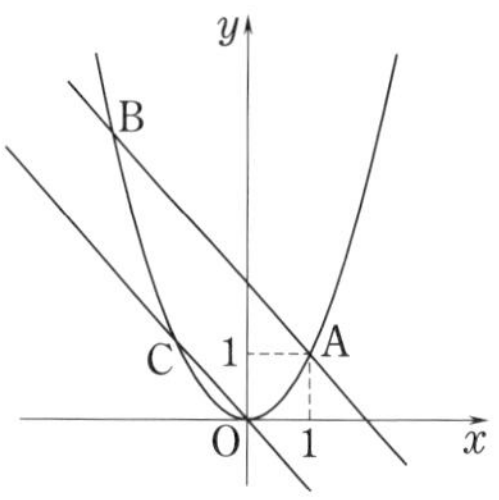

（１）　四角形 OABC の面積を求めなさい．

（２）　線分 AB 上に点 D をとり，線分 CD が四角形 OABC の面積を２等分するとき，点 D の座標を求めなさい．

（３）　線分 AB 上に点 E をとり，点 E を通り y 軸に平行な直線が四角形 OABC の面積を２等分するとき，点 E の座標を求めなさい．

（04　清風南海）

（２）　台形がその上底・下底と交わる直線によって２分されるとき，その面積比は，**「上底＋下底」の比でとらえる**のが定石です．

⇦分けられた２つの台形は，高さが等しい．

（３）　（２)があるのですから，それの活用を考えましょう．

解　（１）　B の x 座標を b とすると，AB の傾きについて，

$1\times(b+1)=-1$　∴　$b=-2$　∴　B$(-2,\ 4)$

これと，C$(-1,\ 1)$より，図のようになって，⏢OABC＝△OAC＋△BAC

$=\dfrac{(1+1)\times 4}{2}=\mathbf{4}$

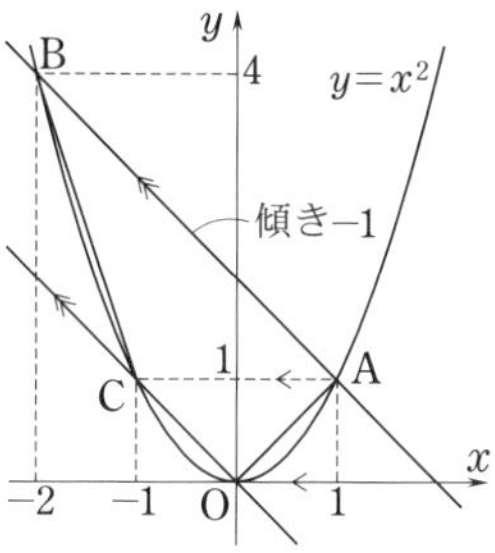

⇦「AC // x 軸」を利用する．
なお，「OA⊥AB」に着目して求積することもできる．

（**２**）　AB：OC＝(1＋2)：1＝3：1 であるから，AB を 1：2 に内分する点を D とすれば，

⏢OADC：△BCD＝(1＋1)：2＝1：1

となって，条件が満たされる．

⇦△BCD においては，上底，下底の一方が 0 と見なす(なお，OADC は正方形である)．

このとき，D の x 座標は 0 であるから，

D(0，2)

⇦D の y 座標は，
$-1\times(-2)\times 1=2$

（**３**）　題意のとき，図の網目の三角形同士は合同であるから，E の x 座標は，

$\dfrac{(-1)+0}{2}=-\dfrac{1}{2}$　∴　$\mathbf{E}\left(-\dfrac{1}{2},\ \dfrac{5}{2}\right)$

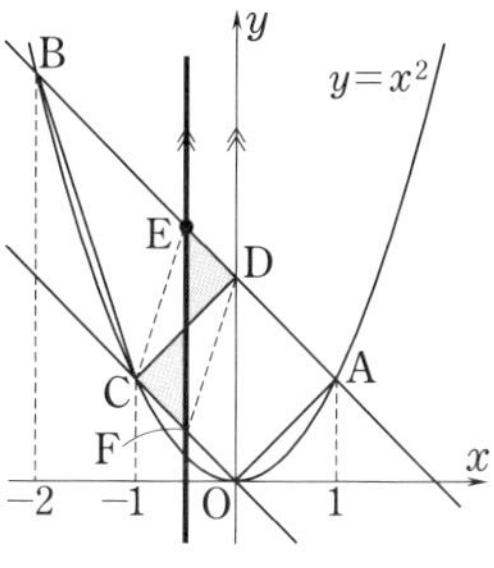

⇦AB // OC より，網目の三角形同士は相似だが，題意のとき面積が等しいから，合同になる．

⇦別解として，「CE // FD に着目する」，「⏢OAEF＝2 を直接とらえる」などがある．

➡**注**　E は AB の中点，F は OC の中点になっているので，EF は(当然！)OABC の面積を２等分します．

8　演習題 (p.129)

放物線 C：$y=x^2$ 上に２点 A，B があり，x 座標はそれぞれ 2，-4 である．また，この放物線 C 上で，直線 AB より下の部分に２点 P，Q があり，x 軸上に点 R(2，0)があって，△ABP，△ABQ，△ABR の面積がみな同じとなっている．２点 P，Q の x 座標をそれぞれ p，q としたとき，$p<q$ であるとして，次の問に答えなさい．

（１）　p，q の値をそれぞれ求めなさい．

（２）　四角形 ABPQ の面積を求めなさい．

（３）　直線 $y=mx$ が四角形 ABPQ の面積を２等分するように m の値を定めなさい．

（06　ラ・サール）

9　2つの四角形の2等分

右の図のように，放物線 $y=2x^2$ と，x 軸，y 軸に平行な辺をもつ2つの長方形ABCDとEFGHがあり，EF＝2AB，FG＝2BCである．また，頂点A，Dは辺FG上に，4点B，C，F，Gは放物線上にあり，点Cの x 座標は1である．2つの長方形を合わせた図形を K とするとき，次の問いに答えなさい．

（1）　Hの座標を求めなさい．

（2）　直線BHの方程式を求めなさい．

（3）　点Bを通り，K の面積を2等分する直線の方程式を求めなさい．

（07　愛光）

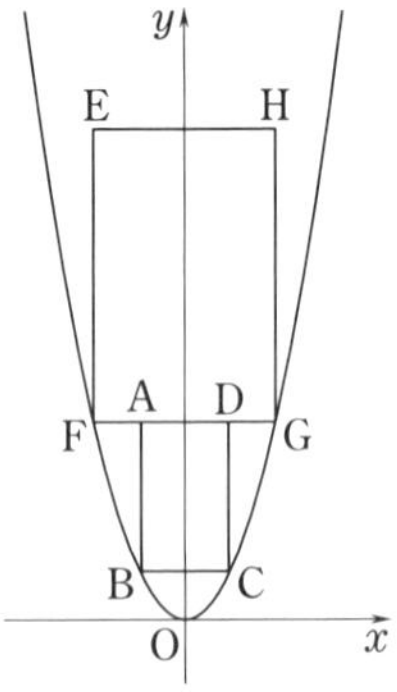

（3）‘（2）を利用して…’という流れ(☞注)なのかもしれませんが，以下のようにすると一瞬(!?)です．

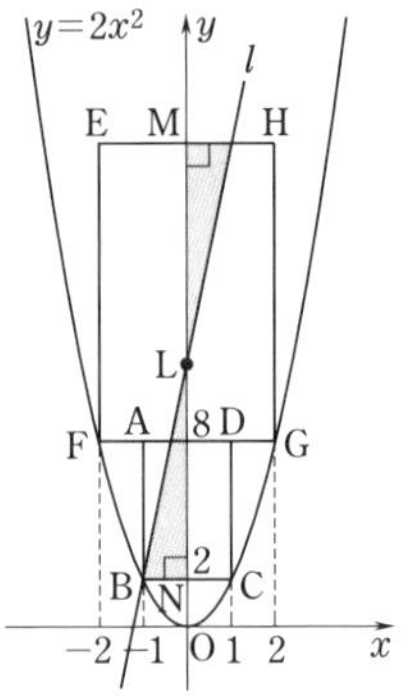

解　（1）　C(1，2)であり，FG＝2BCより，G(2，8)である．

よって，右図のようになり，

$$EF=2AB=2\times(8-2)=12$$

より，**H(2，20)** ……………………………①

（2）　B(−1，2) ……②　と①より，直線BHの傾きは，$\dfrac{20-2}{2+1}=6$ であるから，その式は，

$$y=6(x+1)+2 \quad \therefore \quad \boldsymbol{y=6x+8} \quad \cdots\cdots③$$

（3）　y 軸によって K は2等分されているから，題意の直線を l とすると，右上図で，網目部分の面積は等しく，それらは合同である．　⇦前問の（3）と同様．

よって，LはMNの中点で，その y 座標は，

$$\frac{2+20}{2}=11 \quad \therefore \quad L(0,\ 11)$$

これと②より，l の式は，$\boldsymbol{y=9x+11}$

➡注　K の面積は，$2\times6+4\times12=60$

一方，③より，右図の網目部分の面積は，

$2\times12\div2+(1+2)\times6\div2=21$

$\therefore$　$\triangle BHI=HI\times18\div2=30-21=9$

$\therefore$　$HI=1$　$\therefore$　I(1，20)　(以下略)

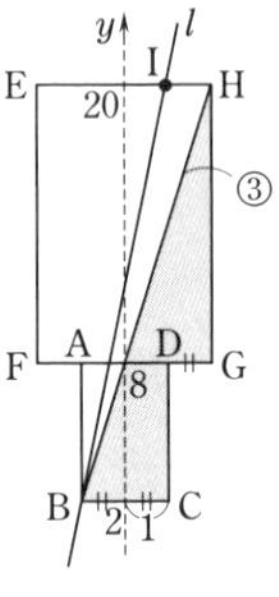

⇦③は，点(0，8)を通る．

9★ 演習題 (p.130)

放物線 $y=2x^2$ 上に2点A，Bがあり，Aの x 座標は正で，Bの x 座標はAの x 座標より1大きい．点A，Bから x 軸におろした垂線と x 軸との交点をそれぞれC，Dとし，点A，Bから y 軸におろした垂線と y 軸との交点をそれぞれE，Fとする．台形ABDCの面積を S，台形ABFEの面積を T とする．$T-S=24$ のとき，

（1）　点Aの x 座標を求めなさい．

（2）　直線 $y=mx$ が，2つの台形を合わせた図形FEACDBの面積を2等分するとき，m の値を求めなさい．

（08　早稲田実業）

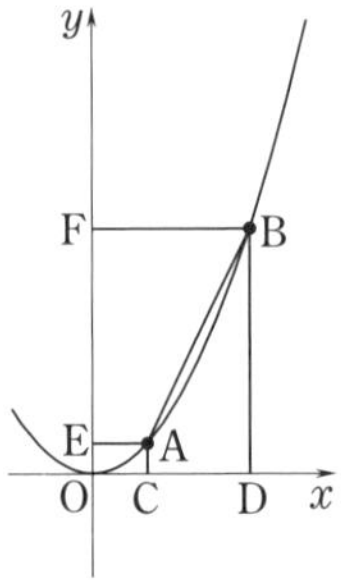

10　四角形の分割

図のように，2 直線 $y=2x+8$ …①，$y=-x+2$ …②　の交点 P を通る放物線 $y=ax^2$ があります．また，2 直線①，②と $y=ax^2$ の点 P 以外の交点をそれぞれ A，B とします．

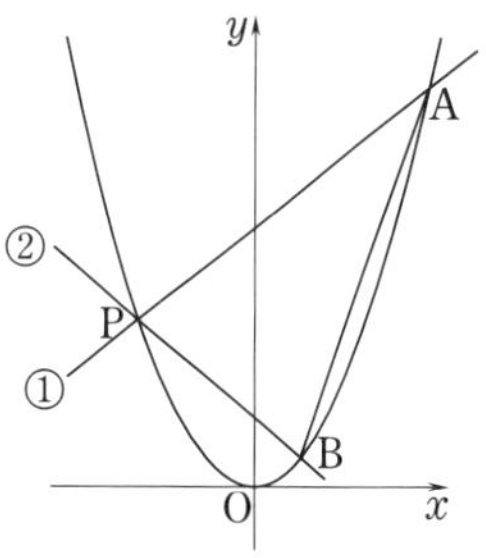

（1）　点 A，B の座標をそれぞれ求めなさい．

（2）　△APB が y 軸で分けられています．P がある方の図形を S，A と B がある方の図形を U とします．S と U の面積の比を最も簡単な整数の比で表しなさい．

（3）　y 軸上に点 Q をとり四角形 POBQ をつくります．直線 $y=8x$ がこの四角形の面積を 3 : 1 に分けているときの点 Q の座標を求めなさい．ただし，点 Q の y 座標は正とします．　（07　明治大付中野）

（3）　Q の y 座標によらず，△POQ と△BOQ の比は一定なので，そこから QR : RB，R の x 座標，y 座標が順に分かります．

⇦両方の底辺を OQ と見れば，面積比＝高さの比＝一定

⇦R は，$y=8x$ と BQ との交点．

解　（1）　①，②を連立して，P(−2，4)．これが $y=ax^2$ 上にあることから，$a=1$．このとき，A，B の x 座標をそれぞれ m，n とすると，$1\times(-2+m)=2$，$1\times(-2+n)=-1$

⇦①，②の傾きについての式(☞ p.106 の◎)．

∴　$m=4$，$n=1$　∴　**A(4，16)，B(1，1)**

（**2**）　右図のように C，D を定めると，

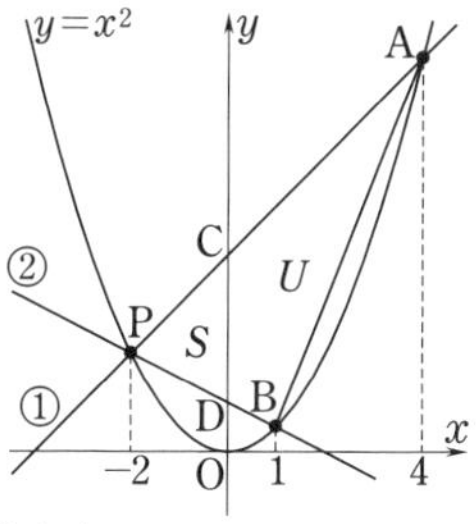

$$\frac{S}{S+U}=\frac{PC}{PA}\times\frac{PD}{PB}=\frac{2}{4+2}\times\frac{2}{1+2}=\frac{2}{9}$$

⇦〰〰については，☞ p.137.

∴　$S:U=2:(9-2)=\mathbf{2:7}$

（**3**）　▱POBQ において，

△POQ : △BOQ＝2 : 1＝8 : 4

よって，$y=8x$ …③　と BQ との交点を R とすると，図アのようになり，QR : QB＝1 : 4

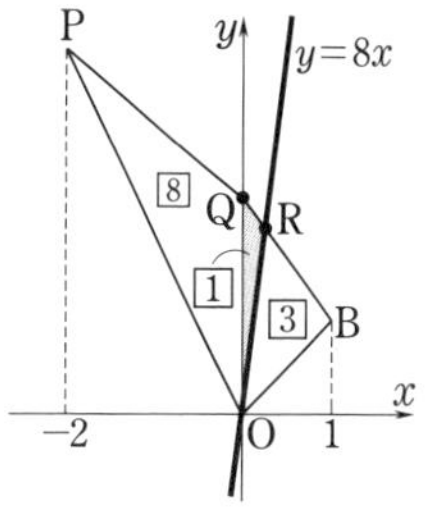

したがって，R の x 座標は 1/4 であり，R は③上にあるから，R(1/4，2)．このとき，Q(0，q)とすると，

$$\frac{1-2}{1-1/4}=\frac{1-q}{1-0}\quad \therefore\quad q=\frac{7}{3}\quad \therefore\quad \mathbf{Q\left(0,\ \frac{7}{3}\right)}$$

⇦BR の傾き＝BQ の傾き

10★ 演習題 (p.130)

2 つの放物線 $y=x^2$ …①，$y=-\frac{1}{2}x^2$ …②　がある．x 座標が 2 である放物線①上の点を A，その点 A と y 軸に関して対称である点を B とする．また，x 座標が −4 である放物線②上の点を C，その点 C と y 軸に関して対称である点を D とする．

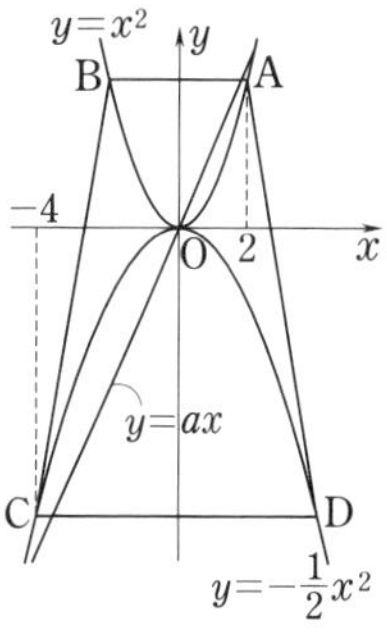

（1）　点 B の座標を求めなさい．

（2）　四角形 ABCD の面積を求めなさい．

（3）　直線 $y=ax$（a は正の数)が，四角形 ABCD の面積を 5 : 7 に分けるときの a の値を求めなさい．

（4）　x 軸に平行な直線 $y=k$（k は負の数)が，四角形 ABCD を上下 2 つに分けるとき，(上の四角形の面積) : (下の四角形の面積)＝16 : 11 となるような k の値を求めなさい．　（07　大谷）

11　座標軸上の点から等積変形

図のように点 A$(-1,\ 0)$を通り，傾きが正の直線 l が放物線 $y=x^2$ と 2 点 B，C で交わっていて，点 C の x 座標は 1 である．また，直線 m は直線 l に平行で，直線 l よりも上方にあり，動点 P はこの直線 m 上を動くものとする．

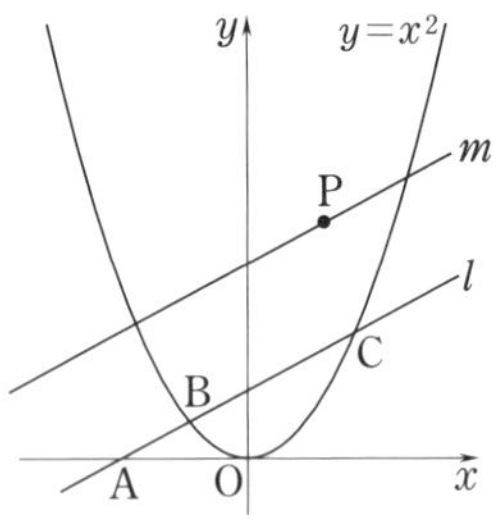

（1）　直線 l の式を求めなさい．

（2）　AB : BC の比を求めなさい．

（3）　△PBC の面積が 3 のとき，直線 m の式を求めなさい．

（4）　（3）のとき，△POC の面積が $\frac{17}{8}$ となるような点 P の x 座標をすべて求めなさい．

（04　国学院大久我山）

（3），（4）　どちらも，面積の条件を y 軸上の点でとらえ，そこから平行線を伸ばしましょう．

⬅**座標軸上の点は，面積を求めやすい**ので，まずそこで条件をとらえてから，平行線により‘等積変形’する――という流れは重要！

解　（1）　C$(1,\ 1)$であり，l は C と A$(-1,\ 0)$を通るから，その式は，$y=\frac{1}{1+1}(x+1)$　∴　$\boldsymbol{y=\frac{1}{2}x+\frac{1}{2}}$

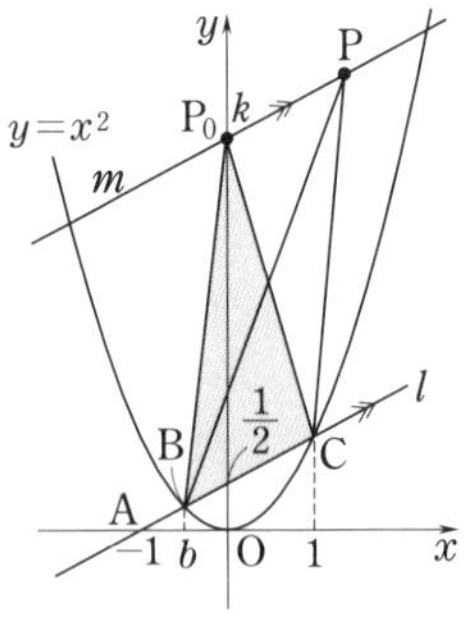

（2）　B の x 座標を b とすると，BC の傾きについて，

$1\times(b+1)=\frac{1}{2}$　∴　$b=-\frac{1}{2}$

∴　AB : BC

$=\left(-\frac{1}{2}+1\right):\left(1+\frac{1}{2}\right)=\boldsymbol{1:3}$

（3）　$l /\!/ m$ より，右図で，

△PBC＝△P_0BC$=\frac{1}{2}\times\left(k-\frac{1}{2}\right)\times\left(1+\frac{1}{2}\right)=3$

∴　$k=\frac{9}{2}$　∴　$m\cdots\boldsymbol{y=\frac{1}{2}x+\frac{9}{2}}$　……………………①

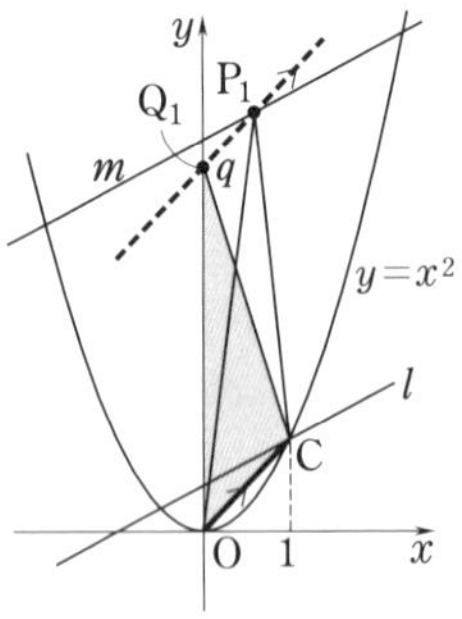

（4）　y 軸上の点 $\text{Q}_1(0,\ q)$　$(q>0)$に対して，△Q_1OC$=\frac{q\times1}{2}=\frac{17}{8}$ より，$q=\frac{17}{4}$

Q_1 を通り，OC に平行な直線 $y=x+\frac{17}{4}$ と①との交点 P_1 の x 座標は，$\boldsymbol{x=\frac{1}{2}}$

同様に，点 $\text{Q}_2\left(0,\ -\frac{17}{4}\right)$ に対して，

⇦y 軸上の点 Q で，△QOC＝17/8 を満たす点は，もう 1 つあることに注意．

△Q_2OC$=\frac{17}{8}$ となるから，Q_2 を通り，OC に平行な直線 $y=x-\frac{17}{4}$ と①との交点 P_2 の x 座標は，$\boldsymbol{x=\frac{35}{2}}$

11★ 演習題 (p.131)

右の図のように，放物線 $y=\frac{1}{2}x^2$ 上に x 座標がそれぞれ -4，2，4 である点 A，B，C がある．

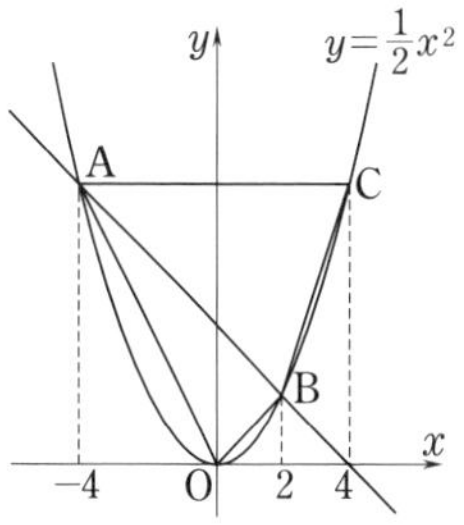

（1） 直線 AB の式を求めなさい．

（2） 点 B を通り，四角形 AOBC の面積を 2 等分する直線の式を求めなさい．

（3） 放物線 $y=\frac{1}{2}x^2$ 上に点 $\mathrm{P}\left(t,\ \frac{1}{2}t^2\right)$ をとる．三角形 PBC の面積が四角形 AOBC の面積と等しくなるとき，t の値を求めなさい(ただし，$t<-4$)．

（09　市川）

［ミニ講座 1］ ‘放’べきの定理

例えば，放物線 $y=2x^2$ と 2 直線

$y=-x+6$

$y=3x+2$

の交点は，右図の A～E のようになります(カッコ内の数値は x 座標)．そして，この 5 点から x 軸に下ろした垂線の足を A′～E′とすると，

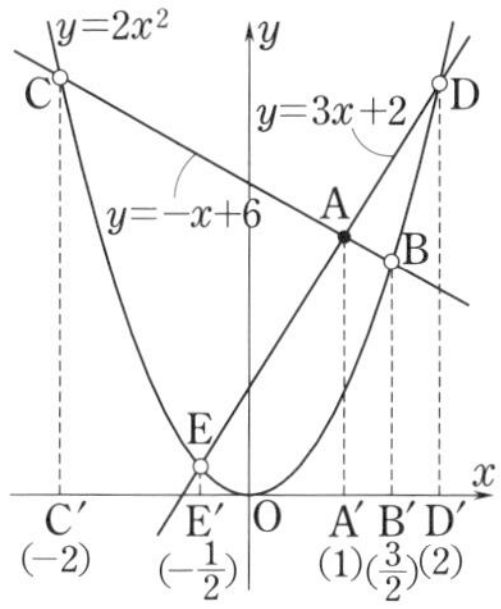

$$\mathrm{A'B'}\times\mathrm{A'C'}=\left(\frac{3}{2}-1\right)\times(1+2)=\frac{3}{2}$$

$$\mathrm{A'D'}\times\mathrm{A'E'}=(2-1)\times\left(1+\frac{1}{2}\right)=\frac{3}{2}$$

なので，**$\mathrm{A'B'}\times\mathrm{A'C'}=\mathrm{A'D'}\times\mathrm{A'E'}$** ……◎ が成り立っています．実は，この◎式は，

一般の放物線と 2 直線について成り立つ

のです！(証明は，☞ 増刊号『日日のハイレベル演習』p.171)．

これはちょうど，円における“方べきの定理…Ⓐ”(右図で，**AB×AC＝AD×AF** が成り立つ(☞p.137))と似ているので，本誌では“放べきの定理…Ⓑ”と呼ぶこともあります(正式の用語ではありません)．そして，Ⓐと同様に，Ⓑにおいても，**2 直線の交点 A が放物線の外側にあっても，やはり◎式が成り立ちます**(その具体例は，☞ 次ページ)．

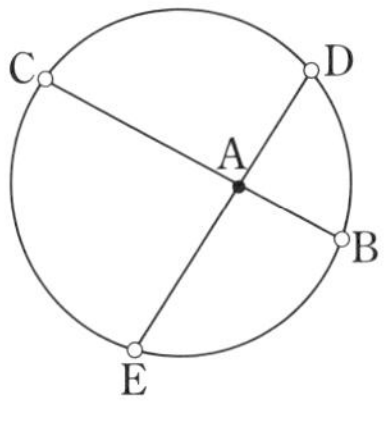

＊　　　＊

ここでは，このⒷの応用例として，p.131 の演習題 **12** 番の研究の事項を証明してみることにします．

『P′A′～P′D′＝a～d とおくと，Ⓑより，

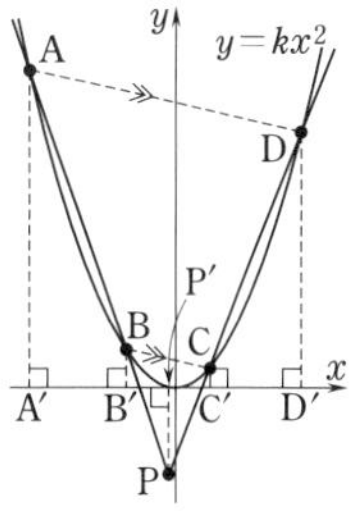

$c\times d=b\times a$ ……①

一方，AD // BC により，

PC：PD＝PB：PA

∴ $c:d=b:a$

∴ $d\times b=c\times a$ ……②

①より，$d=\dfrac{ab}{c}$　これを②に代入すると，

$\dfrac{ab}{c}\times b=ca$　∴　$b^2=c^2$　∴　$\boldsymbol{b=c}$

これと①より，$\boldsymbol{a=d}$ (証明終わり)』

他にも，このⒷによって見通し良く解ける問題は少なくありません．ただし，このⒷは‘誰もが知っている定理’とは言えませんから，記述式の答案などで持ち出すのは控えた方が無難です．答えだけを導く or 検算用として重宝する‘秘密兵器’としておきましょう．

12 ‘放’べきの定理

右の図のように，放物線 $y=x^2$ 上に 2 点 P，Q，x 軸上に R があり，P，Q，R の x 座標はそれぞれ -2，6，$-\dfrac{6}{5}$ となりました．さらに，直線 PR と放物線の交点のうち P 以外の点を S，直線 QR と放物線の交点のうち Q 以外の点を T とします．ただし，原点は O とします．

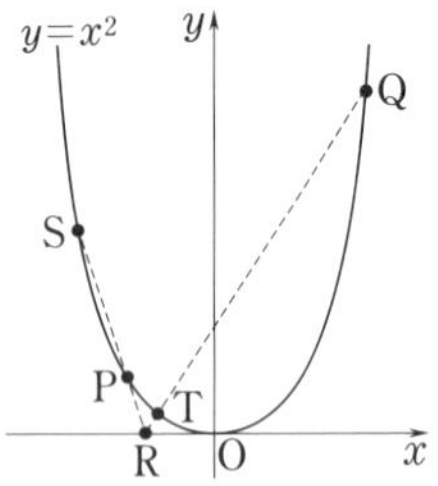

（1） 直線 PR の式を求めなさい．
（2） 点 S の座標を求めなさい．
（3） △PQS の面積を求めなさい．
（4） 四角形 QTPS の面積を求めなさい．

（09　甲子園学院）

（4）（3）と同様にして△PQT の面積を求めてもよいのですが，比を利用してみます．

解　（1） P$(-2,\ 4)$，R$\left(-\dfrac{6}{5},\ 0\right)$ より，直線 PR の傾きは，

$\dfrac{4}{-2+6/5}=-5$ …① よって，その式は，$\boldsymbol{y=-5x-6}$

⇦ $y=-5\left(x+\dfrac{6}{5}\right)$

（2） S の x 座標を s とすると，

$1\times(-2+s)=$①

⇦（PS の傾き）＝（PR の傾き）

∴ $s=-3$ ∴ **S$(-3,\ 9)$**

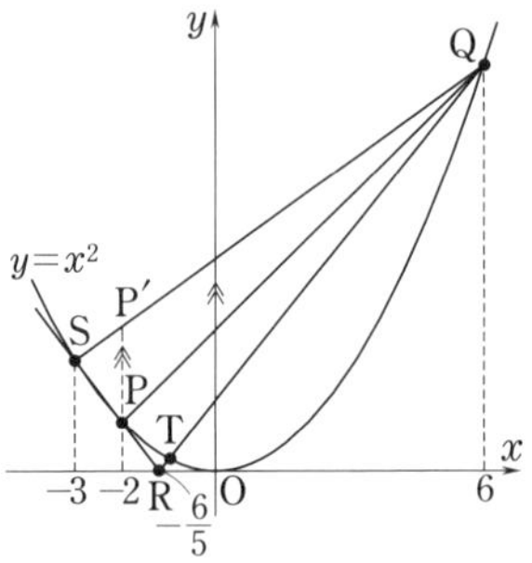

（3） 直線 QS の式は，$y=3x+18$

よって，右図の P′の y 座標は，$y=12$

⇦ $3\times(-2)+18=12$

∴ $\triangle\text{PQS}=\dfrac{\text{PP}'\times(6+3)}{2}=\boldsymbol{36}$ …②

⇦ $\text{PP}'=12-4=8$

（4） T の x 座標を t とすると，

QR // QT より，$\dfrac{36}{6+6/5}=1\times(6+t)$ ∴ $t=-1$ ∴ **T$(-1,\ 1)$**

このとき，$\dfrac{\triangle\text{PQT}}{\triangle\text{PQS}}=\dfrac{\triangle\text{PQR}}{\triangle\text{PQS}}\times\dfrac{\triangle\text{PQT}}{\triangle\text{PQR}}=\dfrac{\text{PR}}{\text{PS}}\times\dfrac{\text{QT}}{\text{QR}}$

$=\dfrac{4}{9-4}\times\dfrac{36-1}{36}=\dfrac{4}{5}\times\dfrac{35}{36}=\dfrac{7}{9}$

∴ $\square\text{QTPS}=$②$\times\dfrac{9+7}{9}=36\times\dfrac{16}{9}=\boldsymbol{64}$

⇦ △PQS，△PQT との比を求め易い△PQR を仲介にする．
（〰〰は，y 座標の差の比）

研究　前ページのⒷにより，
P～T の x 座標を p～t とおくと，
$(\boldsymbol{r}-\boldsymbol{p})\times(\boldsymbol{r}-\boldsymbol{s})$
$=(\boldsymbol{t}-\boldsymbol{r})\times(\boldsymbol{q}-\boldsymbol{r})$
が成り立つ．

12 演習題 (p.131)

点 P$(2,\ 0)$を通る 2 本の直線が放物線 $y=x^2$ と図のように 4 点 A，B，C，D で交わっており，直線 AB の傾きは -1 で，AD // BC である．

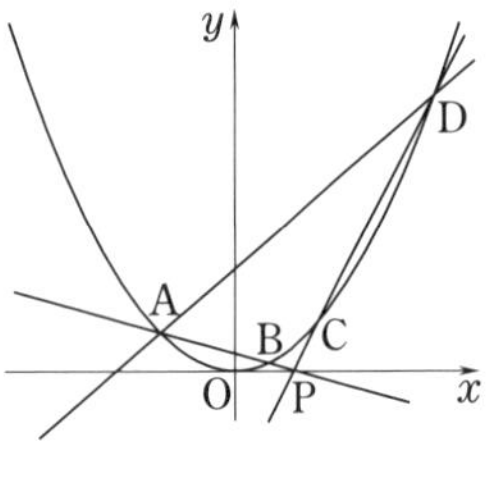

（1） 2 点 A，B の座標を求めなさい．
（2） PC : PD を求めなさい．
（3） 2 点 C，D の座標を求めなさい．
（4） 台形 ABCD の面積を求めなさい．

（05　昭和学院秀英）

13 放物線の有名性質

放物線 $y=3x^2$ 上に 2 点 A$(-1,\ 3)$，B$(2,\ 12)$をとる．点 A を通って傾き -6 の直線を l，点 B を通って傾き 12 の直線を m とし，l と m の交点を P とする．点 P を通って y 軸に平行な直線と放物線 $y=3x^2$ との交点を Q とする．

（1） 点 P の座標を求めなさい．

（2） △PAB の面積を求めなさい．

（3） △QAB の面積を求めなさい．（08 大阪教大付平野）

l，m は放物線の接線ですが，それに気付かなくても，解くのに支障はありません．

⇦ $3x^2=$①，$3x^2=$②が共に重解をもつことから分かる．

解 （1） l の式は，$y=-6(x+1)+3$ ∴ $y=-6x-3$ …①

m の式は，$y=12(x-2)+12$ ∴ $y=12x-12$ ……………②

これらを連立して，$\mathbf{P}\left(\dfrac{1}{2},\ -6\right)$

⇦ P の x 座標は，AB の中点の x 座標と等しくなる(☞研究)．

（2） P を通って y 軸に平行な直線と直線 AB との交点を R とする(下図)．直線 AB の式は，$y=3x+6$ であるから，R の y 座標は，

$$y=3\times\frac{1}{2}+6=\frac{15}{2}$$

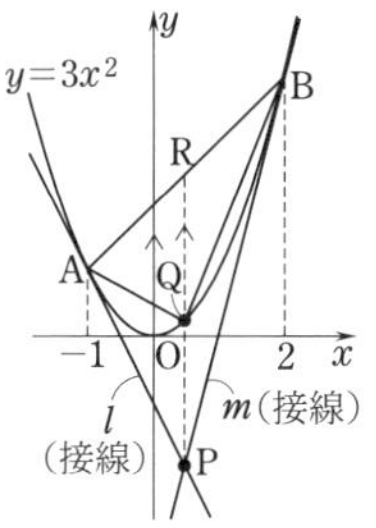

$$∴\quad △PAB=\frac{1}{2}\times\left(\frac{15}{2}+6\right)\times(2+1)=\mathbf{\frac{81}{4}}$$

（3） Q の y 座標は，$y=3\times\left(\dfrac{1}{2}\right)^2=\dfrac{3}{4}$

$$∴\quad △QAB=\frac{1}{2}\times\left(\frac{15}{2}-\frac{3}{4}\right)\times(2+1)=\mathbf{\frac{81}{8}}$$

⇦これから，

$$\frac{15}{2}-\frac{3}{4}=\frac{3}{4}-(-6)$$

すなわち，RQ＝QP が分かり，

△QAB＝△PAB÷2

が導かれる．

■研究 一般に，放物線 $y=kx^2$ 上の 2 点 A，B について，本問と同様に l，m(共に接線)，P〜R を定めると，

PQ＝QR，AR＝RB などが成り立ちます(このように放物線には様々な‘有名性質’がある．これらについては主に高校で学ぶが，本問のようにそれをネタにした高校入試問題も少なくない)．

⇦演習題の研究(☞ p.132)も参照．

13 演習題 (p.131)

右図で，点 O は原点，点 A の座標は$(0,\ 1)$であり，曲線 l は関数 $y=\dfrac{1}{4}x^2$ のグラフを表している．

点 P は曲線 l 上にある点で，点 P の x 座標は正の数である．点 A と点 P を結ぶ．

また，点 P から x 軸にひいた垂線と x 軸との交点を Q，直線 PQ 上にあり，y 座標が -1 である点を R，点 A と点 R を結んだ線分 AR と x 軸との交点を S とし，点 P と点 S を結ぶ．点 S の x 座標を t とする．

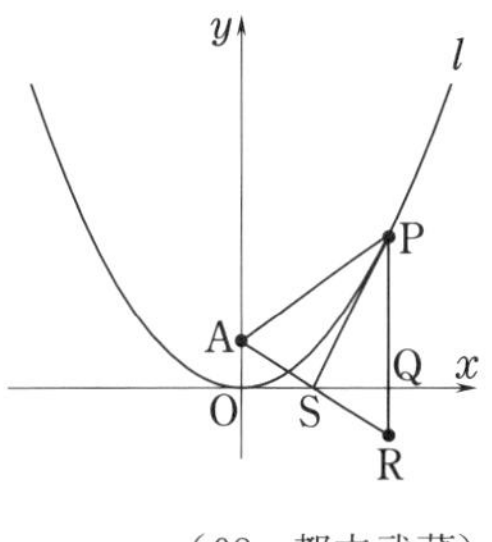

（1） 直線 SP の傾きを t を用いた式で表しなさい．

（2） △PAR は二等辺三角形であることを証明しなさい．

（3） △PAR が正三角形になるとき，点 P の座標を求めなさい．（08 都立武蔵）

14　回転体の体積

右の図のように，関数 $y=x^2$ のグラフと直線 l との交点を，それぞれ，P，Q とし，直線 l と y 軸との交点を R とする．また，点 P の y 座標は 16 で，△OPR と△OQR の面積比は 4：3 とする．

（1）　2 点 P，Q の座標を求めなさい．また，直線 l の式を求めなさい．

（2）　線分 PQ の長さを求めなさい．

（3）　原点 O から直線 l に垂線をひき，直線 l との交点を H とするとき，OH の長さを求めなさい．

（4）　△OPQ を，直線 l を軸として 1 回転させてできる立体の体積を求めなさい．

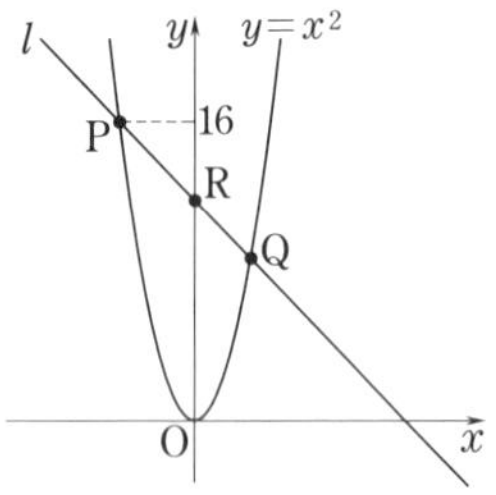

（08　福井県）

（4）　‘斜め’の回転ですが，（1）～（3）とお膳立てされているので，問題ないでしょう．

⇦座標平面での回転体の求積で，やや面倒なのは，次の 2 タイプ．
㋐回転軸が‘斜め’の場合（本問）
㋑回転する図形が回転軸の両側にまたがっている場合（演習題）

解　（1）　**P(−4，16)**であり，これと，

△OPR：△OQR＝PR：RQ＝4：3

より，**Q(3，9)**

また，直線 l の式は，$\boldsymbol{y=-x+12}$

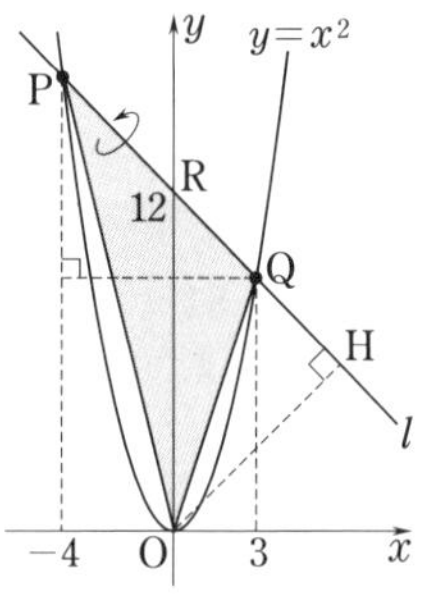

（2）　$PQ=(3+4)\times\sqrt{2}=\boldsymbol{7\sqrt{2}}$ ………①

⇦傾きが±1 の線分の長さは，
$(x$ 座標の差$)\times\sqrt{2}$
で求められる（☞p.104）．

（3）　△OPQ の面積の 2 倍について，

$OR\times(3+4)=PQ\times OH$

$\therefore\ OH=\dfrac{12\times7}{①}=\boldsymbol{6\sqrt{2}}$ ……………②

⬅**垂線の長さは，面積（or 体積）を経由して求める**ことが多い．

（4）　求める立体の体積は，

$\dfrac{\pi\times②^2\times PH}{3}-\dfrac{\pi\times②^2\times QH}{3}=\dfrac{\pi\times②^2\times(PH-QH)}{3}$

$=\dfrac{\pi\times②^2\times①}{3}=\dfrac{\pi\times(6\sqrt{2})^2\times7\sqrt{2}}{3}=\boldsymbol{168\sqrt{2}\,\pi}$

➡**注**　p.107 の◎式を踏まえて，初めから〰〰式を持ち出しても，もちろん構いません．

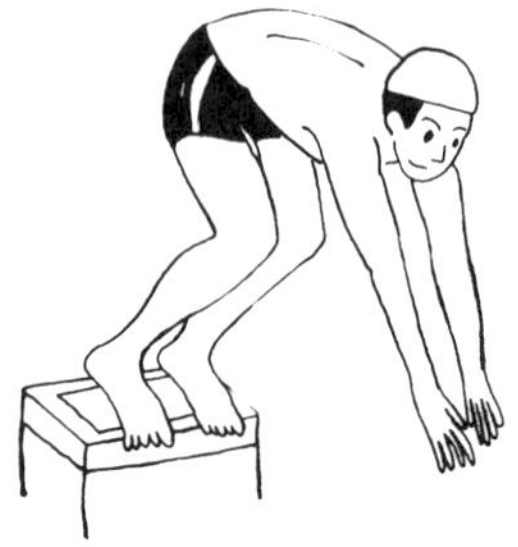

14　演習題（p.132）

原点を O とする．放物線 $y=x^2$ と直線 $y=2x+3$ との交点を P，Q とする．ただし，点 P の x 座標よりも点 Q の x 座標の方が大きいとする．

（1）　点 P，点 Q の座標をそれぞれ求めなさい．

（2）　△OPQ の面積を求めなさい．

（3）　△OPQ を x 軸のまわりに一回転させたときに △OPQ が通ったあとにできる立体の体積を求めなさい．

（4）　△OPQ を y 軸のまわりに一回転させたときに △OPQ が通ったあとにできる立体の体積を求めなさい．

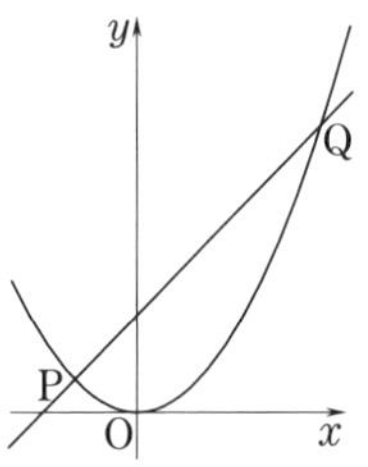

（08　早大学院）

15 線分比の条件

右の図のように，2つの曲線 $y=ax^2$ $(a>0)$ と $y=-\frac{1}{2}x^2$ がある．これらに，直線 $y=4x+6$ がそれぞれ，点P，Qと点R，Sで交わっている．

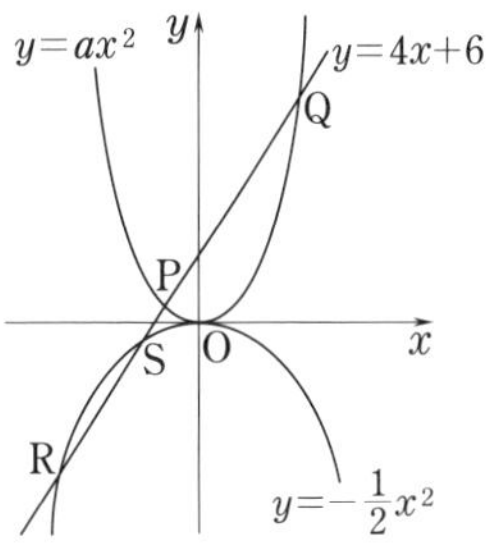

（1） R，Sの座標を求めなさい．

（2） RS：SQ=1：2のとき，a の値とP，Qの座標を求めなさい．

（3） （2）のとき，△RSTの面積が48になるように y 軸上に点Tをとった．Tの座標を2つ求めなさい． （09 東京都市大付）

（3）の問題文の「（2）のとき」はなくてもよいのでは…と思うかもしれませんが，実はこれが(大)ヒントになっているのです！

⇦何気なく（？）与えられている(線分比などの)条件が，実は大きく利いてくる場合がある．問題文の条件には，常に細心の注意を払おう．

解 （1） R，Sの x 座標は，$-\frac{1}{2}x^2=4x+6$

∴ $x^2+8x+12=0$ ∴ $(x+6)(x+2)=0$ ∴ $x=-6,\ -2$

∴ **R(−6，−18)**，**S(−2，−2)**

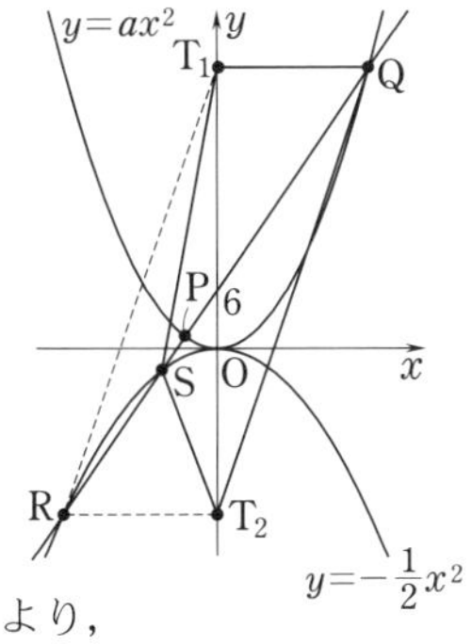

（2） Q$(q,\ 4q+6)$とすると，

⇦Qは，$y=4x+6$ 上の点．

RS：SQ$=(-2+6):(q+2)=1:2$

より，$q=6$ ∴ **Q(6，30)**

このとき，$30=a\times6^2$ ∴ $\boldsymbol{a=\frac{5}{6}}$

⇦Qは，$y=ax^2$ 上の点でもある．

また，Pの x 座標を p とすると，

$\frac{5}{6}\times(p+6)=4$ より，$\mathbf{P}\left(-\frac{6}{5},\ \frac{6}{5}\right)$

⇦PQの傾きについての式．これを解くと，$p=-\frac{6}{5}$ になる．

（3） （2）のとき，△RST：△SQT=1：2より，

△SQT=48×2=96　T$(0,\ t)$とすると，$t>6$ のとき，

⇦Tが図の T_1 のとき．

$\triangle SQT=\frac{(t-6)\times(6+2)}{2}=96$ ∴ $t-6=24$ ∴ $t=30$

⬅△RSTは立式しにくいのに，△SQTならこのように簡単！(U(0，6)として，
△RST=△RUT−△SUT
として処理することもできる.)

$t<6$ のときは，$6-t=24$ より，$t=-18$

よって答えは，T_1**(0，30)**，T_2**(0，−18)**

➡**注** RT_2 // x 軸，QT_1 // x 軸になっているので，T_2(or T_1)の座標を‘見つける’ことも可能かもしれません…

⇦RT_2QT_1 は平行四辺形．

15 演習題 (p.132)

図のように，関数 $y=2x^2$ のグラフ上に2点A，Bがあり，この2点A，Bを通る直線が y 軸と点Pで交わっている．点Aの x 座標は−1で，点Pの y 座標は4であり，四角形AOBCは平行四辺形である．

（1） 直線ABの式を求めなさい．

（2） 点Bの座標を求めなさい．

（3） 平行四辺形AOBCの面積を求めなさい．

（4） 平行四辺形の辺ACと y 軸との交点をDとし，点Dを通る直線でこの平行四辺形を大小2つの図形に分ける．このとき，2つの図形の面積の比が7：1となるような直線は2本ある．これらの直線の式を求めなさい．

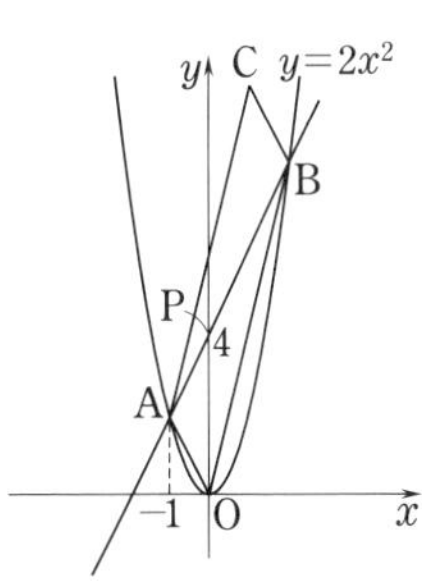

（08 清風）

16　放物線の相似

図のように2つの放物線 $\begin{cases} y=2x^2 \cdots ① \\ y=x^2 \quad \cdots ② \end{cases}$ があります．②上の2点A$(-1,\ 1)$，D$(2,\ 4)$とOを結ぶ直線と，①との交点をそれぞれB，Cとします．

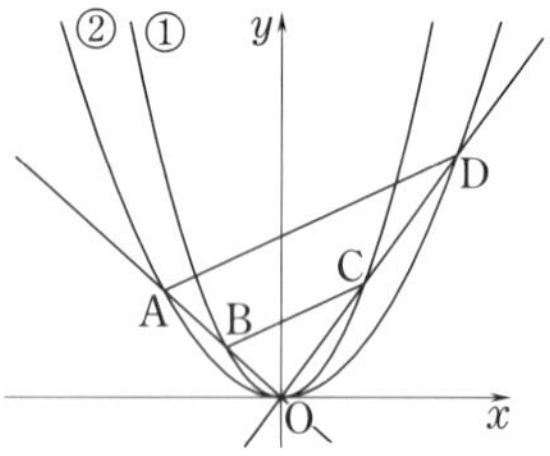

（1）　AD：BCを最も簡単な整数の比で表しなさい．

（2）　△OBCと四角形ABCDの面積比を最も簡単な整数の比で表しなさい．

（3）　Oを通って，四角形ABCDの面積を2等分する直線の方程式を求めなさい．

（09　鎌倉学園）

「放物線はすべて相似」がテーマです．このことから，「BC∥AD，△OBC∽△OAD」となり，さらに（3）の‘台形の面積2等分’も，例題**8**（☞p.115）よりずっと容易にケリがつきます．

⇦「上底＋下底」の比…の定石を使わなくて済む．

解　（**1**）　OA，ODの式はそれぞれ，$y=-x$，$y=2x$ であるから，B，Cの x 座標はそれぞれ，$2x^2=-x$，$2x^2=2x$ より，

$$x=-\frac{1}{2},\ 1$$

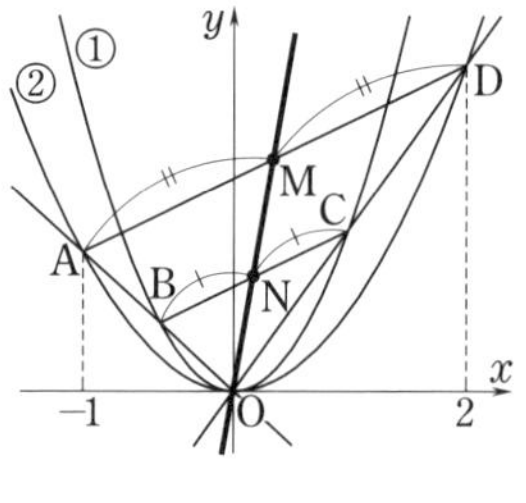

このとき，AD，BCの傾きはそれぞれ，

$$1\times(-1+2)=1,\ 2\times\left(-\frac{1}{2}+1\right)=1$$

よって，AD∥BC

$$\therefore\ \ \text{AD}:\text{BC}=(2+1):\left(1+\frac{1}{2}\right)=\mathbf{2:1}$$

⬅一般に，放物線 $y=ax^2\cdots$㋐，$y=bx^2\cdots$㋑ と $y=mx$ との交点をそれぞれP，Qとすると，m によらず，

OP：OQ$=|\boldsymbol{b}|:|\boldsymbol{a}|$ …㋒

が成り立つ．すなわち，

㋐と㋑は，Oを中心として相似の位置にあり，相似比は㋒

（☞p.106）

（**2**）　（1）より，△OBC∽△OAD……③　であり，相似比は1：2であるから，△OBC：□ABCD$=1^2:(2^2-1^2)=\mathbf{1:3}$

（**3**）　AD，BCの中点をそれぞれM，Nとすると，③より，O，N，Mは一直線上に並ぶ（＊）から，直線OMの式を求めればよい．

M$\left(\frac{1}{2},\ \frac{5}{2}\right)$ より，答えは，$\boldsymbol{y=5x}$

⬅上のことから，△OBCと△OADもOを中心として相似の位置にあり，N，Mはそれらの対応する点（ともに，底辺の中点）だから，（＊）が言える．

16　演習題（p.133）

$a<0$，$k>1$ とする．

右図は $y=x^2$（$x\geqq0$），$y=ax^2$（$x\leqq0$），$y=x$，$y=kx$ のグラフをすべてかいたものであり，交点A，B，C，Dを図のように定める．OA：OB＝1：2であるとき，次の問いに答えなさい．

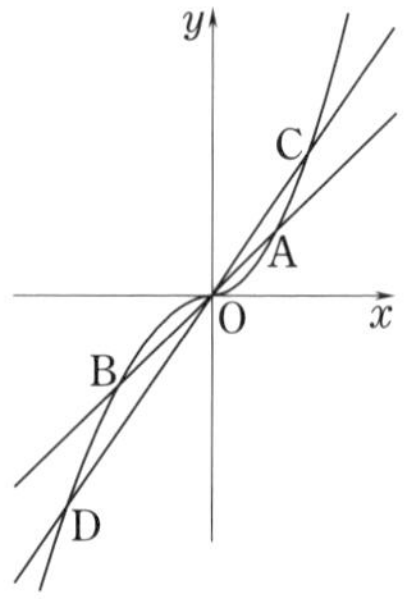

（1）　a の値を求めなさい．

（2）　△OACと△OBDの面積の比を求めなさい．

（3）　四角形ACBDの面積が5となるときの k の値を求めなさい．

（07　灘）

17　2つの放物線を切る

図のように，$y=\frac{1}{3}x^2$ 上に点A(3, 3)がある．点Bは y 軸上の点とし，直線ABと $y=x^2$ の交点をC，Dとする．ただし，(点Cの x 座標)＞(点Dの x 座標)とする．また，点Eは直線ABと $y=\frac{1}{3}x^2$ の交点でA以外の点とする．点BをAB＝BDとなるようにとる．

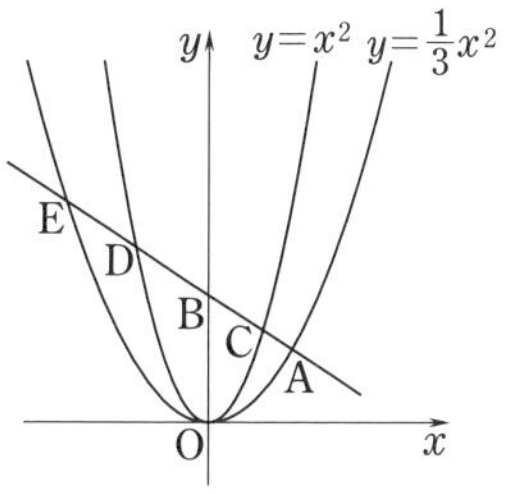

（1）　点Dの座標を求めなさい．
（2）　点Eの座標を求めなさい．
（3）　AE：CDを求めなさい．

（08　常総学院）

（1）により，直線ADの式が分かります．

解　**（1）**　C～Eの x 座標を c～e とする．

AB＝BDより，$d=-3$

∴　**D(−3, 9)**

（2）　（1）より，直線ADの傾きは，

$$\frac{3-9}{3+3}=-1$$

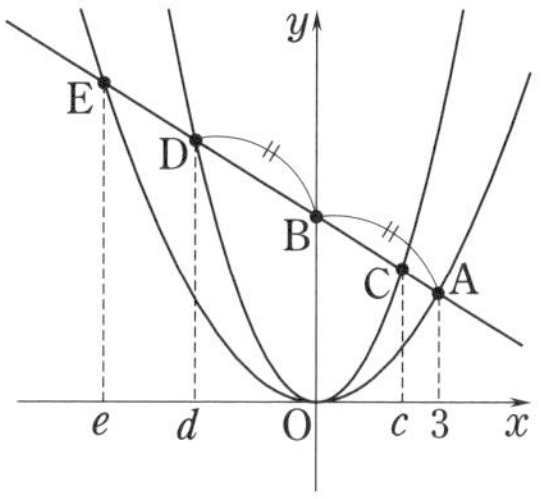

このとき，$\frac{1}{3}\times(e+3)=-1$ …①

⇦①，②は，直線ADの傾きについての式(☞p.106の◎)．

∴　$e=-6$　∴　**E(−6, 12)**

（3）　同様に，$1\times(d+c)=-1$ …②　より，$c=2$

∴　AE：CD＝$(3-e)$：$(c-d)$＝**9：5**

■**研究**　本問では，AC：CB：BD：DE＝1：2：3：3

となっているので，$\frac{CB}{BE}=\frac{AC}{DE}=\frac{1}{3}$ です．

一般に，本問と同様に，1つの直線が2つの放物線を切っているような図形において，**AB＝BDのとき，$\frac{CB}{BE}=\frac{AC}{DE}$** が成り立ちます．

17★ 演習題 (p.133)

図において，放物線①は $y=\frac{1}{2}x^2$，放物線②は $y=x^2$，直線③は $y=-x+b$ である．

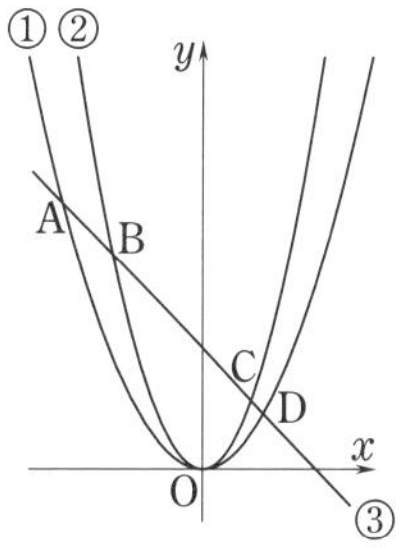

（1）　$b=12$ のとき，点Cの座標，およびABの長さを求めなさい．
（2）　CD＝$8\sqrt{2}$ のとき，b の値を求めなさい．

（09　成蹊）

関数(1) 演習題の解答

1 三角形の面積2等分問題は，大別して，

Ⅰ **直線が定点を通る**タイプ

Ⅱ **直線が平行に移動する**タイプ

の2つがあります(例題はⅠ，本問はⅡ).

解 (1) 右図の網目の三角形は相似で，相似比は，

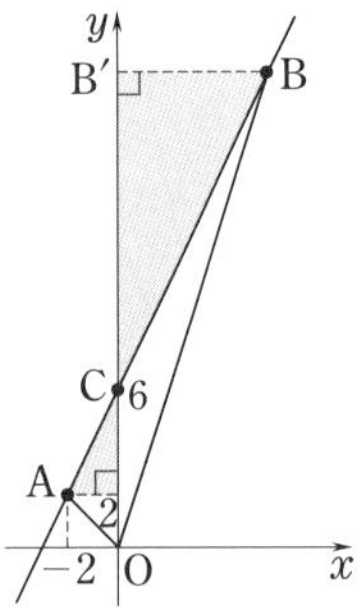

AC : CB＝1 : 3

よって，BB′＝2×3＝6,

B′C＝(6−2)×3＝12

∴ B(6, 12＋6)

∴ **B(6, 18)**

(2) ACの傾きは，2であるから，直線ABの式は，

$\boldsymbol{y=2x+6}$

(3) $\triangle OAB=\dfrac{OC\times(6+2)}{2}=\mathbf{24}$

(4) l とOB，ABの交点をそれぞれD，Eとすると，

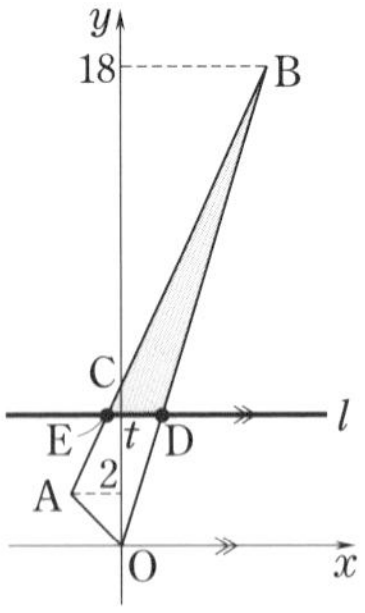

$$\frac{\triangle BDE}{\triangle BOA}=\frac{BD}{BO}\times\frac{BE}{BA}$$

$$=\frac{18-t}{18}\times\frac{18-t}{16}=\frac{1}{2}$$

∴ $(18-t)^2=144$

$18-t>0$ より，

$18-t=12$

∴ $\boldsymbol{t=6}$ ………①

➡注 ①より，l はCを通ることが分かります.

2 (1) △BCEと△ADEを直接比べるよりも，**同じ図形を加えてしまう**方が明快です.

(3) こちらも，**同じ図形を加える**ことによって，平行線が現れます.

解 (1) △BCEと△ADEの双方に□OAECを加えても差は変わらないから，

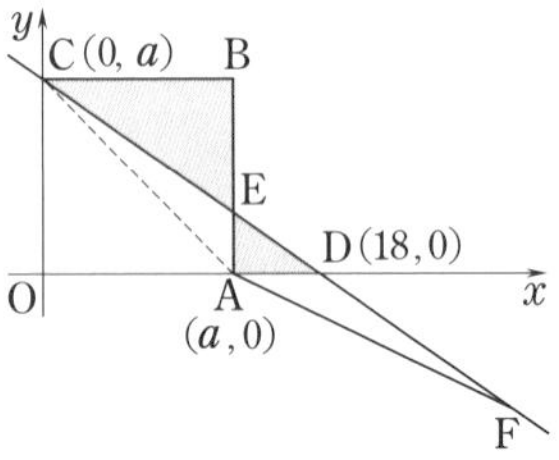

□OABC

−△ODC＝36

∴ $a^2-\dfrac{18\times a}{2}=36$

∴ $a^2-9a-36=0$ ∴ $(a-12)(a+3)=0$

$a>0$ より，$\boldsymbol{a=12}$

別解 網目部分を直接比べると…

『$\dfrac{BE}{CB}=\dfrac{AE}{DA}=\dfrac{OC}{DO}=\dfrac{a}{18}$ であるから，

$\triangle BCE=\dfrac{1}{2}\times a\times\dfrac{a^2}{18}=\dfrac{a^3}{36}$

$\triangle ADE=\dfrac{1}{2}\times(18-a)\times\dfrac{a(18-a)}{18}$

$=\dfrac{a(18-a)^2}{36}$

△BCE−△ADE＝36 を整理して，

$a^2-9a-36=0$ (以下略)』

(2) 直線CDの式は，

$y=-\dfrac{12}{18}x+12$ ∴ $\boldsymbol{y=-\dfrac{2}{3}x+12}$ …①

(3) △AEF＝△BCEのとき，双方に△AECを加えると，

△AFC＝△ABC ∴ BF∥CA

よって，直線BFの式は，

$y=-(x-12)+12$ ∴ $y=-x+24$ …②

①と②を連立して，**F(36, −12)**

別解 △AEF＝△BCE＝△ADE＋36

より，△ADF＝36 ……………………………③

よって，Fの y 座標を $-f$ ($f>0$)とする(＊)と，

$③=\dfrac{1}{2}\times(18-12)\times f$ ∴ $f=12$

これと①より，**F(36, −12)**

➡注 別解中の(＊)については，例題**7**の注を参照(☞p.114).

3 $\triangle OA_1A_2$ の条件から，平行線(等積変形)を思い浮かべましょう．また，'規則性'をうまくつかんでいきましょう．

解 (**1**) $\triangle OA_1A_2=\triangle OA_1B_1=S_1$ より，

$B_1A_2 /\!/ OA_1$

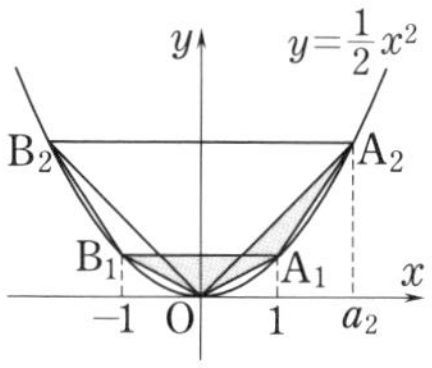

よって，A_2 の x 座標を a_2 とすると，

$\frac{1}{2}(-1+a_2)=\frac{1}{2}(0+1)$

∴ $a_2=2$ ∴ $\mathbf{A_2(2,\ 2)}$

(**2**) A_{20} の x 座標が a のとき，B_{20} の x 座標は $-a$．また，A_{21} の x 座標を a_{21} とすると，(1)と同様に $B_{20}A_{21} /\!/ OA_{20}$ であるから，

$\frac{1}{2}(-a+a_{21})=\frac{1}{2}(0+a)$ ∴ $a_{21}=2a$

∴ $\mathbf{A_{21}(2a,\ 2a^2)}$

(**3**) (2)と同様に，A_3，A_4，A_5 の x 座標は，順に，$2\times2=4$，$4\times2=8$，$8\times2=16$

∴ $A_5(16,\ 128)$，$B_5(-16,\ 128)$

∴ $S_5=\triangle OA_5B_5=\frac{(16+16)\times128}{2}=\mathbf{2048}$

(**4**) 右図の点 P の x 座標を p とすると，共通部分の面積について，

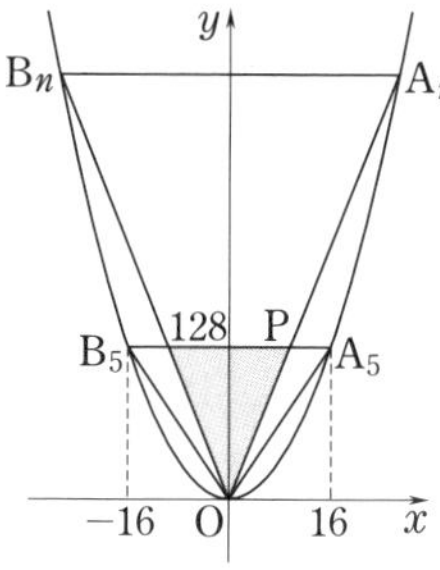

$\frac{2p\times128}{2}=32$

∴ $p=\frac{1}{4}$

ところで，A_n の x 座標は，(3)と同様にして，2^{n-1} であるから，(OP の傾き)=(OA_n の傾き)より，

$\frac{128}{1/4}=\frac{1}{2}(0+2^{n-1})$ ∴ $2^{n-1}=1024$

$1024=2^{10}$ であるから，$\boldsymbol{n=11}$

4 (2) "角の2等分線の定理"で線分比をとらえましょう(Eの座標は求めなくても済む)．

解 (**1**) A の x 座標は，$\frac{4}{9}x^2=4$

∴ $x^2=9$ $x<0$ より，$x=-3$ ……①

一方，AC : CD=3 : 1 より，C の y 座標は，

$4\times\frac{1}{3+1}=1$ よって，その x 座標は，

$1=\frac{4}{9}x^2$ $x>0$ より，$x=\frac{3}{2}$ ……………②

①②より，直線 AC の傾き，切片はそれぞれ，

$\frac{4}{9}\times\left(-3+\frac{3}{2}\right)=-\frac{2}{3}$，$-\frac{4}{9}\times(-3)\times\frac{3}{2}=2$

よって，その式は，$\boldsymbol{y=-\frac{2}{3}x+2}$ ……③

(**2**) ①より，B の x 座標は 3 であるから，

B(3, 4)

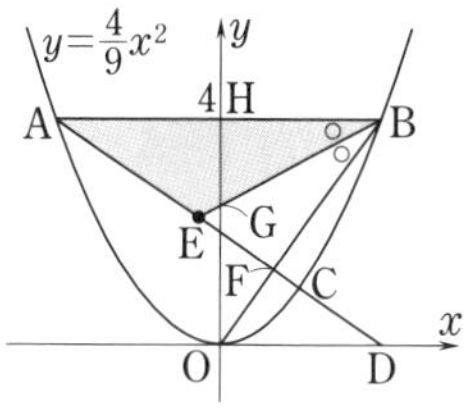

よって，直線 OB の式は，$y=\frac{4}{3}x$ ………④

③と④の交点 F の x 座標は，

$-\frac{2}{3}x+2=\frac{4}{3}x$ ∴ $x=1$

∴ $F\left(1,\ \frac{4}{3}\right)$

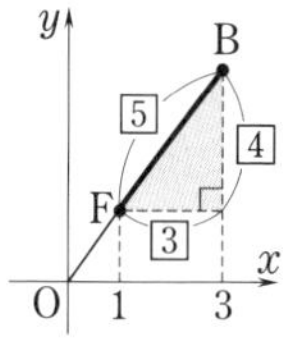

このとき，$BF=(3-1)\times\frac{5}{3}=\frac{10}{3}$ ………⑤

であるから，角の2等分線の定理により，

AE : EF=BA : BF=6 : ⑤=9 : 5

∴ $\triangle AEB=\triangle AFB\times\frac{9}{9+5}$

$=\left\{\frac{1}{2}\times6\times\left(4-\frac{4}{3}\right)\right\}\times\frac{9}{14}=8\times\frac{9}{14}=\mathbf{\frac{36}{7}}$

➡**注** 直線 BE の式を求めるとしたら，例題と同様，図の G，H を使って，

OG : GH=BO : BH=5 : 3

よって，G の y 座標は，$4\times\frac{5}{5+3}=\frac{5}{2}$ ……⑥

したがって，BG の傾きは，$\frac{4-⑥}{3}=\frac{1}{2}$

∴ 直線 BE … $\boldsymbol{y=\frac{1}{2}x+\frac{5}{2}}$ ………………⑦

[E の座標は，③と⑦より，E(−3/7, 16/7)]

5 （2） まず，Pの座標が分かります．

（3） 面積を比べる三角形と四角形の‘高さ’は等しいので，$S_1:S_2=$‘底辺’:‘上底＋下底’になります．

（4） 解法によっては，ゴチャゴチャしかねません．「対角線の交点」を主役にしましょう．

解 （**1**） 点Aが放物線上にあることから，

$$2=a\times(-2)^2 \quad \therefore \quad \boldsymbol{a=\frac{1}{2}}$$

（**2**） $b=1$ のとき，右図のようになって，P，Qの x 座標を p，q とすると，

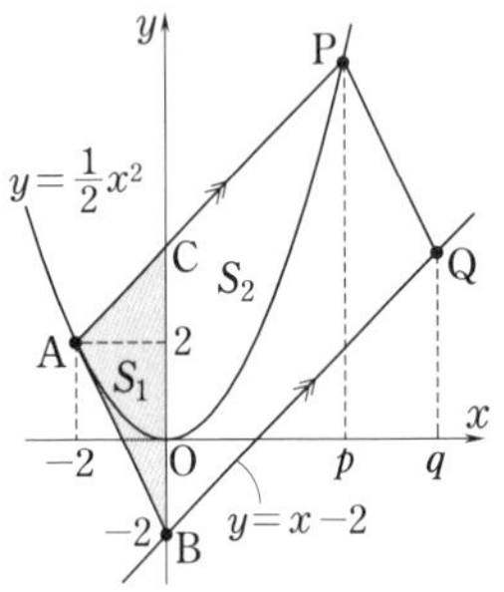

AP$\underline{/\!/}$BQより，

$\frac{1}{2}(-2+p)=1$ …①

$p-(-2)=q-0$ …②

①より，$p=4$

これと②より，$q=6$ ∴ **Q(6, 4)**

（**3**） 上図において，

$$S_1:S_2=\mathrm{AC}:(\mathrm{CP}+\mathrm{BQ})$$
$$=2:(4+6)=\boldsymbol{1:5}$$

（**4**） ▱ABQPの対角線の交点をM$(2m,\ 2m^2)$とすると，PBの中点がMであることから，P$(2m\times2,\ 2m^2+(2m^2+2))$

∴ P$(4m,\ 4m^2+2)$

すると，

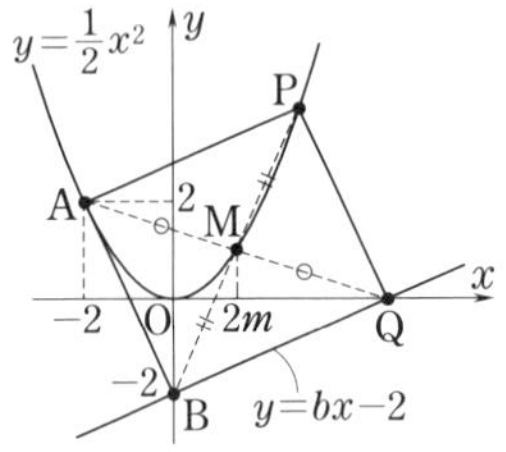

$4m^2+2=\frac{1}{2}\times(4m)^2$

より，$4m^2=2$

$m>0$ より，$2m=\sqrt{2}$

∴ M$(\sqrt{2},\ 1)$

このとき，MはAQの中点でもあるから，

Q$(\sqrt{2}+(\sqrt{2}+2),\ 1-(2-1))$

∴ **Q$(2\sqrt{2}+2,\ 0)$**

➡**注** この解法だと，b は使わなくても済みましたが，ちなみに，$b=\frac{2}{2\sqrt{2}+2}=\sqrt{2}-1$

6 （2）は，例題と同じタイプの面積比，また（3）は，p.126の**2**番（3）と同様です．
（3）では，この図柄から生じる‘平行線’から‘相似’に気付きたいところです．

解 （**1**） A$(-2,\ 2)$は，$y=ax^2$ と $y=3x+b$ との交点であるから，

$$2=a\times(-2)^2,\ 2=3\times(-2)+b$$

$$\therefore\ \boldsymbol{a=\frac{1}{2}},\ \boldsymbol{b=8}$$

このとき，ABの傾きについて，

$$\frac{1}{2}\times(-2+c)=3 \quad \therefore\ \boldsymbol{c=8}$$

$$\therefore\ \boldsymbol{d}=\frac{1}{2}\times8^2=\boldsymbol{32}$$

（**2**） △OAP＝△ABPのとき，QはOBの中点であるから，（1）より，

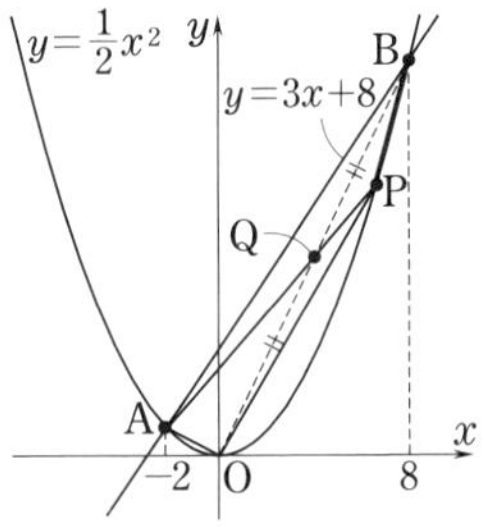

Q(4, 16)

このとき，

（APの傾き）

＝（AQの傾き）

$=\frac{16-2}{4+2}=\boldsymbol{\frac{7}{3}}$

（**3**） △OAQ＝△BPQのとき，両辺に△AQBを加えると，

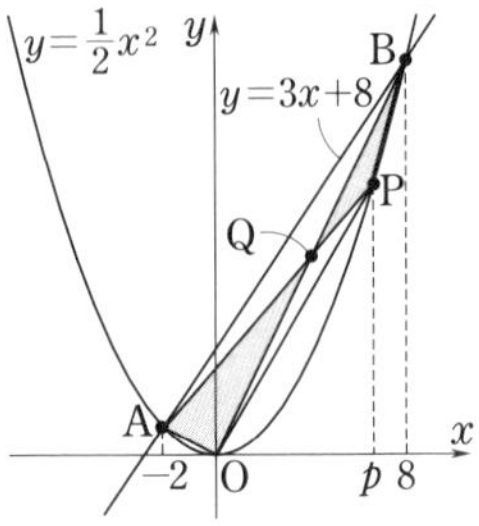

△OAB＝△PAB

∴ OP∥AB

よって，Pの x 座標を p とすると，

$\frac{1}{2}\times(0+p)=3$

∴ $p=6$

∴ **P(6, 18)**

このとき，△OPQと△AQBの相似比は，

OP：BA＝6：(8＋2)＝3：5

∴ △OPQ：△AQB＝$3^2:5^2=$**9：25**

7 演習題 **1** と同様，‘平行移動タイプ’です．座標軸に平行ではないので，一手間ありますが，解法は同様です．

解 （1） $y=x^2$, $y=x+6$ …① を連立して，　$\mathbf{A(-2,\ 4)}$，$\mathbf{B(3,\ 9)}$

また，C の x 座標を c とすると，AC の傾きについて，$1\times(-2+c)=-3$

$\therefore\ c=-1\quad\therefore\ \mathbf{C(-1,\ 1)}$

（2） 直線 BC の傾き，切片はそれぞれ，

$1\times(-1+3)=2,\quad -1\times(-1)\times3=3$

$\therefore\ \boldsymbol{y=2x+3}$ …②

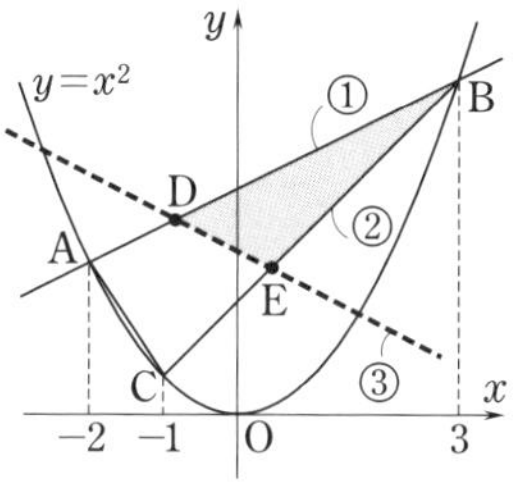

（3） 右図のように，$y=-x+6k$ …③ と①，②との交点を D，E とすると，それらの x 座標は，

$3k-3,\ 2k-1$

$\therefore\ \dfrac{\triangle\text{DBE}}{\triangle\text{ABC}}=\dfrac{\text{BD}}{\text{BA}}\times\dfrac{\text{BE}}{\text{BC}}$

$=\dfrac{3-(3k-3)}{3+2}\times\dfrac{3-(2k-1)}{3+1}=\dfrac{3(2-k)^2}{10}$

これが $\dfrac{1}{2}$ に等しいことから，$(2-k)^2=\dfrac{5}{3}$

ところで，$6k<12$ …④ より，$k<2$ であるから，$2-k=\sqrt{\dfrac{5}{3}}=\dfrac{\sqrt{15}}{3}\quad\therefore\ \boldsymbol{k=2-\dfrac{\sqrt{15}}{3}}$

➡**注** ④について；$6k=12$ のとき，③は点 B を通りますから，$6k<12$ です．

8 （3） まずは，定石に沿って「上底＋下底」の比を m で表してみますが，☞研究．

解 （1） △ABP＝△ABQ＝△ABR より，P，Q，R は，AB に平行な一直線 l 上にある．

AB の傾きは，

$1\times(-4+2)=-2$

であるから，l の式は，

$y=-2(x-2)$

$\therefore\ y=-2x+4$

よって，p，q は，

$x^2=-2x+4$

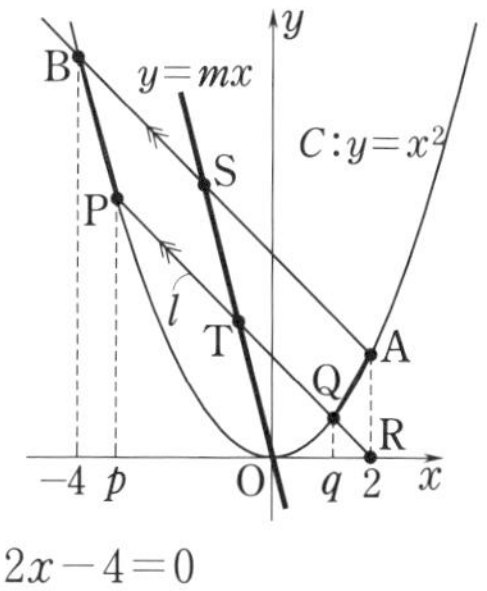

の 2 解であるから，$x^2+2x-4=0$

$p<q$ より，$\boldsymbol{p=-1-\sqrt{5}}$，$\boldsymbol{q=-1+\sqrt{5}}$

（2） □ABPQ＝△ABQ＋△BPQ ………①

ここで，

$\triangle\text{ABQ}=\triangle\text{ABR}=\dfrac{4\times(2+4)}{2}=12$ …②

$\triangle\text{BPQ}=②\times\dfrac{\text{PQ}}{\text{AB}}=12\times\dfrac{q-p}{2+4}$

$=12\times\dfrac{2\sqrt{5}}{6}=4\sqrt{5}$

$\therefore\ ①=\boldsymbol{12+4\sqrt{5}}$

（3） 図のように，$y=mx$ と直線 AB，l との交点をそれぞれ S，T とする．

直線 AB…$y=-2x+8$ であるから，S の x 座標は，$-2x+8=mx\quad\therefore\ x=\dfrac{8}{m+2}$ …③

また，T の x 座標は，

$-2x+4=mx\quad\therefore\ x=\dfrac{4}{m+2}$ …④

面積 2 等分の条件より，

AS＋QT＝BS＋PT

すなわち，(AS＋QT)×2＝AB＋QP

$\therefore\ \{(2-③)+(q-④)\}\times2=6+2\sqrt{5}$

整理して，③＋④＝−2　$\therefore\ \dfrac{12}{m+2}=-2$

$\therefore\ m+2=-6\quad\therefore\ \boldsymbol{m=-8}$

■**研究** 一般に，AB // CD の台形 ABCD において，AB，CD の中点をそれぞれ M，N とし，MN の中点を L とすると，

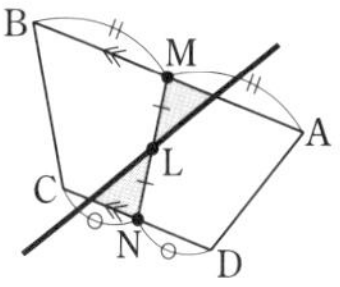

L を通り，AB，CD の両方と交わる直線

によって，台形 ABCD の面積は 2 等分されます（なぜなら，例題の（2），（3）と同様にして，図の網目の三角形同士が合同だから）．

*　　　*

本問で，この知識を用いると――

『AB，PQ の中点をそれぞれ M，N とすると，

M(−1，10)，N(−1，6)

よって，MN の中点は，L(−1，8)

したがって，$m=8\div(-1)=-8$ 』

➡**注** 平行な直線が放物線によって切り取られる線分の中点の x 座標は等しいので，

例題で，**EF // $\boldsymbol{y}$ 軸**；

本問で，**MN // $\boldsymbol{y}$ 軸**

となります．

9 (2) $T>S$ なので，T からある部分を削ることになりますが，まず直線が B を通る場合についてチェックしてみましょう．

解 (**1**) A の x 座標を a とすると，

$$S=\frac{\{2a^2+2(a+1)^2\}\times 1}{2}=2a^2+2a+1$$

$$T=\frac{\{a+(a+1)\}\times\{2(a+1)^2-2a^2\}}{2}$$

$$=(2a+1)^2=4a^2+4a+1$$

$\therefore$ $T-S=2a^2+2a=24$

$\therefore$ $a^2+a-12=0$ $\therefore$ $(a-3)(a+4)=0$

$a>0$ より，$a=\mathbf{3}$

(**2**) このとき，

A(3, 18)，B(4, 32)

また，$T=49$，$S=25$ より，

$$\frac{T+S}{2}=37 \cdots\cdots①$$

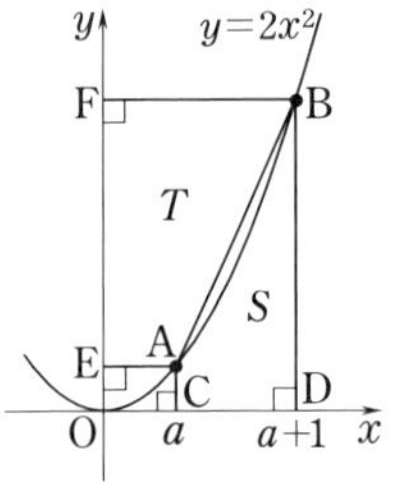

$y=mx\cdots②$ が B を通るとき($m=8$)，②と AE の交点を G とすると，その x 座標は，$\frac{9}{4}$

$\therefore$ $⏢\text{FEGB}=\frac{(4+9/4)\times(32-18)}{2}=\frac{175}{4}$

これは①よりも大きいから，$m>8$ である．

このとき，②と AE，BF の交点をそれぞれ H，I とすると，それらの x 座標は，$\frac{18}{m}$，$\frac{32}{m}$

$\therefore$ ⏢FEHI

$$=\frac{(18/m+32/m)\times(32-18)}{2}=\frac{350}{m}=①$$

$$\therefore\ m=\mathbf{\frac{350}{37}}(>8)$$

別解 (**2**) (1)より，図のようになる．

OA，OB の中点をそれぞれ M，N とすると，

$\text{M}\left(\frac{3}{2},\ 9\right)$，N(2, 16)

直線 MN … $y=14x-12$

と EA，FB との交点をそれぞれ J，K とすると，

$\text{J}\left(\frac{15}{7},\ 18\right)$，$\text{K}\left(\frac{22}{7},\ 32\right)$

よって，JK の中点を L とすると，$\text{L}\left(\frac{37}{14},\ 25\right)$

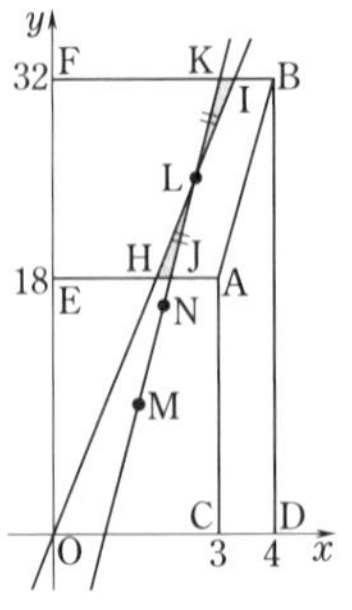

直線 OL が $y=mx$ であるから，$m=\frac{25}{37/14}=\mathbf{\frac{350}{37}}$

➡**注** 上の別解を補足します．

□OCAE，ODBF の面積をそれぞれ s，t とすると，直線 MN は，s，t をともに 2 等分しますから，図形 FEACDB の面積 $u(=t-s)$ も 2 等分します．

次に，図の網目の三角形同士は合同ですから，直線 OL は u を 2 等分することになります．

なお，図で，J は**線分** EA 上に，I は**線分** FB 上にあることも確認しておきましょう(I の x 座標は，592/175(=3.3…)<4)．

10 (3) 定石通り '上底＋下底' の比に着目しますが，相似も利用したいところです．

(4) こちらは，高さの異なる台形の面積比なので，〜〜というわけにはいきません．

解 (**1**) A(2, 4)より，**B(−2, 4)**

(**2**) C(−4, −8)などから，

$$⏢\text{ABCD}=\frac{(2\times2+4\times2)\times(4+8)}{2}=\mathbf{72}$$

(**3**) 下図で，斜線部と網目部は相似で，相似比は，4：8＝1：2 であるから，図の点 P の x 座標を p とおくと，Q の x 座標は $-2p$ である．

よって，題意のとき，

(PB＋QC)：(AP＋DQ)

$=\{(p+2)+(-2p+4)\}:\{(2-p)+(4+2p)\}$

$=(6-p):(6+p)=5:7$ $\therefore$ $p=1$

このとき，P(1, 4)であるから，$\boldsymbol{a=4}$

(**4**) 直線 AD の式は，$y=-6x+16$ であるから，これと $y=k$ との交点 R の x 座標は，

$$x=\frac{16-k}{6}\ \cdots\cdots③$$

$\therefore$ $\text{RS}=③\times2=\frac{16-k}{3}$ ……④

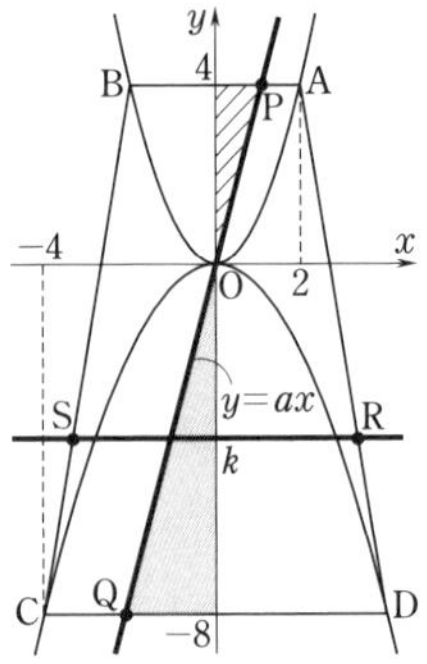

このとき，

⏢ABSR：⏢CDRS

$=(4+④)\times(4-k):(④+8)\times(k+8)$

$=(28-k)(4-k):(40-k)(k+8)=16:11$

これを整理すると，$k^2-32k-144=0$

$\therefore$ $(k-36)(k+4)=0$ $k<0$ より，$\boldsymbol{k=-4}$

11 （3） （2）を利用して，直線 CA 上の点で‘等積’の条件を満たす点をとらえ，そこから平行線を伸ばします(例題と同様の発想).

解 （**1**） 直線 AB の傾きと切片はそれぞれ，

$\frac{1}{2}\times(-4+2)=-1$，$-\frac{1}{2}\times(-4)\times2=4$

であるから，その式は，$\boldsymbol{y=-x+4}$

（**2**） 図のようになって，

$\square AOBC=\triangle AOB+\triangle ABC$

$=\frac{4\times(2+4)}{2}+\frac{(4+4)\times(8-2)}{2}$

$=12+24=36$ …①

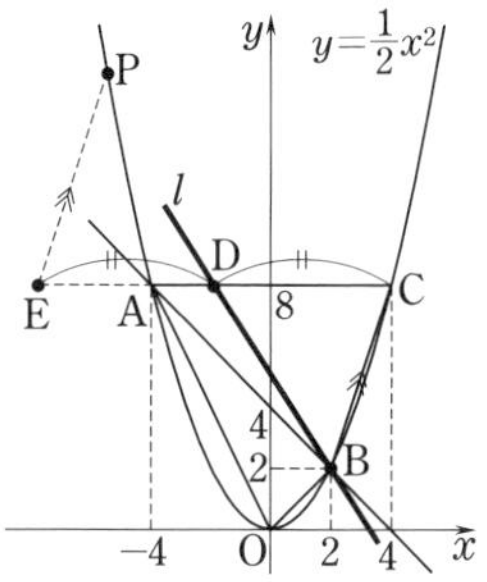

よって，求める直線を l，l と AC との交点を D とすると，

$\triangle BCD=\frac{①}{2}=18$

このとき，

$\frac{CD\times(8-2)}{2}=18$

∴ CD＝6 ∴ D(−2，8)

したがって，l の式は，

$y=\frac{2-8}{2+2}(x-2)+2$ ∴ $\boldsymbol{y=-\frac{3}{2}x+5}$

（**3**） 図のように，CD の延長上に，DE＝CD となる点 E をとると，

$\triangle EBC=2\triangle BCD=\square AOBC$

よって，E を通り BC に平行な直線と放物線との交点が P である.

ここで，BC の傾きは，$\frac{1}{2}\times(2+4)=3$，また，E(−8，8)であるから，P の x 座標 t は，

$\frac{1}{2}t^2=3(t+8)+8$ ∴ $t^2-6t-64=0$

$t<-4$ より，$\boldsymbol{t=3-\sqrt{73}}$ $(=-5.5\cdots)$

➡**注** △EAB＝△OAB より，OE∥BA です.

12 （3） 「AD∥BC」の条件と（2）とから，連立方程式を導きましょう.

（4） 相似を利用するのが手早い.

解 （**1**） 直線 AB の式は，$y=-(x-2)$

これと $y=x^2$ より，**A(−2，4)**，**B(1，1)**

（**2**） AD∥BC …① より，

PC：PD

＝PB：PA

＝**1：4** ……②

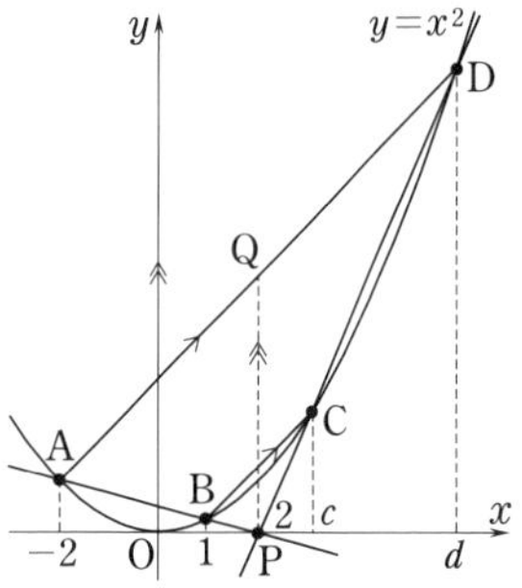

（**3**） C，D の x 座標を，c，d とする.

①より，

$-2+d=1+c$

∴ $d-c=3$ …③

また，②より，

$(c-2):(d-2)=1:4$

∴ $d-4c=-6$ ……………………④

③，④を解いて，$c=3$，$d=6$

∴ **C(3，9)，D(6，36)**

■**研究** A〜D から x 軸に下ろした垂線の足を A′〜D′ とすると，

PA′＝PD′＝4

PB′＝PC′＝1

ですが，これは一般に成り立ちます.

すなわち，一般に，右図で，**AD∥BC** のとき，

P′A′＝P′D′，P′B′＝P′C′

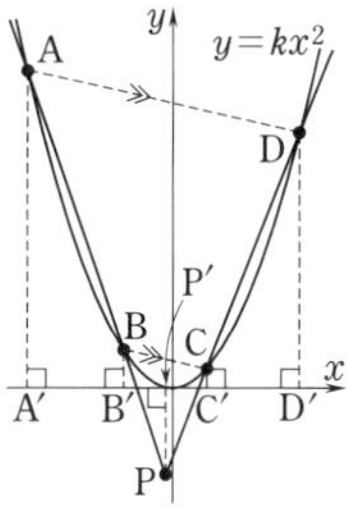

（‘放’べきの定理を使った証明は，☞p.119）

（**4**） 直線 AD の式は，$y=4x+12$ であるから，図の点 Q の y 座標は，$y=4\times2+12=20$

これと②より，⏢ABCD の面積は，

$\triangle PDA\times\frac{4^2-1^2}{4^2}=\frac{20\times(6+2)}{2}\times\frac{15}{16}=\boldsymbol{75}$

13 （2） （1）の流れからは，‘傾きの積＝−1’を利用するところでしょう(なお，☞別解).

（3） （2）と同様の合同に着目してみます.

解 （**1**） 図の網目の三角形同士は合同…① であるから，

Q(2t，0)

∴ P(2t，t^2) …②

よって，SP の傾きは，$\frac{t^2}{2t-t}=\boldsymbol{t}$ …③

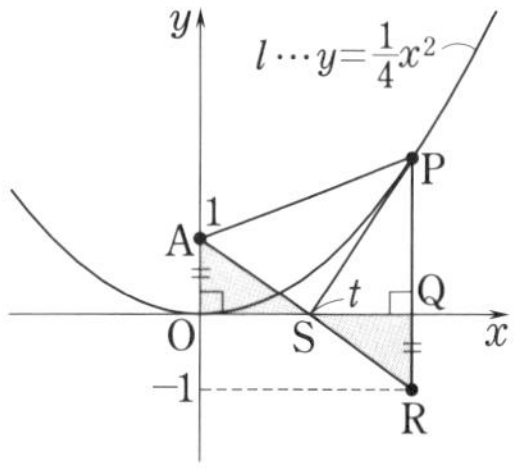

(2) ASの傾きは，$-1/t$ ………………④

③×④＝-1より，AS⊥SP ……………⑤

①より，AS＝RSであるから，これと⑤より，

△PAS≡△PRS ∴ PA＝PR

別解 PR＝t^2+1 …⑥ であり，一方，

PA＝$\sqrt{(2t)^2+(t^2-1)^2}=\sqrt{t^4+2t^2+1}$

＝$\sqrt{(t^2+1)^2}=t^2+1$＝⑥

(3) AからPRに下ろした垂線の足HがPRの中点のとき，(2)と同様に△ARH≡△APHとなって，AR＝APとなる．

よって，$\dfrac{t^2+(-1)}{2}=1$ ∴ $t^2=3$

$t>0$より，$t=\sqrt{3}$ ②より，**P($2\sqrt{3}$，3)**

別解 ∠OAS＝∠PRS＝60°より，△OASは30°定規形． ∴ t＝OS＝$\sqrt{3}$OA＝$\sqrt{3}$（以下略）

■研究 Aを放物線lの**焦点**，Rがのっている直線$y=-1$をlの**準線**といいます．l上の点Pについて，**PA＝PR**，**AS＝SR**が成り立ち，また，直線PS(**lの接線**になっている)とy軸との交点をTとすると，**AT＝AP**，**PS＝ST**も成り立っています(ATRPは**ひし形**ということ)．

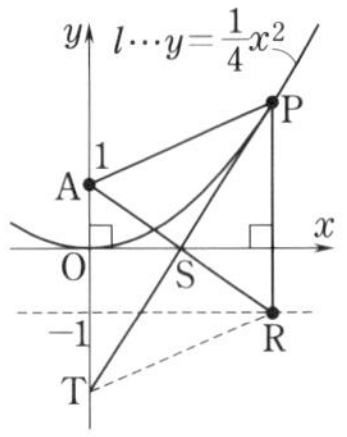

14 (3)，(4) ともに**円錐の体積のたし引き**に帰着させますが，(4)では，回転軸の両側に△OPQがまたがっているので，工夫が必要です．

解 (1) P，Qのx座標は，$x^2=2x+3$

∴ $x^2-2x-3=0$ ∴ $(x+1)(x-3)=0$

∴ $x=-1,\ 3$ ∴ **P(-1，1)，Q(3，9)**

(2) (1)より，図のようになって，

△OPQ

＝$\dfrac{3\times(3+1)}{2}$＝**6**

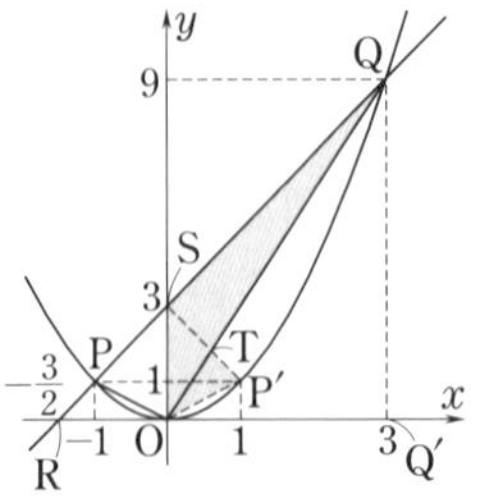

(3) 以下，図形Aを軸の周りに回転してできる立体の体積を$[A]$と表す．

求める体積は，

[△OQR]−[△OPR]

＝$\dfrac{1}{3}\times9^2\pi\times\dfrac{3}{2}-\dfrac{1}{3}\times1^2\pi\times\dfrac{3}{2}$＝**40π**

➡注 例えば，

[△OQR]＝[△QRQ′]−[△QOQ′]

＝$\dfrac{1}{3}\times9^2\pi\times\left(3+\dfrac{3}{2}\right)-\dfrac{1}{3}\times9^2\pi\times3$＝〜〜〜

となります(☞p.107)．

(4) y軸に関するPの対称点をP′とすると，求める体積は，

[図の網目部分]

＝[△OP′S]＋[△OQS]−[△OTS]…①

ここで，直線OQの式は，$y=3x$，直線SP′の式は，$y=-2x+3$であるから，これらの交点Tのx座標は，$3x=-2x+3$ ∴ $x=\dfrac{3}{5}$

∴ ①＝$\dfrac{1}{3}\times1^2\pi\times3+\dfrac{1}{3}\times3^2\pi\times3$

$-\dfrac{1}{3}\times\left(\dfrac{3}{5}\right)^2\pi\times3$

＝$\pi+9\pi-\dfrac{9}{25}\pi$＝$\boldsymbol{\dfrac{241}{25}\pi}$

➡注 このように，回転する図形が軸の両側にまたがっている場合には，**一方の側を他方に折り返す**のが定石です．

15 (4) 問題文に記された条件ではありませんが，「線分比AD：DC」をチェックすることがポイントです．以下の③にぜひ気付いて，‘等積変形’に結び付けたいところです．

解 (1) A(-1，2)，P(0，4)より，直線APの傾きは2であるから，その式は，

$\boldsymbol{y=2x+4}$ …………………①

(2) Bのx座標をbとすると，①の傾きについて，$2\times(-1+b)=2$ ∴ $b=2$

∴ **B(2，8)**

(3) ▱AOBC＝2△OAB

＝4×(2＋1)＝**12**…②

(4) 右図の網目の三角形は相似で，相似比(底辺比)は1：2であるから，

AD：AC＝AD：OB

＝1：2

よって，

DはACの中点 …③

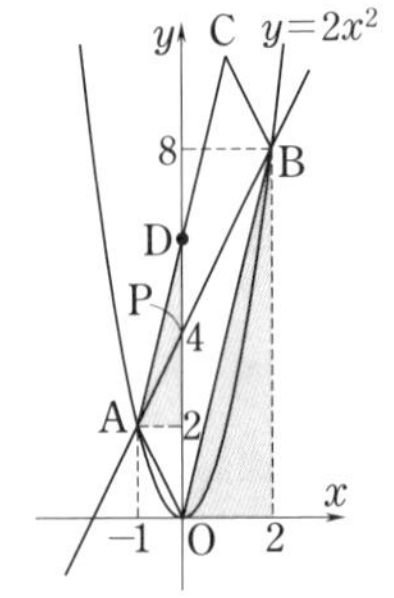

で，その y 座標は，$2+\dfrac{8}{2}=6$

このとき，$\triangle ODA=\dfrac{6\times1}{2}=3$

一方，②$\times\dfrac{1}{7+1}=12\times\dfrac{1}{8}=\dfrac{3}{2}$

であるから，OA の中点を M とすると，直線 DM は題意を満たす．

$M\left(-\dfrac{1}{2},\ 1\right)$より，直線 DM の式は，

$$y=\frac{6-1}{1/2}x+6 \quad \therefore \quad \boldsymbol{y=10x+6}$$

次に，③(CD＝AD)より，M を通り AC に平行な直線と BC との交点(BC の中点)を N とすると，直線 DN も題意を満たす．

$N\left(-\dfrac{1}{2}+2,\ 1+8\right)=\left(\dfrac{3}{2},\ 9\right)$ (☞注)

より，直線 DN の式は，

$$y=\frac{9-6}{3/2}x+6 \quad \therefore \quad \boldsymbol{y=2x+6}$$

➡注　M→N の移動は O→B と同じですから，N の x 座標は M より 2 大きく，y 座標は 8 大きいことになります．

16　「放物線の相似」は，本問のように $a<0$ の場合も(もちろん)成り立ちます．すると，例題と同様に，

$\triangle OAC \backsim \triangle OBD$，AC∥BD

が成り立つはずですね．

解　(**1**)　A(1，1)と OA：OB＝1：2 …①より，B(−2，−2)　∴　$-2=a\times(-2)^2$

$$\therefore \quad \boldsymbol{a=-\frac{1}{2}}$$

(**2**)　C，D の x 座標はそれぞれ k，$-2k$ であるから，

OC：OD＝1：2……②

これと①より，

$\triangle OAC \backsim \triangle OBD$

相似比は①であるから，面積比は，**1：4**　……③

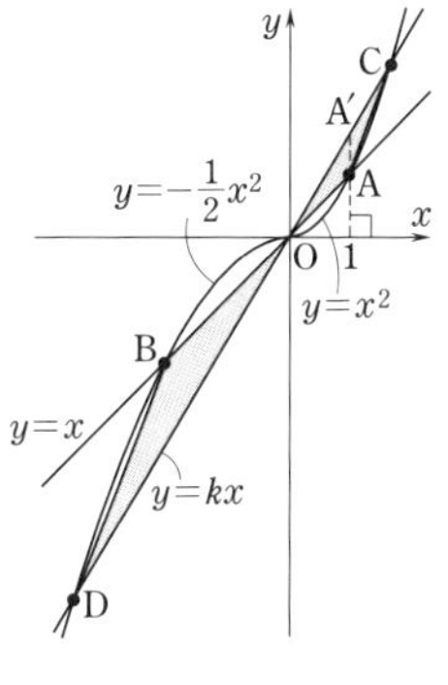

(**3**)　$\triangle OAC=s$とすると，①，②より，

$\triangle OCB=\triangle OAD=2s$

これと③より，

$\square ACBD=s+2s\times2+4s=9s$

これが 5 に等しいことから，$s=\dfrac{5}{9}$

ここで，図の A′の y 座標は k であるから，

$s=\dfrac{(k-1)\times k}{2}=\dfrac{5}{9}$　∴　$9k^2-9k-10=0$

∴　$(3k-5)(3k+2)=0$　$k>1$ より，$\boldsymbol{k=\dfrac{5}{3}}$

➡注　□ACBD は，(AC∥BDの)台形です．

17　p.106 の式◎を目一杯活用しましょう．

解　(**1**)　$b=12$ のとき，B，C の x 座標は，

$x^2=-x+12$　∴　$x^2+x-12=0$

∴　$(x+4)(x-3)=0$　∴　$x=-4,\ 3$ …㋐

C の x 座標は正であるから，**C(3，9)**

また，A の x 座標は，$\dfrac{1}{2}x^2=-x+12$

∴　$x^2+2x-24=0$　∴　$(x+6)(x-4)=0$

$x<0$ より，$x=-6$ ……………………㋑

㋐，㋑より，$AB=(-4+6)\times\sqrt{2}=\boldsymbol{2\sqrt{2}}$

➡注　　　の計算については，☞p.104.

(**2**)　C の x 座標を c とすると，$CD=8\sqrt{2}$ より，D の x 座標は，$c+8$ である．

このとき，B の x 座標を p，A の x 座標を q とすると，$y=-x+b$ の傾きと切片について，

$$p+c=\frac{1}{2}\{q+(c+8)\}=-1 \ \cdots\cdots\text{㋒}$$

$$-p\times c=-\frac{1}{2}\times q\times(c+8)=b \ \cdots\cdots\text{㋓}$$

㋒より，$p=-1-c$ …㋔，$q=-10-c$

これらを㋓の〰〰部に代入して整理すると，

$c^2-16c-80=0$　∴　$(c-20)(c+4)=0$

$c>0$ より，$c=20$．これと㋔より，$p=-21$

これらと㋓より，$b=-(-21)\times20=\boldsymbol{420}$

第6章 関数（2）

この章では，関数についての応用的な話題を扱う．関数の根本に関わる問題や関数を作る問題，また座標平面での格子点や正三角形・円・動く図形など，かなり図形色の強い問題も多く含まれる．前章と本章は難易で分けているわけではないが，当然本章での難問率は高くなっている．

第6章　関数（2）

要点のまとめ

1．関数

1・1　比例・反比例

Ⅰ．**y が x に比例**するとき，

$y=ax$（a は比例定数）

と表される．よって，そのグラフは，原点を通る直線である（図1）．

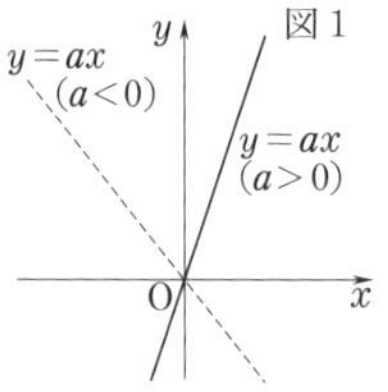

Ⅱ．**y が x に反比例**するとき，

$y=\dfrac{a}{x}$（a は比例定数）

と表され，そのグラフは，図2のような曲線（双曲線という）である．

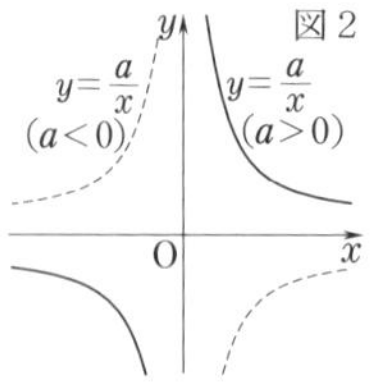

1・2　関数の定義域と値域（x と y の変域）

Ⅰ．**1次関数 $y=ax+b$** において，x の定義域が $p \leqq x \leqq q$ のとき，y の値域は（図3参照），

$a>0$ のとき，

$ap+b \leqq y \leqq aq+b$

$a<0$ のとき，

$aq+b \leqq y \leqq ap+b$

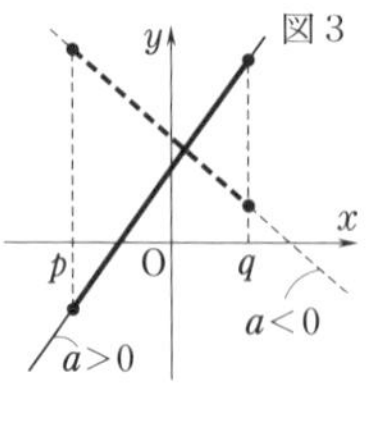

Ⅱ．**2次関数 $y=ax^2$** において，x の定義域が $p \leqq x \leqq q$ …①　のとき，①に0が含まれるかどうかで，y の値域が異なる．

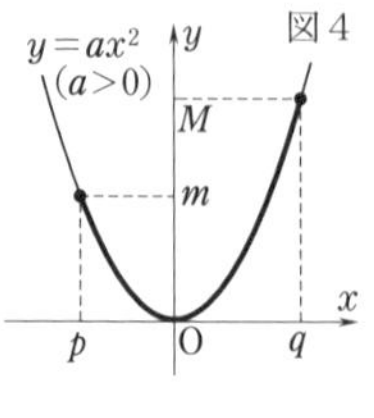

すなわち，ap^2 と aq^2 のうち大きい方を M，小さい方を m として，

- ①に0が含まれるとき，
  $a>0$ なら，
  $0 \leqq y \leqq M$（図4参照）
  $a<0$ なら，$m \leqq y \leqq 0$
- ①に0が含まれないとき，
  $m \leqq y \leqq M$（図5参照）

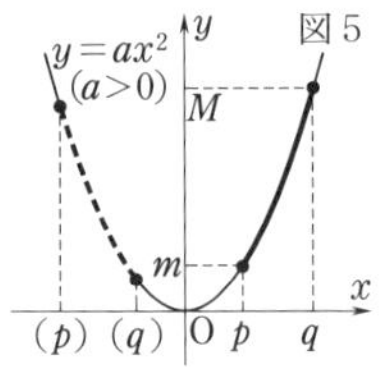

＊　　　　　＊

このように，関数の定義域と値域は（特に2次関数において）結構複雑である．問題を解く際には，自分で図3～5のような**図を書く**などして，混乱しないように注意しよう．

1・3　関数の変化の割合

Ⅰ．**1次関数 $y=ax+b$** …②　において，x が $p \to q$ と変化するときの y の変化の割合は，

$$\frac{(aq+b)-(ap+b)}{q-p}=\frac{a(q-p)}{q-p}=\boldsymbol{a}$$

この**一定値** a は，②のグラフの**傾き**である．

Ⅱ．**2次関数 $y=ax^2$** …③　においては，

$$\frac{aq^2-ap^2}{q-p}=\frac{a(q+p)(q-p)}{q-p}$$

$$=\boldsymbol{a(p+q)} \quad \cdots\cdots\cdots\cdots\cdots\cdots④$$

この④は，③のグラフ上の2点 $\mathrm{P}(p,\ ap^2)$，$\mathrm{Q}(q,\ aq^2)$ を結ぶ直線の**傾き**を表している（☞p.106の◎）．

2. 図形的な知識

座標の問題では，様々な図形的知識(定理・公式など)が使われる．特に重要なものを，以下にまとめておく．

2・1 線分比・面積比

Ⅰ．角の 2 等分線の定理

右図で，AD が∠A の 2 等分線のとき，

$\boldsymbol{p : q = a : b}$

が成り立つ(証明は，

$p : q$

$= \triangle ABD : \triangle ACD$

$= a : b$).

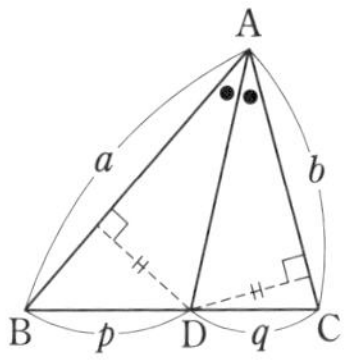

Ⅱ．メネラウスの定理

△ABC の辺(またはその延長)を直線 l で切った右図で，

$$\frac{\boldsymbol{a}}{\boldsymbol{b}} \times \frac{\boldsymbol{c}}{\boldsymbol{d}} \times \frac{\boldsymbol{e}}{\boldsymbol{f}} = \mathbf{1} \cdots ①$$

が成り立つ(①は，「三角形の頂点●と l との交点○とを交互に結ぶ」と覚えておくとよい)．

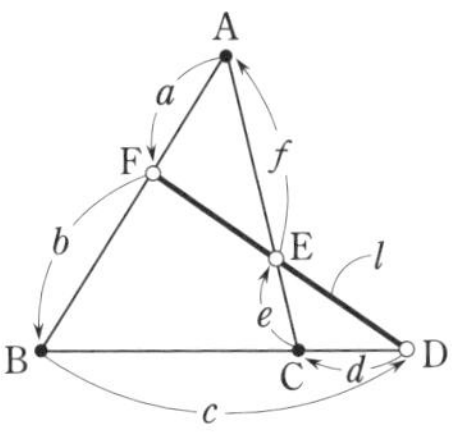

Ⅲ．頂角を共有する三角形の面積比

1 つの頂角が等しい(または補角を成す)右図のような三角形の面積比は，

△OAB : △OPQ

$= \boldsymbol{ab : pq}$

である．

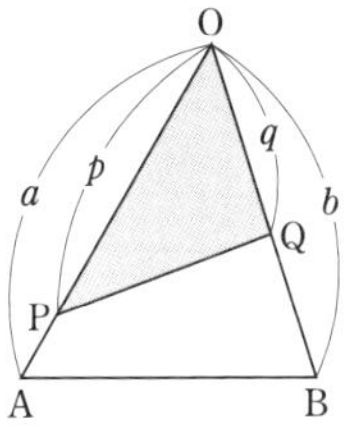

2・2 三平方の定理

Ⅰ．三平方の定理（ピタゴラスの定理）

右図の直角三角形 ABC において，

$\boldsymbol{a^2 + b^2 = c^2}$ ……②

が成り立つ(逆に，②のとき，△ABC は ∠C＝90°の直角三角形である)．

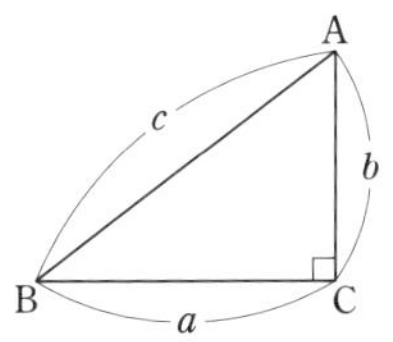

Ⅱ．三角定規形

三角定規は，右図のような形をしている．この形をそれぞれ，

‘30°(60°)定規形’，

‘45°定規形’

と呼ぶことがある．

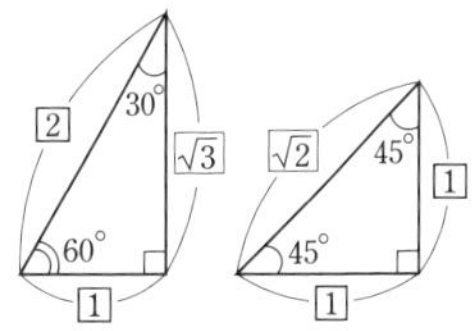

2・3 円の諸定理

Ⅰ．円周角の定理

円 O の決まった弧 AB に対する円周角(右図の○)はすべて等しく，弧 AB に対する中心角の $\frac{1}{2}$ である．

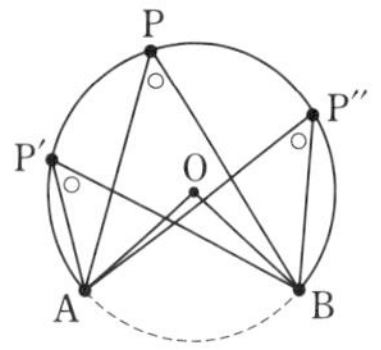

Ⅱ．内接四角形の性質

円に内接する四角形 ABCD において，2 組の内対角の和はそれぞれ 180°である．すなわち，右図で，

○＋●(＝△＋▲)

＝180°………………③

(よって，a＝○である．)

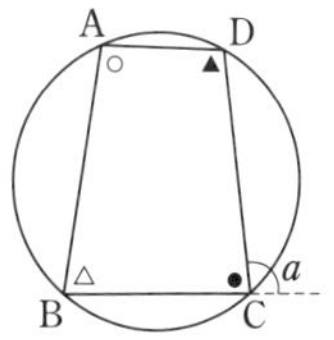

Ⅲ．共円条件★

以上のⅠ，Ⅱは，**逆も成り立つ**．すなわち，Ⅰのように∠APB＝∠AP′B のときは 4 点 A，B，P，P′が；またⅡのように③が成り立つときは 4 点 A，B，C，D が，それぞれ同一円周上にあることになる．

Ⅳ．方べきの定理

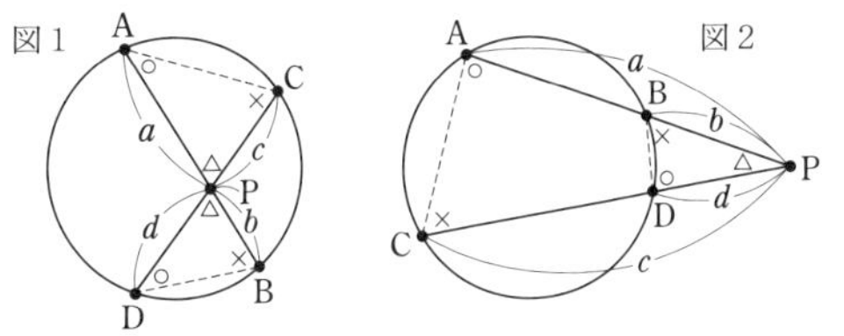

図 1 で，△PAC∽△PDB より，

$a : c = d : b$　よって　$\boldsymbol{ab = cd}$ ……④

が成り立つ(図 2 でも，同様に，④が成り立つ)．

1 関数の変域

次の各問いに答えなさい．

(ア) $-2 \leqq x \leqq 3$ のとき，2 つの関数 $y=ax^2$ と $y=bx+a+1$ の y の変域が一致するという．このとき，定数 a，b の値を求めなさい．ただし，$a>0$，$b<0$ とする．（05　白陵）

(イ) x の変域が $-4<x \leqq 2$ のとき，2 つの関数 $y=ax^2$，$y=bx+16$ の y の変域が一致する．a，b の値を求めなさい．（04　桐光学園）

（ア）a，b の符号が定められているので，助かります．

（イ）x の変域の一方の端に等号がないことから b の符号が決まる，という面白い(？)'仕組み'になっています(なお，☞注)．

解　(ア)　$-2 \leqq x \leqq 3$ のとき，$a>0$，$b<0$ より，

$$a \times 0^2 \leqq ax^2 \leqq a \times 3^2$$

$$b \times 3+a+1 \leqq bx+a+1 \leqq b \times (-2)+a+1$$

これらの変域が一致することから，

$$0=3b+a+1,\ 9a=-2b+a+1$$

それぞれを整理して，$a+3b+1=0$ …①，$8a+2b-1=0$ …②

①×8−②より，$22b+9=0$　∴　$\boldsymbol{b=-\frac{9}{22}}$

これと①より，$\boldsymbol{a=\frac{5}{22}}$

⇦下図のようになっている．

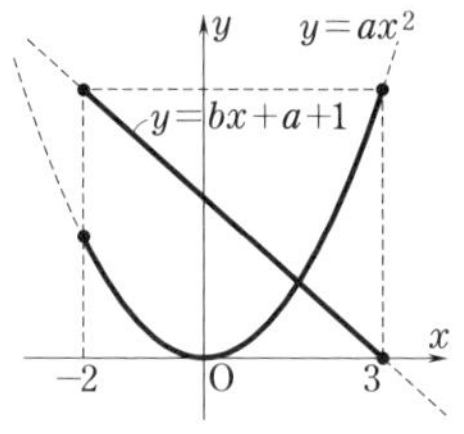

(イ)　x の変域に 0 が含まれているから，$y=bx+16$ …③　は 16 という値をとる．よって $y=ax^2$ …④　において，$a>0$ である．すると，$-4<x \leqq 2$ …⑤　のとき，

$$0 \leqq ④ < 16a \quad \cdots\cdots⑥$$

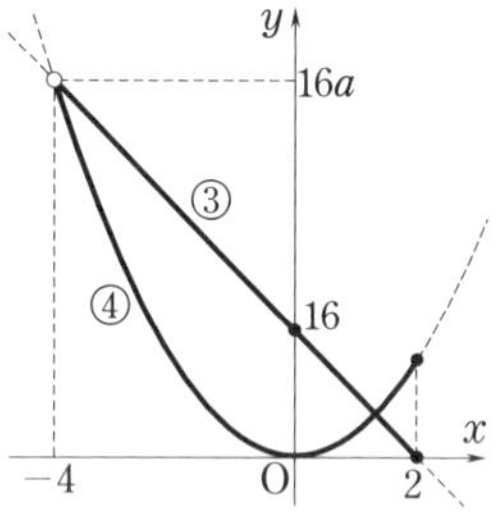

⇦$a \leqq 0$ のとき，④は 0 以下の値しかとらない．

⇦⑥については，図を参照．

一方，③においては，⑤のときの y の変域が⑥に一致することから，$b<0$ で，このとき，$b \times 2+16 \leqq ③ < b \times (-4)+16$

∴　$b \times 2+16=0$ ……………⑦

$b \times (-4)+16=16a$ ……⑧

⑦より，$\boldsymbol{b=-8}$

これと⑧より，$\boldsymbol{a=3}$

⇦$b>0$ とすると，⑤のときの③の変域は，「□＜③≦□」という形になって，⑥とは一致しない！

➡注　x の変域が「$-4 \leqq x \leqq 2$」とすると，上記の他に，「$a=\frac{3}{2}$，$b=4$」が条件を満たします(右図参照)．

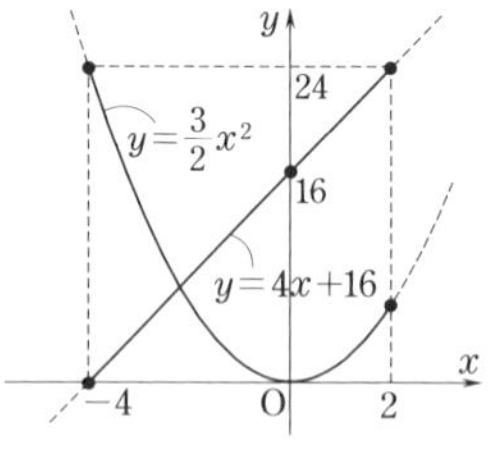

1 演習題（解答は，☞p.158）

2 次関数 $y=12x^2$ について，x の変域を $a-2 \leqq x \leqq a$（a は定数）とする．

（1）$a=-1$ のとき，y の最小値，最大値をそれぞれ求めなさい．

（2）y の最小値が 0 になるような，a の範囲を求めなさい．

（3）y の最大値と最小値の差が 36 となるような，a の値をすべて求めなさい．

（06　専修大松戸）

2　傾き，切片の最大・最小

右の図のように，太線の正方形M(内部と周を含む)と太線の長方形N(内部と周を含む)があり，M内の点をP，N内の点をQとする．また，2点P，Qを通る直線の式を$y=ax+b$(a，bは定数)とする．

(1)　点Pが正方形M内全体を，点Qが長方形N内全体を動く．傾きa，切片bのとりうる値の範囲をそれぞれ求めなさい．

(2)　$a=1$とする．点PがM内全体を動くとき，N内で点Qの存在することができる部分の面積を求めなさい．

(3)　$b=0$とする．点PがM内全体を動くとき，N内で点Qの存在することができる部分の面積を求めなさい．

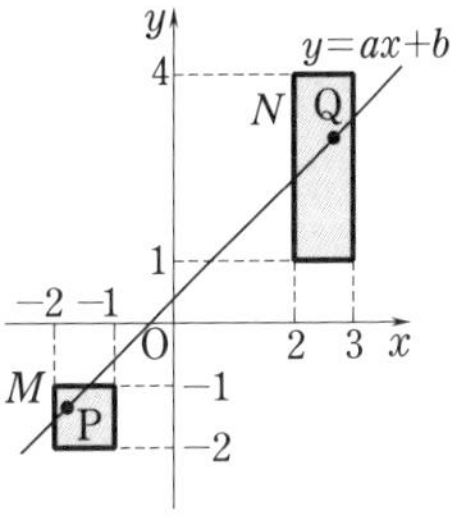

(08　県立岡山朝日)

直線$y=ax+b$は，(2)では平行に，(3)ではOを通って放射状に動きます．

解　(1)　図1において，

(ADの傾き)$\leqq a \leqq$(BCの傾き)

(BDの切片)$\leqq b \leqq$(ACの切片)

$\therefore$　$\boldsymbol{\frac{2}{5} \leqq a \leqq 2}$，$\boldsymbol{-\frac{5}{4} \leqq b \leqq \frac{3}{2}}$

(2)　$a=1$のとき，$y=x+b$は，図2の直線lとmの間を平行に動く．

$l \cdots y=x+1$，$m \cdots y=x-1$

より，lはNの頂点Eを通り，mは頂点Fを通るから，求める部分(図2の網目部)の面積は，$2\times1=\boldsymbol{2}$

(3)　$b=0$のとき，$y=ax$は，図3の直線l'とm'の間を動く．

$l' \cdots y=\frac{1}{2}x$，$m' \cdots y=2x$

より，l'は頂点Fを通り，m'は頂点Cを通るから，求める部分(図3の網目部)の面積は，$1\times3-\frac{1}{2}\times1\times\frac{1}{2}=\boldsymbol{\frac{11}{4}}$

図1

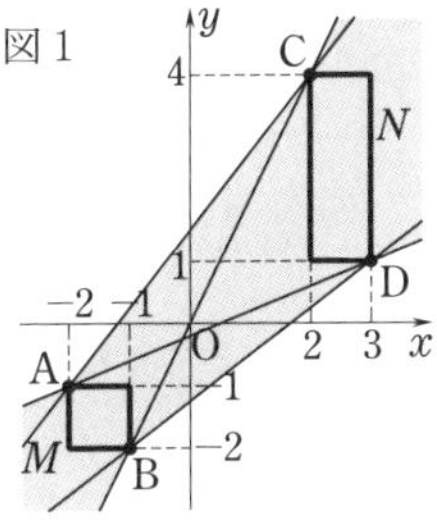

図2

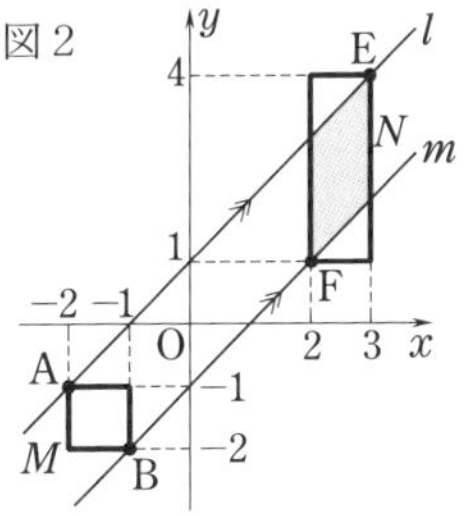

図3

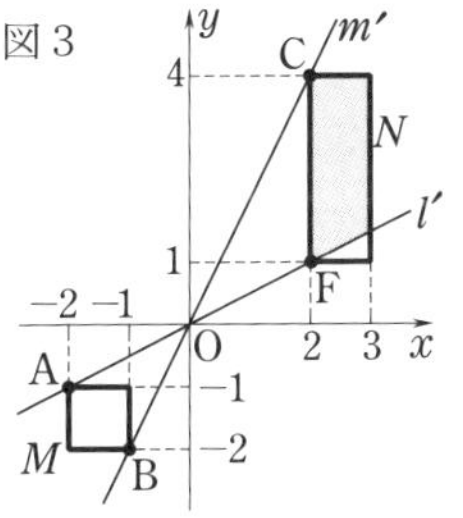

⇦(2)では，傾きaが一定．
(3)では，切片bが一定．

⬅'目で考える'と，文字通り一目瞭然！

⇦直線BD…$y=\frac{3}{4}x-\frac{5}{4}$

直線AC…$y=\frac{5}{4}x+\frac{3}{2}$

⇦(1)のとき，直線$y=ax+b$は，図1の網目部を動く．

2★ 演習題 (p.158)

放物線$y=ax^2$と直線$y=mx+n$と4点A(2，3)，B(2，−2)，C(−2，−3)，D(−3，1)がある．

(1)　放物線$y=ax^2$が線分AB，線分CDの少なくとも一方と交わるとき，aの最大値と最小値を求めなさい．

(2)　直線$y=mx+n$が線分AB，線分CDの両方と交わるとき，mの最大値と最小値を求めなさい．

(3)　直線$y=mx+n$が線分AB，線分CDの両方と交わるとき，$-2m+n$の最大値と最小値を求めなさい．

(06　大阪星光学院)

3 関数を作る

座標平面上に3点A(3, 0), B(−4, 0), C(0, 2)がある．また，x軸上に動点P, Qがあり，点Pは原点Oと点Aの間を毎秒1の速さで往復運動し，点Qは原点Oと点Bの間を毎秒2の速さで往復運動している．点PとQが同時に原点を出発してからt秒後の△CPQの面積をSとする．

（1） PとQそれぞれのx座標とtの関係を表すグラフをかきなさい．ただし，$0 \leqq t \leqq 12$とする．

（2） Sとtとの関係を表すグラフをかきなさい．ただし，$0 \leqq t \leqq 12$とする．

（3） $S=4$となることは$0 \leqq t \leqq 80$の間に，何回あるか． （08 慶應志木）

（2） 場合分けが面倒ですが，（1）のグラフを活用しましょう．

（3） 当然，‘**周期性**’に**着目**します．

解 （1） 与えられた条件より，図1のようになる．

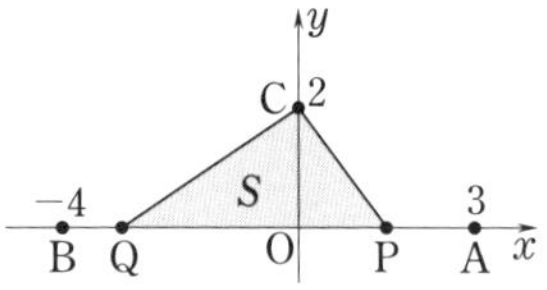

⇦PはOA間を3秒で，QはOB間を2秒で進む．

（2） $S=\dfrac{PQ \times OC}{2}=\dfrac{PQ \times 2}{2}$

$=PQ$ ……………………①

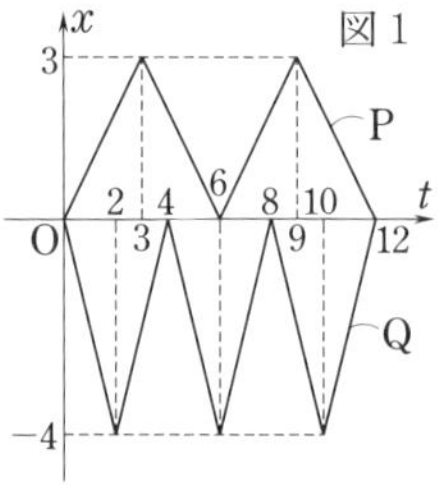

（1）のグラフより，$0 \leqq t \leqq 2$のとき，

①$=t-(-2t)=3t$

$2 \leqq t \leqq 3$のとき，

①$=t-2(t-4)=8-t$

$3 \leqq t \leqq 4$のとき，

①$=-(t-6)-2(t-4)=14-3t$

$4 \leqq t \leqq 6$のとき，

①$=-(t-6)-\{-2(t-4)\}=t-2$

⇦図1をもとに，P, Qいずれかの動きに変化がある所で，地道に場合を分ける．

⇦Pのグラフの傾きは±1，Qのグラフの傾きは±2

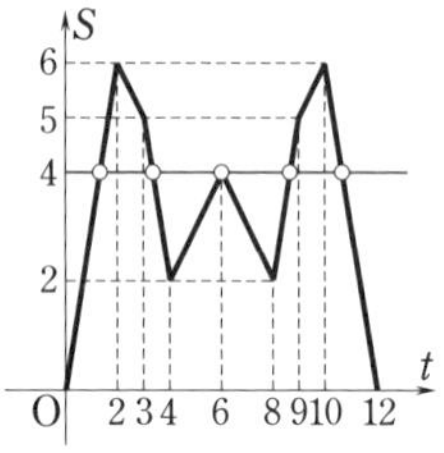

図1より，$6 \leqq t \leqq 12$のときのグラフは，$0 \leqq t \leqq 6$のときのグラフと$t=6$に関して対称であるから，右図の太線のようになる．

⬅図1より，P, Qの動きはともに$t=6$に関して対称だから，①のグラフも当然そうなる．

（**3**） $t=12$のとき，スタート状態に戻るから，それ以降，12秒ごとに同じグラフを繰り返す．

これと，$80 \div 12=6$ 余り 8 より，答えは，$5 \times 6+3=$**33**（**回**）

⇦$0 \leqq t \leqq 8$のとき，$S=4$となることは3回あるから，最後に「+3」とする．

3 演習題 （p.159）

1辺の長さが8cmの正方形ABCDがある．点Pと点Qはそれぞれ頂点A, Bを出発し，図のように反時計回りに，辺上を秒速1cm, 2cmの速さで移動する．移動を始めてx秒後の△APQの面積を$y\text{cm}^2$とし，点Qが一周する間のxとyの関係を調べたい．

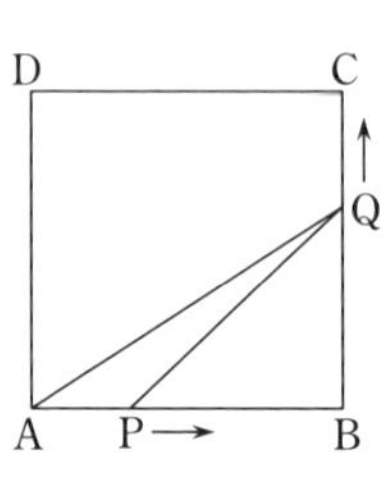

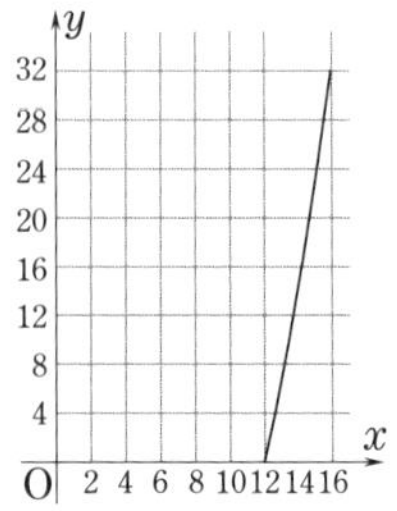

（1） $0 \leqq x \leqq 12$のときのxとyの関係式を求め，グラフを完成させなさい．

（2） $12 \leqq x \leqq 16$のときのxとyの関係式を求めなさい．

（3） △APQの面積が21cm^2となるときのxの値を求めなさい． （08 同志社）

4　グラフを読み取る

図1のように，座標平面上に八角形 OABCDEFG がある．また，直線 $x=t$ が x 軸に垂直な状態を保って，左右に動き，y 軸と直線 $x=t$ にはさまれた部分に，八角形の占める面積を S とする．図2は，t と S の関係をグラフで表したもので，直線 PQ の方程式は，$S=11t-24$，直線 QR の方程式は，$S=3t+32$ である．

（1）　図1の点 B の座標を求めなさい．
（2）　図1の点 D の座標を求めなさい．
（3）　図2の a の値を求めなさい．
（4）　図1の点 F の座標を求めなさい．

図1
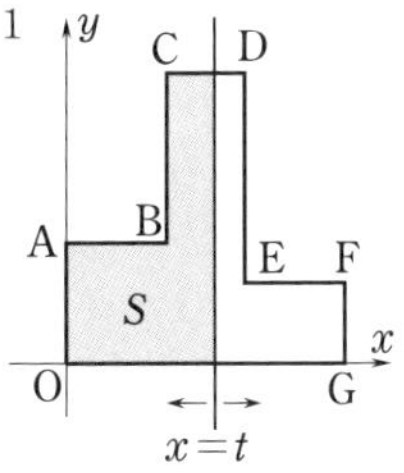

図2
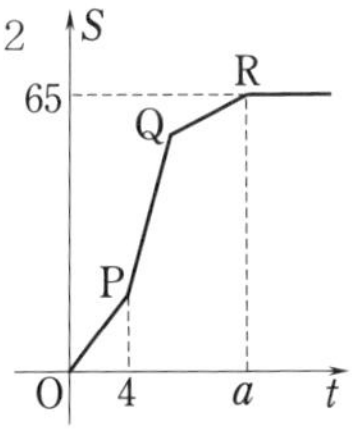

（05　那須高原海城）

図2の**グラフの‘折れ目’に注目**します．

解　（1）　図2′において，直線 PQ の式が，$S=11t-24$ …①　であることから，P(4, 20)．すると，B(4, b)とおけて，$4\times b=20$ より，$b=5$　∴　**B(4, 5)**

（2）　図2′において，直線 QR の式が，
$S=3t+32$ …②　であることから，①，②を連立して，Q(7, 53)．すると，D(7, d)とおけて，$20+(7-4)\times d=53$ より，$d=11$　∴　**D(7, 11)**

（3）　R(a, 65)が②上にあることから，
$65=3a+32$　∴　$\boldsymbol{a=11}$

（4）　（3）より，F(11, f)とおけて，
$53+(11-7)\times f=65$
より，$f=3$　∴　**F(11, 3)**

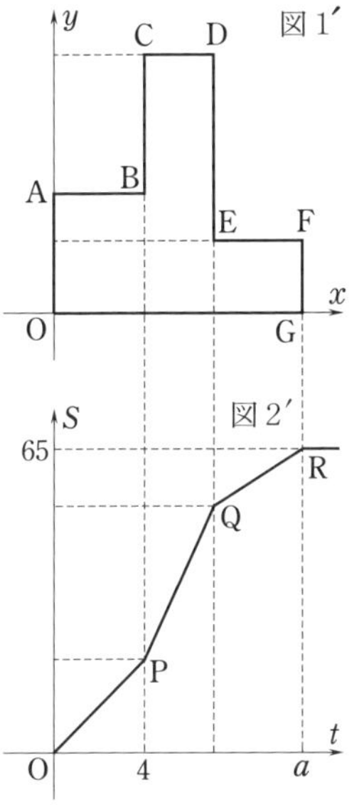

◆グラフの‘折れ目’では，何か状況の変化が起きているはず！

⇦図2′の‘折れ目’P において，$x=t$ は BC と重なっている．

⇦‘折れ目’Q では，DE が $x=t$.

⇦‘折れ目’R では，FG が $x=t$.

4★ 演習題 (p.159)

図1は，直線 l 上に，∠P＝90°の直角三角形 PQR と $\mathrm{AD}=\dfrac{9}{2}$cm，AB＝9cm の長方形 ABCD を表している．直角三角形の辺 PQ と長方形の辺 AB はともに直線 l 上にある．長方形 ABCD を固定して，△PQR を直線 l にそって右の方向に，点 P が点 B に重なるまで移動させる．点 Q が点 A を通過してから移動した距離を $x$cm，△PQR が長方形 ABCD と重なってできる網目の図形の面積を $y$cm^2 とする．図2は，$0\leqq x\leqq 9$ の範囲の面積 y のグラフを表しており，$0\leqq x\leqq 4$ では，放物線 f，$4\leqq x\leqq 6$ では，直線 m，$6\leqq x\leqq 9$ では，x 軸に平行な直線 n である．

（1）　△PQR の斜辺 QR が，長方形の頂点 D を通るとき，面積 y の値は何 cm^2 ですか．
（2）　△PQR の辺 PR の長さは何 cm ですか．
（3）　直線 m の式を求めなさい．
（4）　$9\leqq x\leqq 13$ において，$y=\dfrac{63}{4}$ のとき，x の値は何 cm ですか．

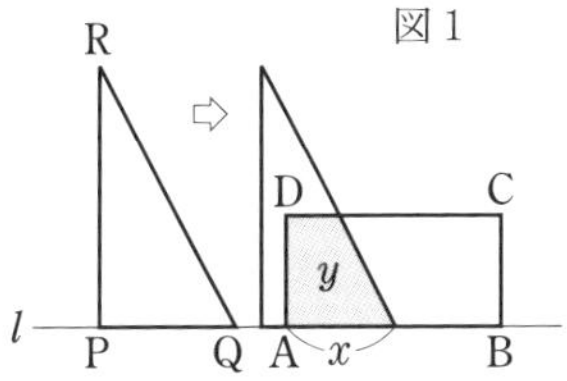

図1

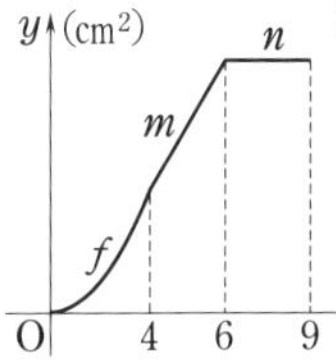

図2

（05　都立白鷗）

5　折れ線の長さの最小

次の各問いに答えなさい．

（ア）　図1のように，2点P(2，8)，Q(6，4)があります．y 軸上に点A，x 軸上に点Bを，PA＋AB＋BQの長さが最小になるようにとります．2点A，Bの座標を求めなさい．

（08　東北学院）

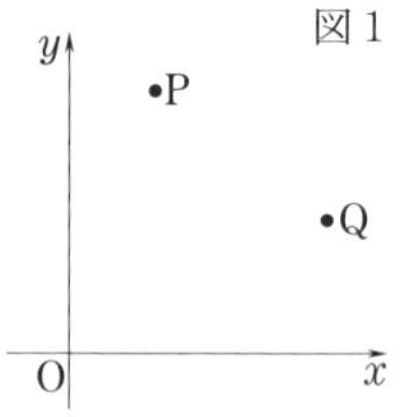

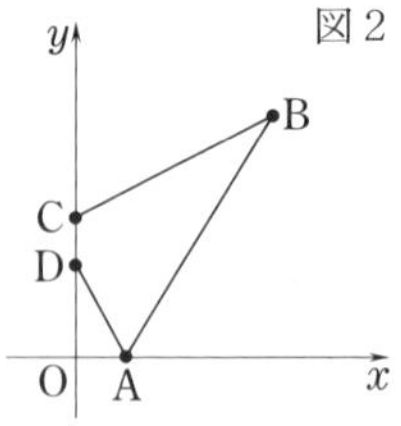

（イ）★　図2で，Oは原点，点A，Bの座標はそれぞれ(1，0)，(4，5)で，C，Dは y 軸上の点である．Dの y 座標は正であり，Cの y 座標はDの y 座標より常に1だけ大きい．四角形ABCDの周の長さが最小となるときの点Cの座標を求めなさい．　（04　愛知県）

折れ線の長さの最小問題では，**対称点をとって折れ線を一直線に帰着させる**のが定石です．

◀様々なバリエーションがあるが，いずれにおいてもこの定石は変わらない．

解　（ア）　右図のように，y 軸に関するPの対称点(−2，8)をP′，x 軸に関するQの対称点(6，−4)をQ′とすると，

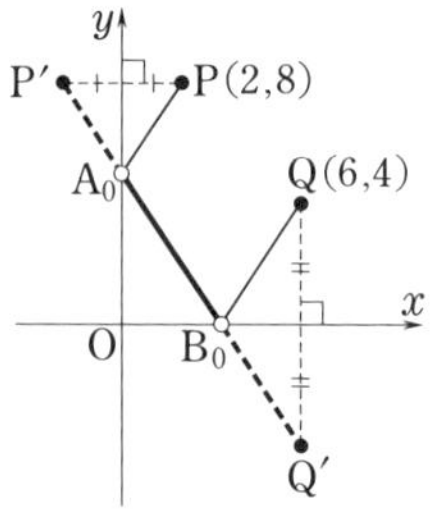

◁2回‘反射’するので，対称点を2つとる．

$$\mathrm{PA}+\mathrm{AB}+\mathrm{BQ}$$
$$=\mathrm{P'A}+\mathrm{AB}+\mathrm{BQ'}\geqq \mathrm{P'Q'}$$

◁PP′の中点をM，QQ′の中点をNとすると，
　△AMP≡△AMP′
　△BNQ≡△BNQ′
だから，
　PA＝P′A，BQ＝BQ′

ここで，等号は，P′-A-B-Q′が一直線のとき($\mathrm{A}=\mathrm{A_0}$，$\mathrm{B}=\mathrm{B_0}$ のとき)成り立つ．

直線P′Q′… $y=-\dfrac{3}{2}x+5$ であるから，$\mathrm{A_0}(\mathbf{0},\ \mathbf{5})$，$\mathrm{B_0}\left(\dfrac{\mathbf{10}}{\mathbf{3}},\ \mathbf{0}\right)$

（イ）　四角形ABCDの周の長さのうち，ABとCDは一定であるから，BC＋DAが最小になる場合を考えればよい．

ここで，右図のように点B′をとると，四角形BCDB′は平行四辺形であるから，

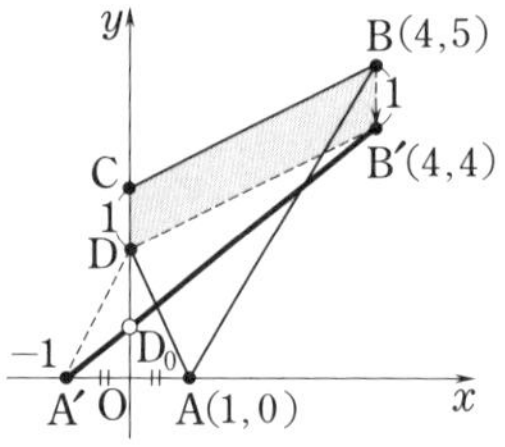

◀このように‘平行四辺形を作る’という発想を知らないと，お手上げ!?

$$\mathrm{BC}+\mathrm{DA}=\mathrm{B'D}+\mathrm{DA}\quad\cdots\cdots①$$

さらに，y 軸に関するAの対称点A′(−1，0)をとると，①＝B′D＋DA′≧B′A′

◁等号成立は，$\mathrm{D}=\mathrm{D_0}$ のとき．

直線B′A′… $y=\dfrac{4}{5}x+\dfrac{4}{5}$ より，$\mathrm{D_0}\left(0,\ \dfrac{4}{5}\right)$　∴　$\mathrm{C_0}\left(\mathbf{0},\ \dfrac{\mathbf{9}}{\mathbf{5}}\right)$

5★ 演習題（p.160）

2点A(10，0)，B(0，5)を通る直線がある．点O(0，0)から出た光線が，図のように直線AB上の点Pで反射して，点Q(8，0)に達した．

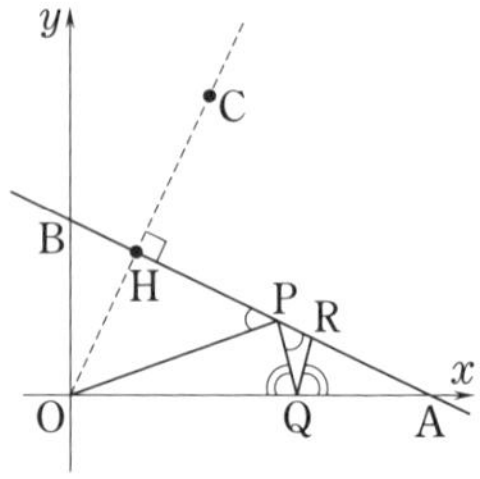

（1）　点Oから直線ABに垂線を下ろして，その交点をHとする．点Hの座標を求めなさい．

（2）　直線ABに関して，原点Oと対称な点Cの座標を求めなさい．

（3）　点Pの座標を求めなさい．

（4）　点Qに達した光線が，さらに x 軸上で反射して，直線AB上の点Rに達した．このとき，OP＋PQ＋QRの長さを求めなさい．

（08　弘学館）

6　座標平面での折り紙

正方形の折り紙 ABCD の頂点 B を辺 CD の中点 G に重ねて折ります．このとき，辺 AB が移される線分を IG とし，折り目の線分を JK とします．また，線分 AD と線分 IG の交点を H とします．右の図は折り紙の頂点 A を座標平面の原点に，辺 AB を x 軸の正の部分に，辺 AD を y 軸の正の部分に重ねて置いた図です．正方形の一辺の長さを 1 とし，紙の厚さは考えないものとします．

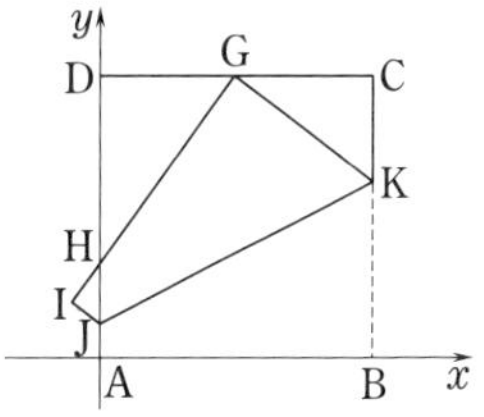

（1）　点 K の y 座標を k とするとき，k の値を求めなさい．

（2）　DG : DH を最も簡単な整数の比で表しなさい．

（3）　直線 GH の式を求めなさい．

（4）　点 J の y 座標を求めなさい．　　（09　清教学園）

せっかく座標平面にのせられているのですから，その特性を活かして解いてみます．

◀もともと，'長方形や直角三角形の折り紙' と座標平面は相性が良い．

解　（**1**）　B(1，0)，$G\left(\frac{1}{2},\ 1\right)$より，

BG の中点 M の座標は，$M\left(\frac{3}{4},\ \frac{1}{2}\right)$

折り目 JK は，BG の垂直 2 等分線であるから，その式は，$y=\frac{1}{2}\left(x-\frac{3}{4}\right)+\frac{1}{2}$

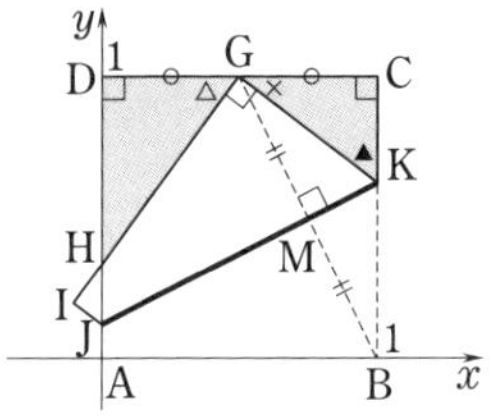

⇦B と G は '折り目' に関して線対称の位置にある．

⇦BG の傾きは，$-\frac{BC}{GC}=-2$ だから，これに直交する直線 JK の傾きは 1/2（☞p.104）．

$\therefore\ \ y=\frac{1}{2}x+\frac{1}{8}$ ……①　$\therefore\ \ k=\frac{1}{2}\times1+\frac{1}{8}=\mathbf{\frac{5}{8}}$

（**2**）　図で，$\triangle+\times=90^\circ$，$\blacktriangle+\times=90^\circ$ より，$\triangle=\blacktriangle$

$\therefore$　△GDH∽△KCG（二角相等）

$\therefore$　DG : DH＝CK : CG＝$(1-k):\frac{1}{2}=\frac{3}{8}:\frac{1}{2}=$ **3 : 4**

（**3**）　（2）より，直線 GH の傾きは $\frac{4}{3}$ であるから，その式は，

$$y=\frac{4}{3}\left(x-\frac{1}{2}\right)+1\quad\therefore\ \ \boldsymbol{y=\frac{4}{3}x+\frac{1}{3}}$$

（**4**）　点 J の y 座標は，①の切片であるから，$\mathbf{\frac{1}{8}}$

⇦K と J の y 座標は，同時に求められる．

6★ 演習題（p.160）

AB＝20，BC＝21，CA＝13 である鋭角三角形 ABC の辺 AC 上に点 D があり，AD : DC＝20 : 11 を満たす．辺 AB 上に点 P をとり DP を折り目として折ったところ，点 A は辺 BC 上の点 Q に重なった．この鋭角三角形 ABC を座標平面上に，A を y 軸の正の部分，B を x 軸の負の部分，C を x 軸の正の部分にのるようにおく．

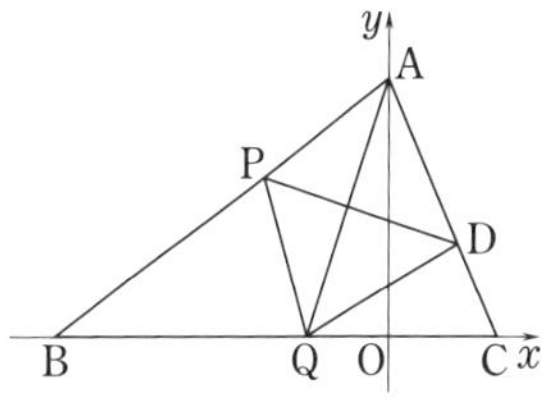

（1）　A，B，C，D の座標を求めなさい．

（2）　Q の座標を求めなさい．また，直線 DP の方程式を，$y=ax+b$ の形で表しなさい．

（3）　AP : PB を求めなさい．　　（05　開成）

7　格子点の個数

xy 座標平面に 3 点 A(15, 0)，B(0, 3)，C(0, -3)がある．また，この xy 座標平面上の点において，x 座標および y 座標がともに整数のとき，その点を格子点と呼ぶ．

（1）　四角形 ABCD が平行四辺形となるような点 D の座標を求めなさい．

（2）　平行四辺形 ABCD の内部にある格子点は何個あるか．ただし，平行四辺形の四辺上の点も含めるものとする．

（3）　(2)の格子点の中で，x 座標と y 座標の和が最大となる格子点の座標を求めなさい．

（07　江戸川学園取手）

（2）　格子点の個数は，**座標軸に平行に切って数える**のが原則です．その際，いずれの座標軸方向に切るべきかをよく考えましょう．

⇦どちらで切っても同様の場合もあるが，(大きな)差がある場合も少なくない．

解　**(1)**　AD≰BC より，**D(15, −6)**

(2)　直線 AB の式は，$y=-\dfrac{1}{5}x+3$

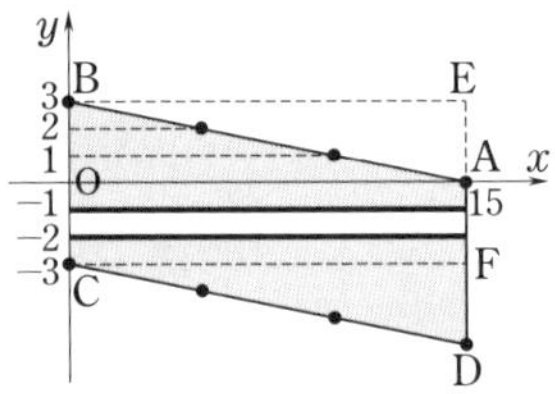

であるから，$x=-5y+15$

よって，直線 AB 上の点は，y 座標が整数ならば x 座標も整数である．

⬅「x 座標が整数ならば y 座標も整数」とは言えない．よって本問では，**x 軸に平行に($y=k$ で)切る**．

$y=2$，$y=1$ と直線 AB との交点の x 座標は，5，10 であるから，$y=3$〜-1 上の格子点の個数は，右表のようになる．

y	個数
3	1
2	5+1=6
1	10+1=11
0	15+1=16
−1	16

これと，図の 2 つの網目部分(周を含む)内の格子点の個数が等しいことから，答えは，

(1+6+11+16+16)×2=50×2=**100 (個)**

⇦網目部分同士は合同(白い部分に格子点はない)．

➡**注**　次のように数えることもできます．

その 1；{(15+1)×(3+1)+4}+(15+1)×2=68+32=**100 (個)**

その 2；{3−(−3)}×(15+1)+4=96+4=**100 (個)**

⇦その 1；△OAB と△CDF 内の格子点の和は，□OAEB 内の格子点より 4 個多い(〜〜は，$y=-1$，-2 上の格子点)．
その 2；**y 軸に平行に切る**と，$x=0$，5，10，15 のみ 7 個で，それ以外は 6 個ずつになる．

(3)　$x+y=k$ とおくと，$y=-x+k$．よって k の値は，格子点を通って傾きが -1 の直線の y 切片である．これが最大となるのは，格子点が A(**15**, **0**)の場合($k=15$)である．

7　演習題 (p.161)

m，n を自然数とし，原点 O(0, 0)と点 A(m, 0)，点 B(m, n)，点 C(0, n)を頂点とする長方形 OABC をつくる．ただし，$m \geqq n$ とする．x 座標，y 座標がともに整数である点のうち，長方形 OABC の周上にある点に●印，長方形 OABC の内部にある点に○印をつけ，それぞれ黒点，白点と呼ぶことにする．

（1）　$m=30$，$n=20$ のとき，白点の個数を求めなさい．

（2）　長方形 OABC の横の長さと縦の長さの差が 8 で，黒点の個数が 180 個のとき，長方形 OABC の面積を求めなさい．

（3）　$m=5$，$n=5$ のとき，原点 O を中心とする円をかいた場合を考える．円の内部にある白点の個数が 10 個未満であるような円のうち，最も大きな円の半径を求めなさい．ただし，円の内部とは，円周上は含まないものとする．

（09　都立国分寺）

8★ 整数部分のグラフ

0以上の数 x に対して，x 以下の整数のうちで最大の整数を $[x]$ で表す．たとえば，$[1.4]=1$，$[2]=2$ である．また，$0\leqq x<3$ のとき $y=[x]$ のグラフは，右図のようになる．ただし，図の白丸は，その点が含まれていないことを示している．

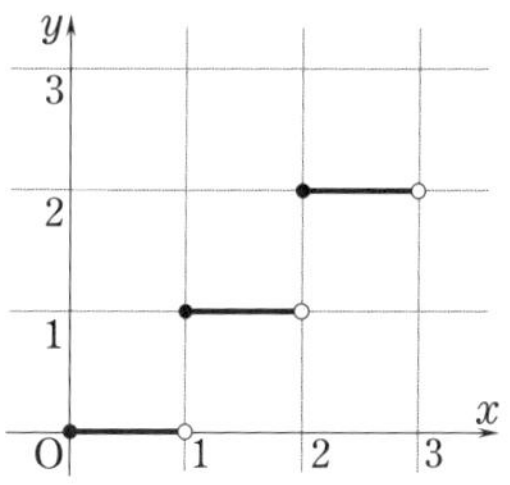

（1） $0\leqq x\leqq 2$ のとき，$y=[x^2]$ のグラフをかきなさい．

（2） $0\leqq x\leqq 2$ のとき，$y=\dfrac{3}{5}x^2$ と $y=[x^2]$ の2つのグラフの，原点以外の交点の座標を求めなさい．

（3） $0\leqq x\leqq 2$ のとき，$y=ax^2$ と $y=[x^2]$ の2つのグラフの交点で，原点以外のものが2個になるように a の範囲を定めなさい．（06 早大本庄）

（2）（3） $y=1\sim3$ の各線分と交わるかどうかをチェックします．同じようなことを2回やるよりも，1回で済ませてしまいましょう．

⇦本問での記号 $[x]$（**ガウス記号**という）については，☞p.52.

解 （1） $y=[x^2]$ のグラフは，右図の太線のようになる（●を含み，○を含まない）．

⇦「$x^2=$整数」となる x の値のところで，グラフは‘不連続’になる．

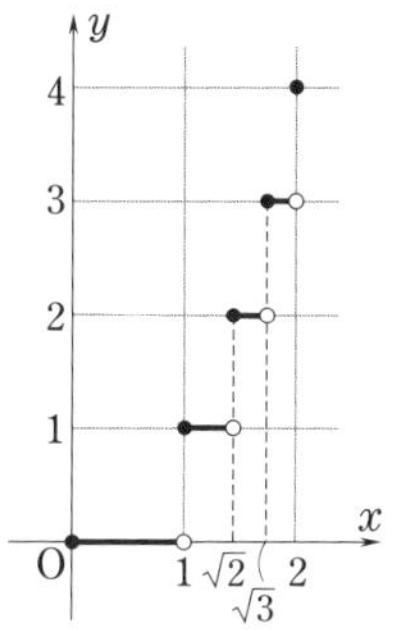

（2）（3） $y=ax^2\cdots$① が $(\sqrt{2},\ 1)$ を通るのは，$a=\dfrac{1}{2}$ のときであるから，①が

線分 $y=1$ $(1\leqq x<\sqrt{2})$

と交わるのは，$1/2<a\leqq 1$ のとき．

⬅①が太線分の端点を通るような a の値を求める．●の方の端点は $y=x^2\cdots$② 上に並んでいるので，○の方の端点を通る a の値を調べていく（○の点は，②を y 軸方向に -1 だけ平行移動した放物線 $y=x^2-1$ 上に並んでいる）．

同様に考えて，図の各線分と交わる a の値の範囲は，右のようになる．

$y=1$ $(1\leqq x<\sqrt{2})$	$1/2<a\leqq 1$
$y=2$ $(\sqrt{2}\leqq x<\sqrt{3})$	$2/3<a\leqq 1$
$y=3$ $(\sqrt{3}\leqq x<2)$	$3/4<a\leqq 1$
$y=4$ $(x=2)$	$a=1$

⇦下図のようになる．

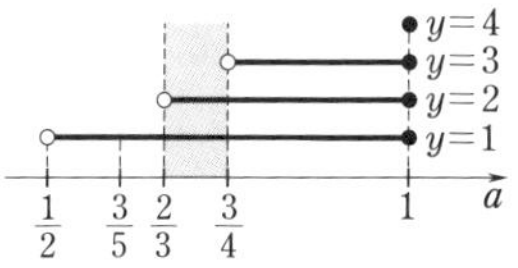

よって，$y=\dfrac{3}{5}x^2$ は，$y=1$ のみと交わり，

$1=\dfrac{3}{5}x^2$ $(x>0)$ より，$x=\dfrac{\sqrt{15}}{3}$ $(\fallingdotseq 1.29)$ ∴ $\boldsymbol{\left(\dfrac{\sqrt{15}}{3},\ 1\right)}$

また，原点以外に2個の交点をもつ a の範囲は，$\boldsymbol{\dfrac{2}{3}<a\leqq\dfrac{3}{4}}$

⇦上図の○は含まれないから，
$a=2/3$ のときは，1個
$a=3/4$ のときは，2個

8★ 演習題 (p.161)

正の数 x を小数第1位で四捨五入した数を $\langle x\rangle$，小数第2位で四捨五入したあとその数値をさらに小数第1位で四捨五入した数を「x」で表すことにする．たとえば，$\langle 2.9\rangle=3$，「3.464」$=\langle 3.5\rangle=4$ である．

（1） $0<x\leqq 3$ のとき，$y=\left\lceil\dfrac{x}{4}\right\rfloor-\left\langle\dfrac{x}{4}\right\rangle+1$ の表すグラフを右図にかきなさい．

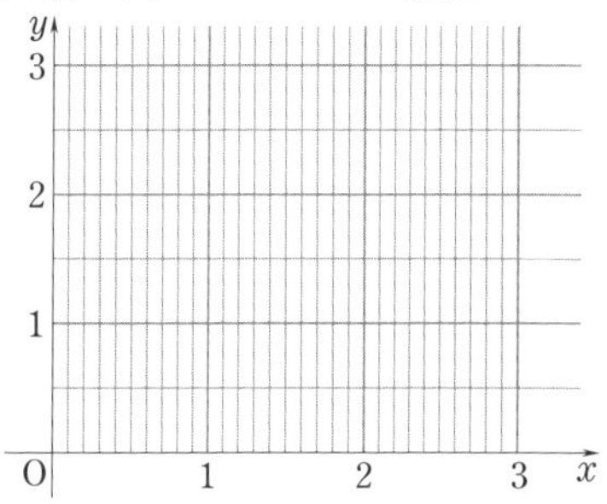

（2） $3x^2+\left\langle\dfrac{x}{4}\right\rangle+3=18x+\left\lceil\dfrac{x}{4}\right\rfloor$ をみたす正の数 x をすべて求めなさい．（04 開成）

9 正三角形(定規形)をとらえる

右図の三角形OABにおいて，O(0, 0)，A(6, 4)，OA=OB，∠BOA=30°である．

（1） 点Bから直線OAに下ろした垂線の足をCとするとき，点Cの座標を求めなさい．

（2） 点Bの座標を求めなさい．

（3） 直線OA上に2点P，Qをとり，三角形BPQが正三角形となるようにした．点P，Qの x 座標を求めなさい．ただし，(Pの x 座標)<(Qの x 座標)とする．

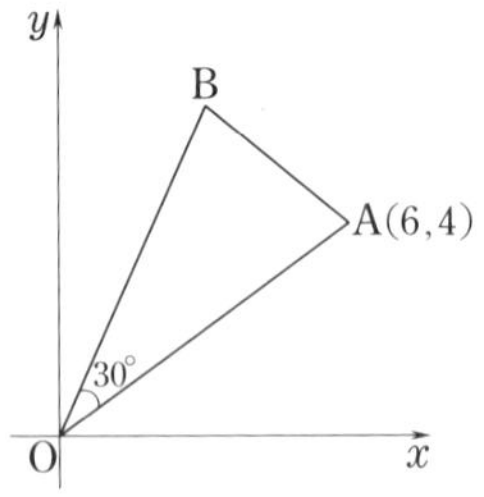

（08 甲陽学院）

（2） 相似な直角三角形を利用します．

（3） いろいろな手が考えられますが，‘角の2等分線’に着目してみます．

⬅座標平面上で直角三角形(or 長方形)をとらえるときの定石．

解 （**1**） △OBCは30°定規形であるから，$\dfrac{OC}{OB}=\dfrac{\sqrt{3}}{2}$ ∴ $\dfrac{OC}{OA}=\dfrac{\sqrt{3}}{2}$

⇦OA=OB

∴ $C\left(6\times\dfrac{\sqrt{3}}{2},\ 4\times\dfrac{\sqrt{3}}{2}\right)$

∴ $\mathbf{C(3\sqrt{3},\ 2\sqrt{3})}$

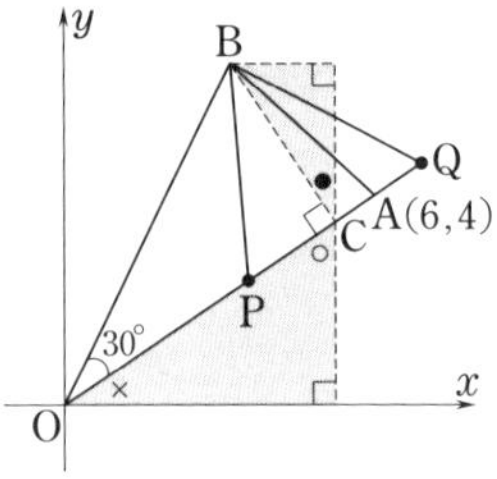

（**2**） 図の網目の直角三角形は相似であり，相似比は，OC : CB=$\sqrt{3}$: 1であるから，

⇦図で，●+○=90°，×+○=90°より，●=×
よって，二角相等により相似．

$B\left(3\sqrt{3}-2\sqrt{3}\times\dfrac{1}{\sqrt{3}},\ 2\sqrt{3}+3\sqrt{3}\times\dfrac{1}{\sqrt{3}}\right)$

∴ $\mathbf{B(3\sqrt{3}-2,\ 2\sqrt{3}+3)}$

（**3**） ∠OBC=60°，∠PBC=30°であるから，BPは∠OBCの2等分線である．よって，OP : PC=OB : BC=2 : 1

⇦“角の2等分線の定理”(☞p.137)

したがって，Pの x 座標は，$3\sqrt{3}\times\dfrac{2}{2+1}=\mathbf{2\sqrt{3}}$

すると，Qの x 座標は，$3\sqrt{3}+(3\sqrt{3}-2\sqrt{3})=\mathbf{4\sqrt{3}}$

⇦QC=PC

➡**注** 他にも，
- (2)と相似な直角三角形を利用する
- ∠OBQ=60°+30°=90°に着目する

などの解法が考えられます．

9★ 演習題 (p.162)

右図のように，正三角形の3つの頂点P，Q，Rが放物線 $y=x^2$ 上にある．点Pの座標は $\left(\dfrac{5}{2},\ \dfrac{25}{4}\right)$ で，2点Q，Rを通る直線の傾きは−1である．

（1） 辺QRの垂直二等分線の方程式を求めなさい．

（2） 辺QRの中点の座標を求めなさい．

（3） 正三角形PQRの1辺の長さを求めなさい．

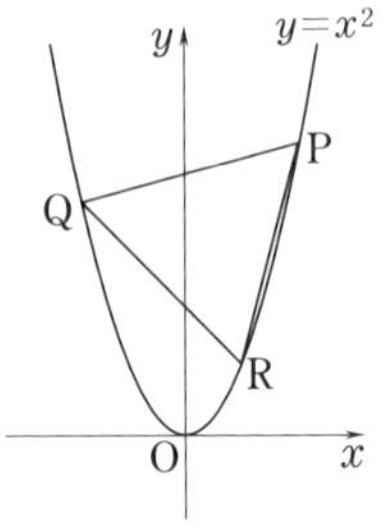

（05 巣鴨）

10　動点により描かれる軌跡

図のように，関数 $y=\frac{1}{2}x^2$ ($x\geqq 0$)…①　のグラフと点A$(-4,\ 8)$がある．点Aを通り，傾きmと傾き$-m$の2本の直線が①と交わる点をそれぞれB，Cとする．ただし，$0<m\leqq 2$とする．線分BCの中点をMとするとき，

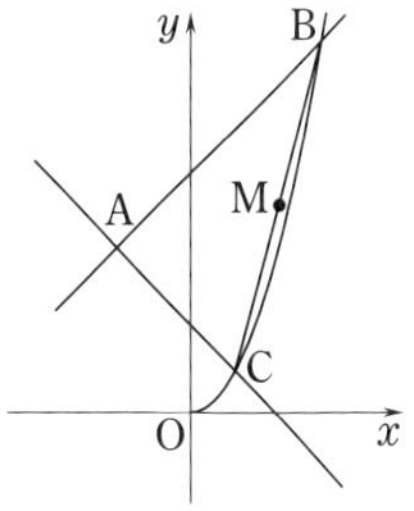

（1）　$m=1$のとき，点Mの座標を求めなさい．

（2）　$1\leqq m\leqq 2$のとき，点Mのy座標をmを使って表しなさい．

（3）　$1\leqq m\leqq 2$の範囲で，mが変化したとき，点Mが動いてできる線分の長さを求めなさい．

（05　渋谷幕張）

動点Mが描く図形(軌跡)をとらえるには，**Mのx，y座標をそれぞれmで表し，それらの間に成り立つ関係式(これが軌跡の図形の方程式)を求める**のが基本です．

⇦このような変数mのことを，(高校では)‘**パラメーター**’と呼ぶことがある．

解　(**1**)，(**2**)　点Aも放物線 $y=\frac{1}{2}x^2$ 上にあるから，点B，Cのx座標をb，cとすると，

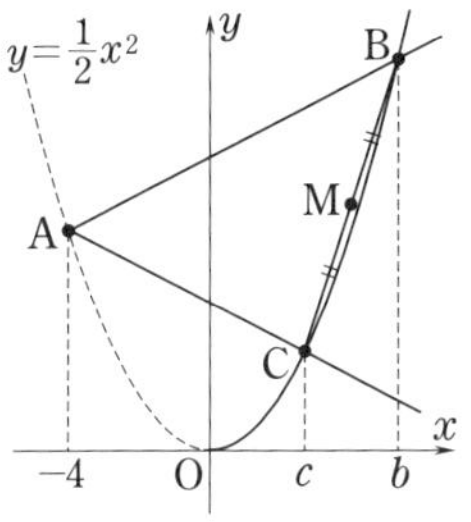

⇦(1)と(2)は同じ流れをたどるのだから，一般の場合の(2)をまず考える方が手っ取り早い．

$m=\frac{1}{2}(-4+b)$，$-m=\frac{1}{2}(-4+c)$

$\therefore\ b=2m+4$，$c=-2m+4$

よって，M$(x,\ y)$とすると，

$$x=\frac{b+c}{2}=4,\quad y=\frac{\frac{1}{2}b^2+\frac{1}{2}c^2}{2}=\frac{b^2+c^2}{4}=\boldsymbol{2m^2+8}\quad\cdots\cdots②$$

⇦Mのx座標は，mによらない定数になった．すなわち，(パラメーターmを消去するまでもなく)Mの軌跡の方程式は$\boldsymbol{x=4}$と分かった．

$m=1$のときは，**M(4，10)**

(**3**)　$1\leqq m\leqq 2$のとき，$10\leqq ②\leqq 16$

よって，Mは，「線分$x=4$，$10\leqq y\leqq 16$」上を動くから，その長さは，$16-10=\boldsymbol{6}$

⇦軌跡の長さを求めるには，軌跡の端点(限界)をとらえる．

10★ 演習題 (p.162)

2点A$(-6,\ 0)$，B$(6,\ 0)$とし，線分AB上にAからBまで移動する点Pがある．APを1辺とする正方形をx軸の下側につくり，その対角線の交点をMとし，BPを1辺とする正方形をx軸の上側につくり，その対角線の交点をNとし，線分MNの中点をQとする．ただし，点Pが点A，Bと一致するときは点M，NはそれぞれA，Bとする．

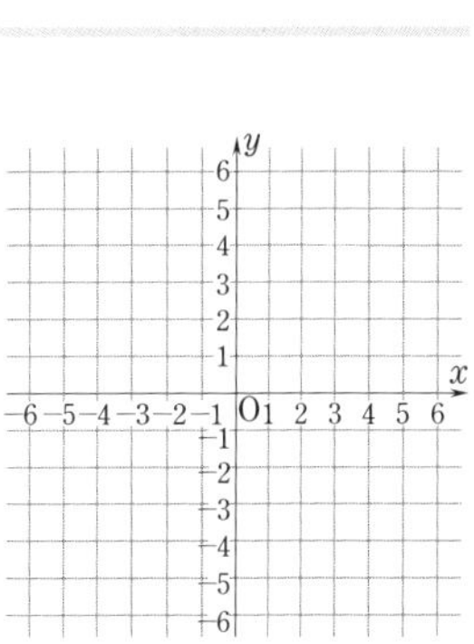

（1）　P$(a,\ 0)$とするとき，点Qの座標をaを用いて表しなさい．

（2）　点Qの描く図形を式で表し，点Qのx座標のとりうる値の範囲を求めなさい．

（3）　(2)のとき，線分MNの描く図形の面積を求めなさい．

（06　立教新座）

11　図形が通過する領域

右の図のように，1 辺の長さが 1 で，辺 PQ が y 軸に平行な正方形 PQRS があります．点 P は直線 $y=2x+4$ 上にあります．

（1）　点 P の座標を$(t,\ 2t+4)$とおくとき，点 R の座標を t を用いて表しなさい．

（2）　点 R が放物線 $y=x^2$ 上にある状態(図の R_1)から正方形 PQRS が右上方向に平行移動して，再び点 R がこの放物線上にのった(図の R_2)とします．図の点 P_1，P_2 の x 座標をそれぞれ求めなさい．

（3）　(2)の間に正方形が通過してできる図形(図の影のついた部分)の周の長さを求めなさい．

（4）　(3)の図形の面積を求めなさい．

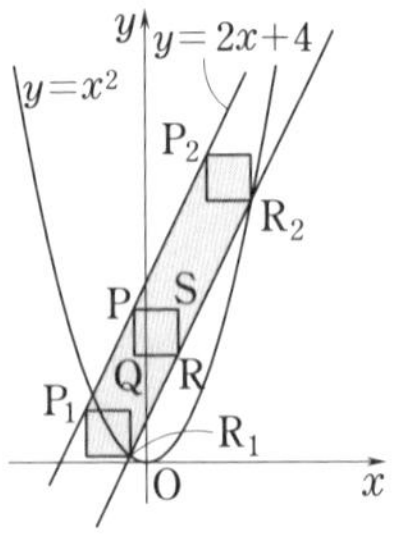

（06　大阪桐蔭）

（4）「$▱\text{P}_1\text{R}_1\text{R}_2\text{P}_2$＋正方形」として求めてもよいのですが，少し工夫してみます．

解　（1）　R の x 座標は P より 1 大きく，y 座標は 1 小さいから，$\text{P}(t,\ 2t+4)$のとき，$\mathbf{R}(\boldsymbol{t+1},\ \boldsymbol{2t+3})$ ……………………………①

➡**注**　$2t+3=2(t+1)+1$ ですから，R は直線 $y=2x+1$ 上を動きます．

⇦R が動く直線は，P が動く直線と平行．

（**2**）　R が $y=x^2$ 上にあるとき，①より，

$$2t+3=(t+1)^2 \quad \therefore \quad t^2=2 \quad \therefore \quad t=\pm\boldsymbol{\sqrt{2}}$$

⇦もちろん，$-\sqrt{2}$ が P_1 の x 座標で，$\sqrt{2}$ が P_2 の x 座標．

（**3**）　$\text{P}_1\text{R}_1 \,\underline{/\!/}\, \text{P}_2\text{R}_2$ であるから，$▱\text{P}_1\text{R}_1\text{R}_2\text{P}_2$ は平行四辺形である．

⇦P_1R_1，P_2R_2 の傾きはともに -1 で，$\text{P}_1\text{R}_1=\text{P}_2\text{R}_2=\sqrt{2}$

よって，求める長さは，

$\text{P}_1\text{P}_2\times2+1\times4$

$=(2\sqrt{2}\times\sqrt{5})\times2+4=\boldsymbol{4\sqrt{10}+4}$

⇦P_1P_2 の傾きは 2 なので，図で，$\text{P}_1\text{H}:\text{HP}_2:\text{P}_1\text{P}_2=1:2:\sqrt{5}$

$\therefore\ \ \text{P}_1\text{P}_2=\text{P}_1\text{H}\times\sqrt{5}$

$=2\sqrt{2}\times\sqrt{5}$（☞p.104）

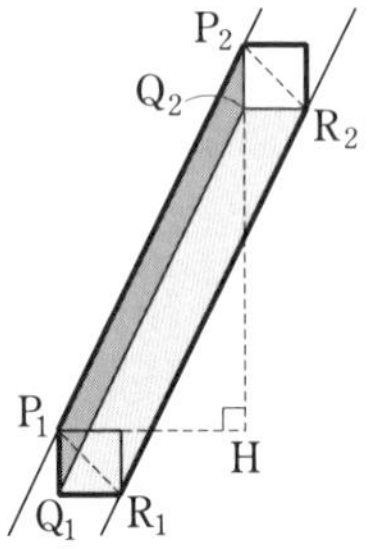

（**4**）　①より，R_2 と R_1 の y 座標の差は，

$(2\sqrt{2}+3)-(-2\sqrt{2}+3)=4\sqrt{2}$ ……②

⇦②$=\text{P}_2\text{H}=2\sqrt{2}\times2=4\sqrt{2}$ としても求められる．

よって，求める面積は，

$▱\text{P}_1\text{Q}_1\text{Q}_2\text{P}_2+▱\text{Q}_1\text{R}_1\text{R}_2\text{Q}_2+$正方形

$=1\times(2\sqrt{2})+1\times4\sqrt{2}+1^2=\boldsymbol{6\sqrt{2}+1}$

⇦このように分割すると，底辺も高さも座標軸方向にとれるので，計算が楽になる．

11★ 演習題（p.162）

図のように $y=x^2$ ……①　と $y=x+4$ ……②　が 2 点 A，B で交わっている．点 P が①上の点 A から原点 O の間を動く．次に点 P を通り x 軸，y 軸に平行な直線と①，②との交点を Q，S とし，長方形 PQRS をつくる(ただし，点 P が 2 点 A または O と一致する場合も含む)．

（1）　点 A の座標を求めなさい．

（2）　直線 SQ と②が垂直のとき，長方形 PQRS の面積を求めなさい．

（3）　線分 BR が通り得る部分の面積を求めなさい．

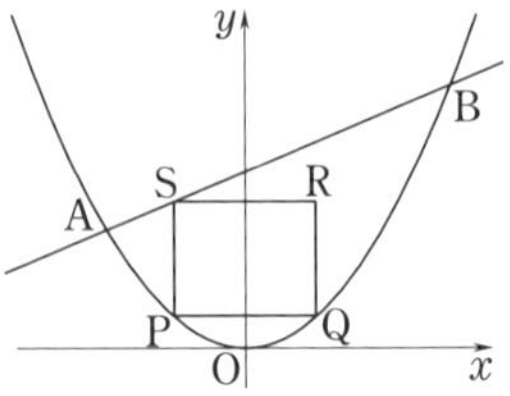

（09　昭和学院秀英）

12★ 2つの動点

右の図で点Pは，はじめに直線 $y=4x+16$ 上を1秒間に $\sqrt{17}$ の速さで進み，点Aからは直線 $y=mx+n$ 上を1秒間に $\sqrt{37}$ の速さで進みます．点Qは放物線 $y=ax^2$ 上を1秒間に x 座標が1ずつ増える速さで進みます．点P，Qは，ともに x 座標が -4 の点から出発すると，2秒後に点Aで交わり，さらに7秒後に点Bで交わります．

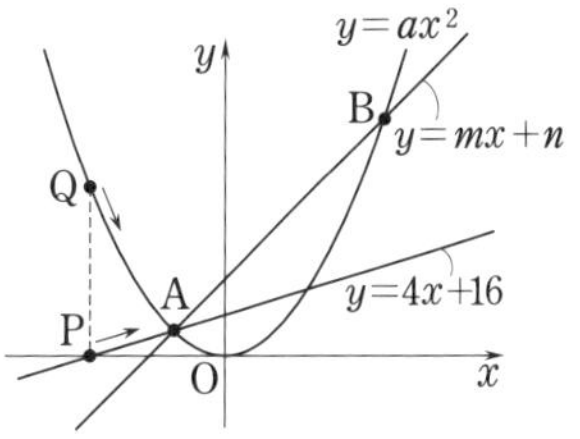

（1） a の値を求めなさい．

（2） m，n の値を求めなさい．

（09　明治大付中野八王子）

（1） Aの座標を求めます．

（2） Bの x 座標が分かれば，m，n の値は求められます．

解　（1） 右図のようになって，

$CA=\sqrt{17}\times2=2\sqrt{17}$ であるから，

$A(-4+1\times2,\ 4\times2)$　∴　$A(-2,\ 8)$

これが $y=ax^2$ 上にあることから，

$8=a\times(-2)^2$　∴　$\boldsymbol{a=2}$

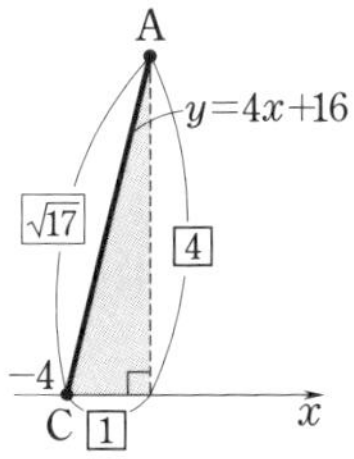

⇦図より，点Pは，CからAへは，
　x 軸方向に，1×2
　y 軸方向に，4×2
だけ進む．

➡**注**　Qの速さの条件からも，Aの x 座標が，
$-4+1\times2=-2$　と分かります．

（2） Qの速さの条件から，Bの x 座標は，$-2+1\times7=5$

このとき，$\boldsymbol{m}=2\times(-2+5)=\boldsymbol{6}$

$\boldsymbol{n}=-2\times(-2)\times5=\boldsymbol{20}$

⇦m は，直線ABの傾き
　n は，直線ABの切片

➡**注**　Bの座標は，(5，50)です．
なお，PがA→Bに要する時間は，確かに，
$\{(5+2)\times\sqrt{37}\}\div\sqrt{37}=7$（秒）
になっています（（1）と同様の図を書いて確かめよ）．

12★ 演習題 (p.163)

点Pは原点Oを出発し，y 軸上を正の方向に毎秒2の速さで動く点，直線 l は点Pを通る傾き1の直線である．直線 l は，傾き1を保ったまま，点Pとともに y 軸の正の方向に動く．関数 $y=\dfrac{1}{5}x^2$ のグラフを m とし，直線 l と曲線 m の2つの交点のうち，x 座標が正の数である点をQ，x 座標が正の数でない点をRとする．

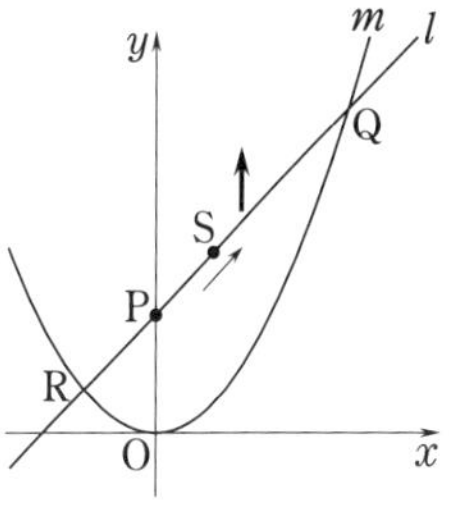

点Sは，点Pと同時に原点Oを出発し，直線 l 上を点Qの方向に，点Pから見て毎秒 $\sqrt{2}$ の速さで動く．点Sは，点Qと一致するとただちに進む向きを変え，直線 l 上を点Rの方向に，同じく毎秒 $\sqrt{2}$ の速さで動き，点Pを通過して，点Rと一致するまで動く．

（1） 点Sが原点Oを出発してから点Qと一致するまでの間において，点Sが原点Oを出発してから t 秒後の点Sの座標を，t を用いて表しなさい．

（2） 点Sが点Qと一致したときから，点Rと一致するときまでの時間は何秒か．

（07　都立国立）

13　接点で最大

放物線 $y=x^2$ と傾き -2 の直線 l が点 A$(-1,\ 1)$だけを共有している(点 A で接している).

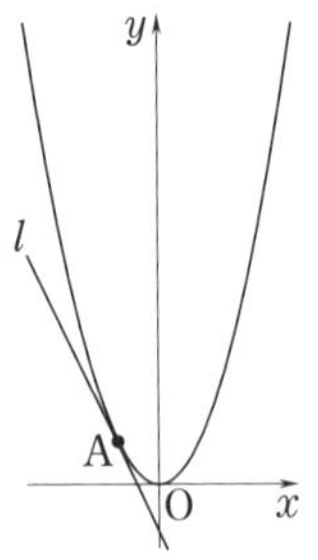

(1)　直線 l の方程式を求めなさい.

(2)　点 A を通る傾き 2 の直線 m とこの放物線の交点のうち，点 A でない方を点 B とする．この点 B の座標を求めなさい.

(3)　△OAB の面積を求めなさい.

(4)　点 P が放物線上を点 A から点 B まで動くとき，△ABP の面積の最大値を求めなさい.　　(06　土佐塾)

(4)で放物線の接線が登場しますが，そのヒントとして l が与えられているのでしょう.

解　(1)　l の式は，$y=-2(x+1)+1$　∴　$\boldsymbol{y=-2x-1}$ …①

➡注　$y=x^2$ と①から y を消去すると，$x^2=-2x-1$　∴　$(x+1)^2=0$ 共有点は確かに A 1 つだけです.

⇦2 次方程式の解は，$x=-1$ だけ(重解).

(2)　B の x 座標を b とすると，m の傾きについて，

$1\times(-1+b)=2$　∴　$b=3$　∴　**B(3, 9)**

(3)　m の切片は，$-1\times(-1)\times3=3$ であるから，右図のようになって，

$$\triangle OAB=\frac{3\times(3+1)}{2}=\mathbf{6}$$

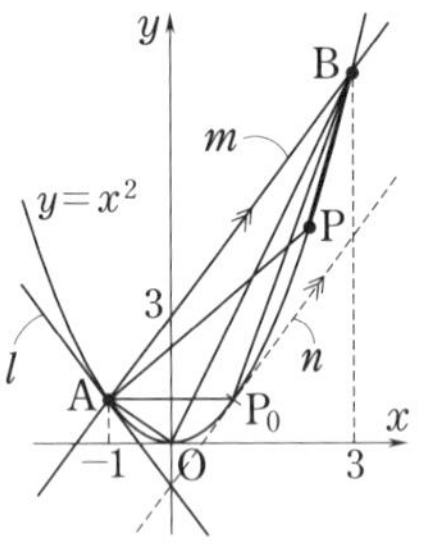

(4)　△ABP の底辺を AB と見ると，高さが最大になるのは，図の P_0(m に平行な接線 n の接点)の場合である.

⇦下の注を参照.

このとき，n と l は傾きの絶対値が等しく，共に放物線の接線であるから，y 軸に関して対称である．よって，

⇦$n(/\!/ AB)$の傾きは 2，l の傾きは -2.

$P_0(1,\ 1)$であり，最大値は，$\triangle ABP_0=\dfrac{(1+1)\times(9-1)}{2}=\mathbf{8}$

➡注　一般に，平面上に 2 定点 A，B と，上に凸(とつ)な図形 C 上の動点 P があるとき，△ABP の面積は，右図の P_0 の場合に最大となります(l は AB に平行な C の接線で，P_0 はその接点).

なぜなら，△ABP の底辺を AB と見ると，$P=P_0$ のときに高さが最大になるからです($P\neq P_0$ のとき，P は l よりも下にある).

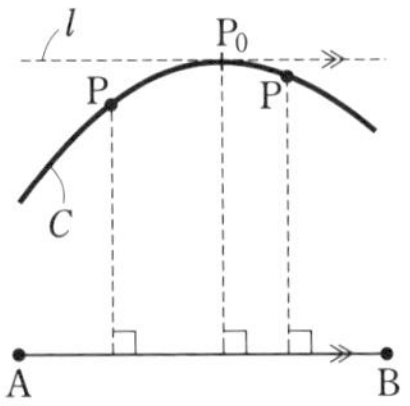

13★ 演習題 (p.163)

点 A$(0,\ 5)$を中心とする半径 1 の円と，2 点 B$(0,\ 2)$，C$(4,\ 0)$がある．また，円周上を点 P が動くとき，次の問に答えなさい.

(1)　△ABC の面積を求めなさい.

(2)　A から直線 BC に引いた垂線の長さを求めなさい.

(3)　△PBC の面積が最大になるときの P の座標と，そのときの面積を求めなさい.

(07　西武文理)

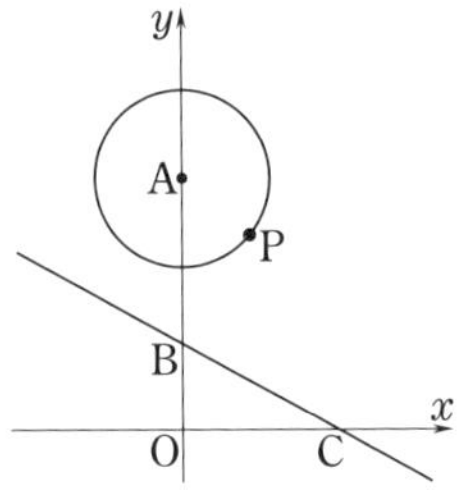

14★ 三角形の外心

座標平面上に4点 A(2, 0), B(15, 0), C(0, 10) と D がある．点 D は y 軸の正の部分にあり，∠ADB＝∠ACB を満たしている．

（1） 3点 A，B，C から等距離にある点 P の座標を求めなさい．

（2） 点 D の y 座標を求めなさい．

（3） 2直線 AC と BD の交点を Q とするとき，線分の長さの比 AQ：QC および，BQ：QD を最も簡単な整数比で求めなさい．

（05　甲陽学院）

等角の条件から，円が現れますが，(3)では，("方べきの定理" 等々…よりも)座標に立ち返る方が手早そうです(ただし，☞別解)．

解 （1） AB の垂直二等分線は，$x=\dfrac{2+15}{2}$　∴　$x=\dfrac{17}{2}$ …①

また，AC の中点は(1, 5)，AC の傾きは-5であるから，AC の垂直二等分線は，$y=\dfrac{1}{5}(x-1)+5$　∴　$y=\dfrac{1}{5}x+\dfrac{24}{5}$ …………②

①，②の交点が P であるから，$\mathbf{P}\left(\dfrac{\mathbf{17}}{\mathbf{2}},\ \dfrac{\mathbf{13}}{\mathbf{2}}\right)$

⇦三角形の外心は，各辺の垂直二等分線の交点．

（2） (1)の点 P は，△ABC の外接円の中心であり，∠ADB＝∠ACB を満たす点 D も，この円周上にある．

よって，D(0, d)とすると，

$\dfrac{10+d}{2}=\dfrac{13}{2}$　∴　$d=\mathbf{3}$

別解 方べきの定理より，

OD×OC＝OA×OB

∴　$d\times10=2\times15$　∴　$d=\mathbf{3}$

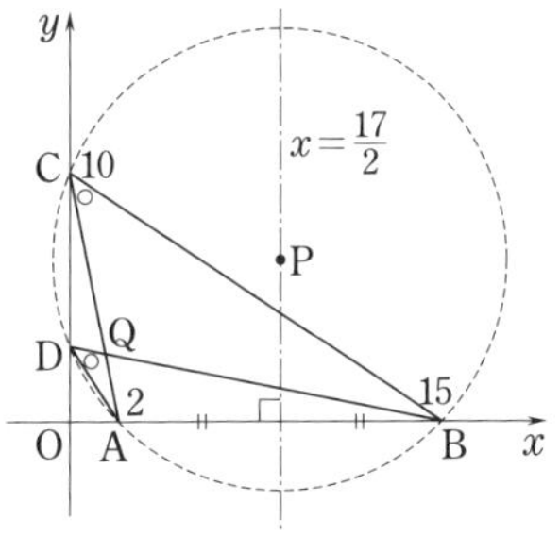

⇦"円周角の定理"の逆(☞p.137. 点 D は，図の位置にある)．

⇦P は，CD の垂直二等分線上にもある．

⇦"方べきの定理"については，☞p.137.

（3） 直線BD…$y=-\dfrac{1}{5}x+3$，直線 AC…$y=-5x+10$

より，Q の x 座標は，$-\dfrac{1}{5}x+3=-5x+10$　∴　$x=\dfrac{35}{24}$ ………③

∴　AQ：QC＝(2−③)：③＝**13：35**

BQ：QD＝(15−③)：③＝**65：7**

⇦BD の傾きは，$-3/15=-1/5$

別解 AQ：QC

＝△ABD：△BCD

$=\dfrac{13\times3}{2}:\dfrac{7\times15}{2}=\mathbf{13:35}$

BQ：QD＝△ABC：△ACD

$=\dfrac{13\times10}{2}:\dfrac{7\times2}{2}=\mathbf{65:7}$

14★ 演習題 (p.164)

右の図の2つの放物線は，関数 $y=x^2$ …①　と関数 $y=-\dfrac{1}{4}x^2$ …②　のグラフである．点 P は t 秒後の x 座標が t となるように放物線①上を動き，点 Q は t 秒後の x 座標が $-2t$ となるように放物線②上を動く．また，y 軸に関して点 Q と対称な点を R とする．ただし，$t>0$ とする．

（1） ∠PQR＝45°のとき，点 P の座標を求めなさい．

（2） 3点 P，Q，R を通る円の中心の座標を求めなさい．

（06　明治大付明治）

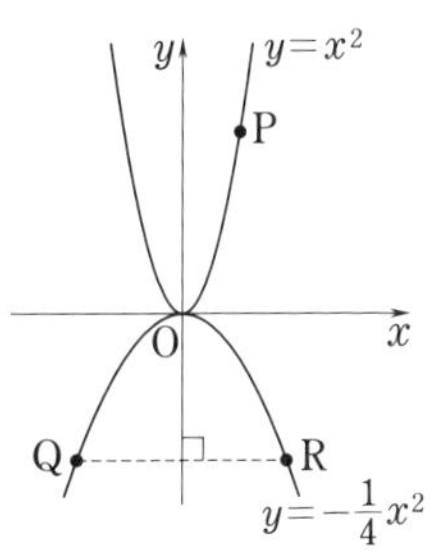

15 円と接線

図のように，xy 座標平面上に直線 $y=-\frac{4}{3}x+\frac{10}{3}$ ……① があり，この直線①に原点を中心とする円が接しています．直線①が x 軸と交わる点をA，y 軸と交わる点をBとします．点P(5，3)からこの円に2本の接線を引き，直線①との交点をQ，Rとします．

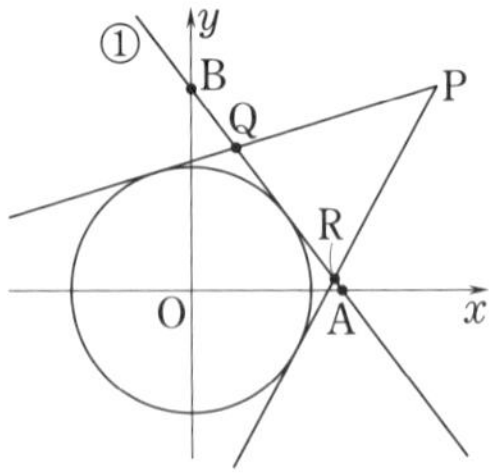

(1) △OABの面積を求めなさい．
(2) 線分ABの長さを求めなさい．
(3) 円の半径を求めなさい．
(4) △PQRの周の長さを求めなさい．

（09　四天王寺）

(3) (1)，(2)を利用します．
(4) Pからの接線の式や，Q，Rの座標を求めるのは，中学の範囲ではキツイので，図形的な解法を探りましょう．

⇦円の半径は，中心から接線に下ろした**垂線の長さ**だから，定石通り**面積を経由**して求める．

解 (1) $A\left(\frac{5}{2},\ 0\right)$，$B\left(0,\ \frac{10}{3}\right)$より，

$\triangle OAB=\frac{1}{2}\times\frac{5}{2}\times\frac{10}{3}=\mathbf{\frac{25}{6}}$ ……②

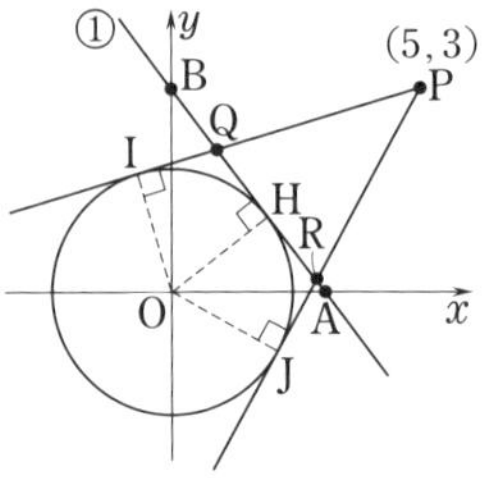

(2) $AB=OA\times\frac{5}{3}=\frac{5}{2}\times\frac{5}{3}=\mathbf{\frac{25}{6}}$ ……③

⇦△OABの3辺比は，3：4：5

(3) 円Oの半径を r とすると，

②$=\frac{1}{2}\times$③$\times r$　これと②＝③より，$\boldsymbol{r=2}$

⇦△HAO(or △HOB)∽△OABより求めることもできる．

(4) QH＝QI，RH＝RJより，△PQRの周の長さは，

PQ＋QR＋RP＝PQ＋(QH＋RH)＋RP

＝(PQ＋QI)＋(RJ＋RP)＝PI＋PJ＝PI×2 ………………④

ここで，$PI=\sqrt{OP^2-OI^2}=\sqrt{(5^2+3^2)-2^2}=\sqrt{30}$

であるから，④$=\mathbf{2\sqrt{30}}$

➡**注**　円Oは，△PQRの**傍接円**で，このとき，一般に，
△PQRの周の長さ＝2PI　となります．

⇦このことがテーマの入試問題は，時たま見られる．

15★ 演習題 (p.164)

原点Oを中心とする半径2の円の一部を図のように線分ABで折り返すと，x 座標が-1である点で x 軸と接した．

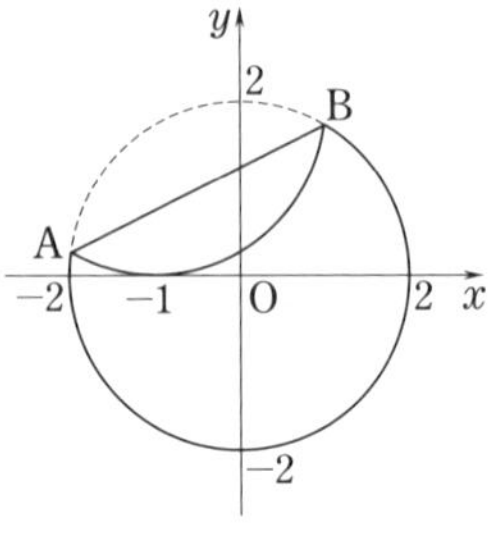

(1) 線分ABの中点をMとする．Mの座標を求めなさい．
(2) 線分ABの垂直二等分線の方程式を求めなさい．
(3) 直線ABと x 軸との交点の座標を求めなさい．

（06　西武文理）

16　2円の共通接線

原点Oと点A(3, $\sqrt{3}$)を通る半直線OAを半直線lとする．この半直線lとy軸の正の部分の両方に接する円Pを考える．

（1） 半直線lとy軸の正の部分および円Pの3つに同時に接する円Qがある．2つの円P, Qの中心を通る直線の方程式を求めなさい．

（2） (1)の円Qの半径が1であり，円Pの半径が1より大きいとき，円Pの半径の長さを求めなさい．

（3） (2)のとき，2つの円P, Qの接する点の座標を求めなさい．

（06　西武文理）

2円の共通外接線(本問では，lとy軸)は，中心線に関して対称ですから，それらの3直線は1点で交わります(右図).

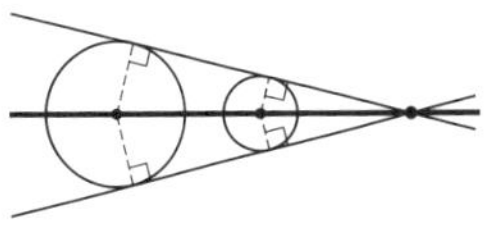

解 （1） 2円P, Qの中心線mは，lとy軸との交点Oを通り，●の角同士は等しい．

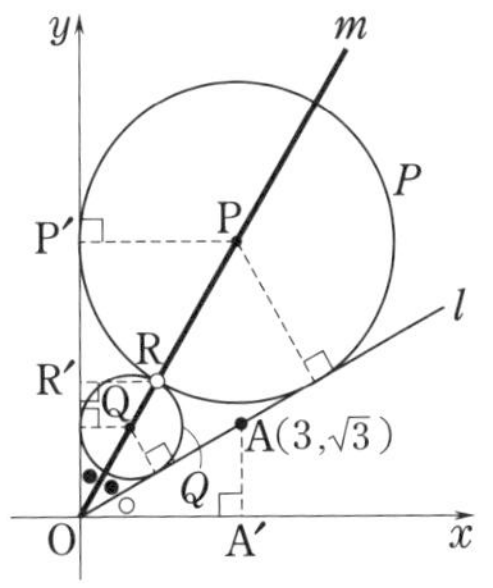

ところで，右図の△OAA′は30°定規形であるから，

⇦OA′ : A′A=3 : $\sqrt{3}$=$\sqrt{3}$: 1

○=30°　∴　●=$\dfrac{90^\circ-○}{2}$=30°

すると，mとx軸とのなす角は60°であるから，その傾きは$\sqrt{3}$，よってその式は，　$\boldsymbol{y=\sqrt{3}x}$

⇦○+●=30°+30°=60°

⇦以上の議論は，円Qが円Pより大きい場合も，全く同様.

（2） 円Pの半径をrとすると，

OP=OQ+QR+RP=2+1+r=3+r

⇦Rは，2円の接点.

△OPP′は30°定規形であるから，

OP : PP′=(3+r) : r=2 : 1　∴　2r=3+r　∴　$\boldsymbol{r=3}$

（3） (2)の〰〰部より，OR=3

△ORR′も30°定規形であるから，R$\left(\dfrac{3}{2},\ \dfrac{3\sqrt{3}}{2}\right)$

16★ 演習題 (p.164)

図で放物線$y=ax^2$が点(−6, 12)を通っている．2つの円の中心A, Bはこの放物線上の点で，それらのx座標は正である．また，円Aはx軸に接し，y軸，直線l，直線m(x軸に平行)は，それぞれ2つの円A, Bの両方に接している．

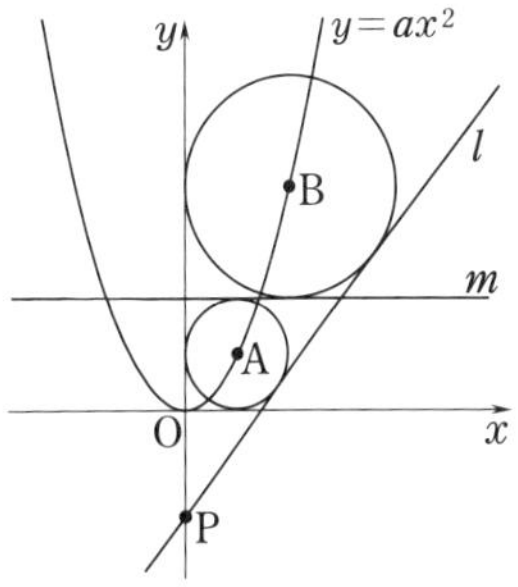

（1） 小さい方の円Aの中心の座標を求めなさい．

（2） △OABの面積を求めなさい．

（3） 直線lとy軸との交点Pの座標を求めなさい．

（07　駿台甲府）

17 つぎはぎ関数

次のように定められた関数がある．$\begin{cases} y=mx+n & (x \leqq p) \\ y=ax^2 & (p \leqq x \leqq q) \\ y=\dfrac{c}{x} & (q \leqq x) \end{cases}$

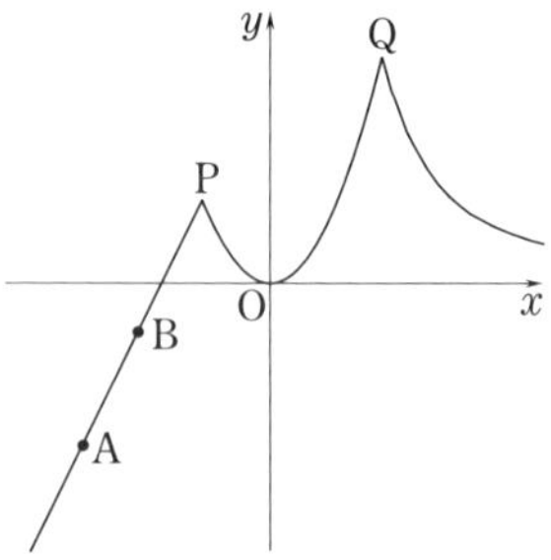

この関数のグラフは右の図のようになり，点P，Qの x 座標はそれぞれ p，q である．グラフ上の点A，Bの座標は，A$(-10,\ -12)$，B$(-7,\ -3)$で，PとAはBに関して対称である．また，点P′$(p,\ 0)$，Q′$(q,\ 0)$をとり，Pから直線QQ′に引いた垂線とQQ′の交点をHとする．△PQHと長方形PP′Q′Hの面積比が3：2のとき，

（1） m，n の値を求めなさい．

（2） c の値を求めなさい．

（3） $y=\dfrac{c}{x}$ $(q \leqq x)$上に点Cをとって，△CPQの面積が△OPQの面積に等しくなるようにするとき，点Cの座標を求めなさい．

（08 大阪星光学院）

文字が多く，様々な条件がまとめて与えられています．各小問ごとに，どれを使うのかを的確に判断しましょう．

解 （1） A，Bが $y=mx+n$ 上にあることから，$\begin{cases} -12=-10m+n \\ -3=-7m+n \end{cases}$

これを解いて，$\boldsymbol{m=3}$，$\boldsymbol{n=18}$

（2） AB＝BPより，

P$(-7+3,\ -3+9)=(-4,\ 6)$…①

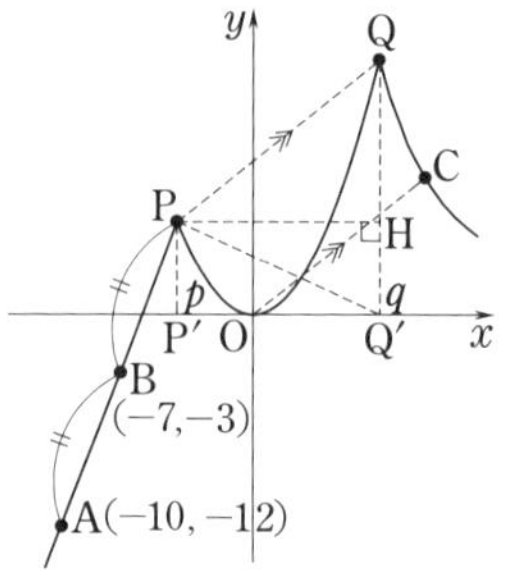

⇦右図参照.

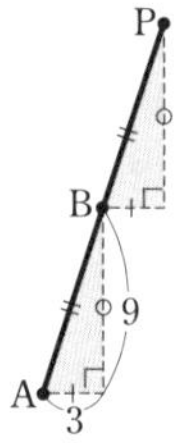

これが $y=ax^2$ 上にあることから，

$6=a\times(-4)^2$ ∴ $a=\dfrac{3}{8}$ ………②

次に，△PQH：□PP′Q′H＝3：2より，

△PQH：△PQ′H＝3：1 ∴ QH：HQ′＝3：1

よって，Qの y 座標は，$6\times(3+1)=24$

⇦HQ′＝PP′＝6（①より）

これと②より，Qの x 座標は，$24=\dfrac{3}{8}x^2$

$x>0$ より，$x=8$ ∴ Q$(8,\ 24)$

すると，これが $y=\dfrac{c}{x}$ 上にあることから，$\boldsymbol{c}=24\times8=\mathbf{192}$

（3） △CPQ＝△OPQのとき，OC∥PQ

PQの傾きは，$\dfrac{3}{8}\times(-4+8)=\dfrac{3}{2}$ であるから，直線OCの式は，

$y=\dfrac{3}{2}x$ これと，$y=\dfrac{192}{x}$ より，$x^2=128$

$x>0$ より，$x=8\sqrt{2}$ ∴ $\mathbf{C(8\sqrt{2},\ 12\sqrt{2})}$

17★ 演習題 (p.165)

次のように定められた関数がある．$\begin{cases} y=x^2 & (-1\leqq x\leqq 2) \\ y=\dfrac{a}{x} & (2\leqq x\leqq 8) \\ y=bx-15 & (8\leqq x) \end{cases}$

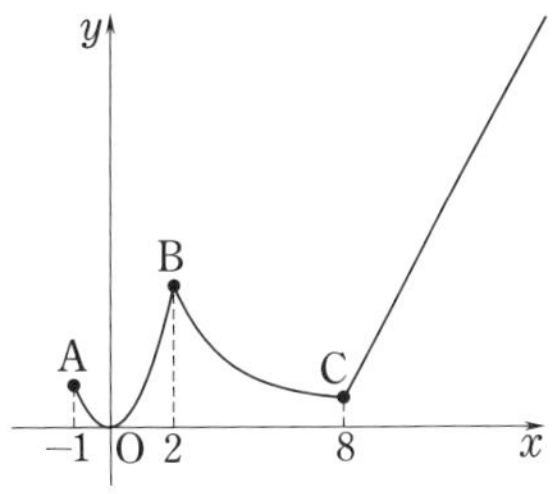

この関数のグラフlは図のようになり，3点A，B，Cのx座標はそれぞれ，-1，2，8である．

（1） 直線ABの方程式を求めなさい．

（2） a，bの値をそれぞれ求めなさい．

（3） グラフl上に原点Oと異なる点Pをとる．△PABの面積が△OABの面積に等しくなるようにするとき，点Pのx座標をすべて求めなさい．

（4） xの変域が$-1\leqq x\leqq c$であるとき，yの変域は$0\leqq y\leqq 4$となった．このとき，cの値の範囲を求めなさい．

（09 常総学院）

［ミニ講座2］ 変数は，自由か？

まずは，次の問題を考えてみて下さい．

> 次の各場合について，$3x-2y$のとりうる値の範囲を求めなさい．
> （1） $1\leqq x\leqq 4$，$-3\leqq y\leqq 3$の場合．
> （2） $1\leqq x\leqq 4$，$y=2x-5$の場合．

解説：（**1**）はなんでもありませんね．

$$3\leqq 3x\leqq 12,\quad -6\leqq -2y\leqq 6$$

を辺々加えて，$\boldsymbol{-3\leqq 3x-2y\leqq 18}$ ………①

➡**注** 不等式は，辺々加えることはできるが，引くことはできないことに注意(☞p.8)．

問題は，（**2**）です．yのとりうる値の範囲は，$2\times1-5\leqq y\leqq 2\times4-5$ ∴ $-3\leqq y\leqq 3$

これは，（1）と同じですね．ところが，『よって，（2）の答えも①』とするのは，間違いなのです！

正しくは，$y=2x-5$ ……② より，

$3x-2y=3x-2(2x-5)=-x+10$ …③

∴ $-4+10\leqq$③$\leqq -1+10$ ∴ $\boldsymbol{6\leqq}$**③**$\boldsymbol{\leqq 9}$

となります．

さて，最初の考えは，どこがいけなかったのでしょう…

＊　　　＊

（1）では，2つの変数x，yは，それぞれのとりうる値の範囲内を**完全に自由に動けます**．それに対して，（2）では，xとyの間に②という関係があるために，**自由には動けない**のです．

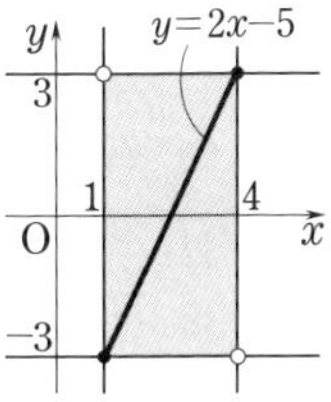

座標平面に図示してみると，両者の違いがはっきりします．（1）の$(x,\ y)$は右図の網目部分を自由に動けるのに対して，（2）では，太線部分しか動くことができないのです(①を最大・最小にする$(x,\ y)$は図の○ですから，（2）ではその値をとれないわけです)．

この，“変数が自由か否か”に無頓着だと簡単に誤答を導いてしまう例は少なくありません(例えば，☞p.158，演習題**2**番の注；そこで，変数mとnは自由でない！)．

＊　　　＊

このタイプの問題では，

- **変数を**1つにできるものは，(左記の③のように)**1つにする．**
- 同じ変数があちこちに散らばっているものは，**できるだけまとめる．**
- **図を補助にする．**

などに注意して，慎重に考えましょう．

18★ 斜めの座標系

右の図で，直線①は $y=\sqrt{3}x$ であり，放物線 $y=x^2$ を原点 O を中心として時計回りに 60° だけ回転したものを放物線②とする．②と x 軸，y 軸との交点をそれぞれ A，B とし，①と②の交点を C とする．

（1） 点 A の x 座標を求めなさい．

（2） 四角形 OACB を直線①を軸として 1 回転したときにできる立体の体積を求めなさい．

（06 市川）

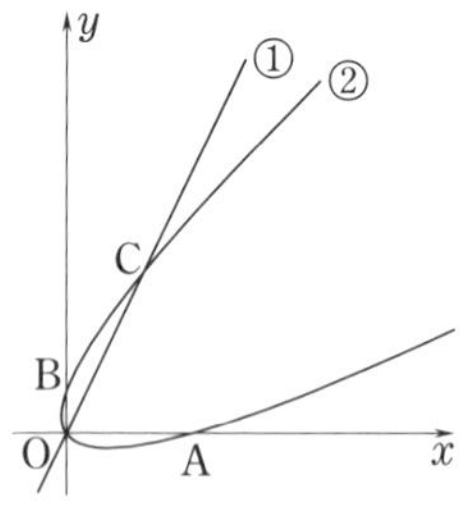

斜めになっている放物線を立てて考えます．

（2）では，□OACB が回転軸の両側にまたがっているので，定石通り一方を折り返します（☞p.132，**14** 番）．

◀以下のように，新しい座標軸（X 軸，Y 軸）をとり直す．（図形全体を O を中心として反時計回りに 60° 回転するのと同じこと．）

解 （**1**） 放物線の軸を新たに Y 軸として，右図のように，X 軸をとる．すると，放物線の式は，$Y=X^2$ …㋐ であり，直線 OA の式は，$Y=\sqrt{3}X$ …………㋑

㋐，㋑より，A の X 座標は，$X=\sqrt{3}$

よって，A の x 座標（=OA）は，$\mathbf{2\sqrt{3}}$

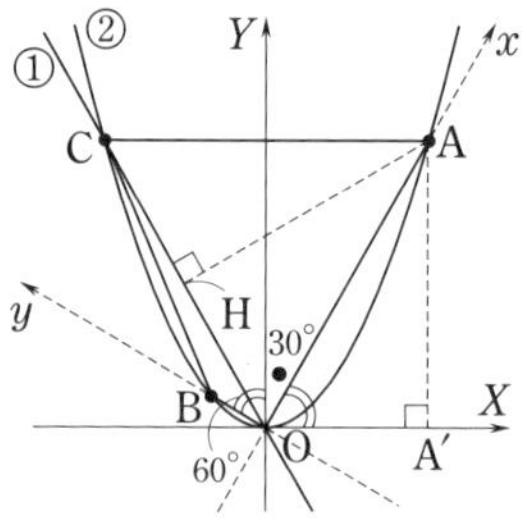

⇦②はもちろん，$y=x^2$ と合同．

⇦$X=\text{OA}'=\sqrt{3}$

⇦$x=\text{OA}=\text{OA}'\times 2=2\sqrt{3}$（△OAA′は‘30°定規形’）

（**2**） ①の式が $y=\sqrt{3}x$ であるから，

$\angle\text{COA}=60°$ ∴ $\angle\text{COB}=\angle\text{CO}Y=30°$ …………㋒

よって，△OAC を①の回りに回転してできる立体の体積を求めればよく（☞注），△OAC は正三角形であるから，上図で，

$$\frac{\pi\times\text{AH}^2\times\text{OC}}{3}=\frac{\pi\times 3^2\times 2\sqrt{3}}{3}=\mathbf{6\sqrt{3}\pi}$$

⇦㋒より，△OAC は頂角が 60° の二等辺三角形だから，正三角形．

➡**注** ㋒により（B の①に関する対称点は Y 軸上にあり），△OBC を①に関して折り返した図形は△OAC の内部に含まれることが分かります．

18★ 演習題（p.165）

図のように，x 軸，y 軸による座標平面①と，X 軸，Y 軸による座標平面②が重なっている．②における X 軸は，①における直線 l_1 : $y=-3x-7$ に一致し，②における Y 軸は，①における直線 l_2 : $y=\frac{1}{3}x+3$ に一致している．4 つの座標軸は全て 1 目盛りの間隔が同じものとして，次の問いに答えなさい．

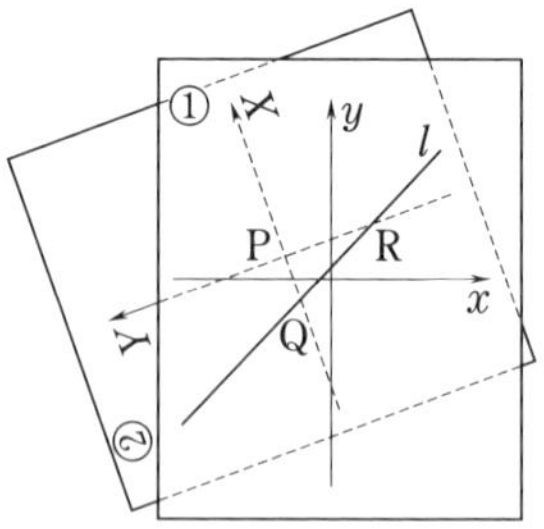

（1） ②における原点を P とする．P を①上の点とみなしたときの P の座標を求めなさい．

（2） ①上の直線 l : $y=x+1$ と l_1，l_2 との交点を Q，R とする．Q，R を①上の点とみなしたときの，Q，R の座標を求めなさい．

（3） （2）における Q，R を②上の点とみなしたときの Q，R の座標を求めなさい．

（4） （2）における直線 l を②上の直線とみなしたときの l の方程式を，$Y=aX+b$ の形で表しなさい．

（06 那須高原海城）

関数(2)
演習題の解答

1 (3) まず，x の変域が 0 をまたぐのかどうかをチェックしましょう．

解 (1) $a=-1$ のとき，$-3 \leqq x \leqq -1$ であるから，$y=12x^2$ の
最小値…**12** ($x=-1$)
最大値…**108** ($x=-3$)

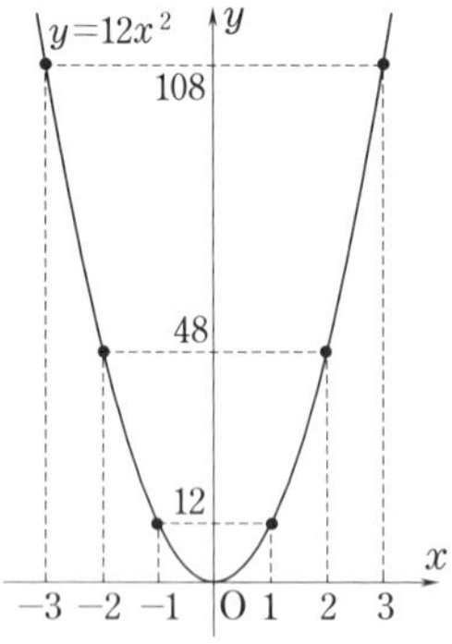

(2) y の最小値が 0 になるのは，x の変域に 0 が含まれるときであるから，

$a-2 \leqq 0 \leqq a$

$\therefore$ $\boldsymbol{0 \leqq a \leqq 2}$ ……①

(3) x の変域に 0 が含まれないとき，y の最大値と最小値の差は，48より大きい(☞注1)から，差が 36 となるのは①においてである．

このとき，最小値は 0 であるから，最大値が 36であればよく，$36=12x^2$ の解は $x=\pm\sqrt{3}$ であるから，

$a=\sqrt{3}$，または，$a-2=-\sqrt{3}$ (☞注2)

よって答えは，$\boldsymbol{a=\sqrt{3}}$，$\boldsymbol{2-\sqrt{3}}$ ………②

➡**注1** $a=0$，2 のとき，差は 48 で，$a<0$，$a>2$ のとき差がそれより大きくなるのは明らかでしょう．

➡**注2** ②はともに①を満たし，かつ，例えば $a=\sqrt{3}$ のとき，$(\sqrt{3}-2)^2<(\sqrt{3})^2$ ですから，確かに $a=\sqrt{3}$ のとき y は最大になります ($a=2-\sqrt{3}$ のときも同様)．

2 (3) 類題を経験していないと，間違い易い問題です．

解 (1) a の最大値は，A を通るときで，

$3=a\times 2^2$

$\therefore$ $\boldsymbol{a=\dfrac{3}{4}}$

また，最小値は，Cを通るときで，

$-3=a\times(-2)^2$

$\therefore$ $\boldsymbol{a=-\dfrac{3}{4}}$

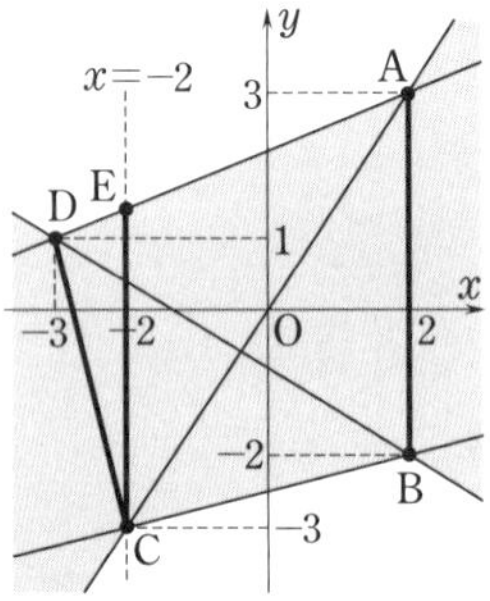

(2) 題意のとき，直線 $y=mx+n$ …① が動く領域は，図の網目部分である．

m の最大値は，ACの傾きで，$\dfrac{3+3}{2+2}=\boldsymbol{\dfrac{3}{2}}$

また，最小値は，BDの傾きで，$\dfrac{-2-1}{2+3}=\boldsymbol{-\dfrac{3}{5}}$

(3) $-2m+n$ は，①において，$x=-2$ としたときの y の値である．よって，その最大値，最小値はそれぞれ，図の E，C の y 座標である．

したがって，最小値は$\boldsymbol{-3}$．また，直線 AD の式は，$y=\dfrac{2}{5}x+\dfrac{11}{5}$ …② であるから，最大値は，　$y=\dfrac{2}{5}\times(-2)+\dfrac{11}{5}=\boldsymbol{\dfrac{7}{5}}$

➡**注** (2)より，$-\dfrac{3}{5} \leqq m \leqq \dfrac{3}{2}$

$\therefore$ $-3 \leqq -2m \leqq \dfrac{6}{5}$ ……………③

また，直線 BC の切片は$-\dfrac{5}{2}$ですから，これと②より，　$-\dfrac{5}{2} \leqq n \leqq \dfrac{11}{5}$ ………………④

③+④より，$-\dfrac{11}{2} \leqq -2m+n \leqq \dfrac{17}{5}$ (??)

——とすると，見事に間違います(☞p.155)．

3 （1） P または Q が動く辺が変わるたびに，場合分けをします．

（3） もちろん，グラフを利用します．

解 （1） **$0 \leqq x \leqq 4$ のとき，**

$$\boldsymbol{y}=\frac{1}{2}\times x\times 2x=\boldsymbol{x^2}$$

$4 \leqq x \leqq 8$ のとき， $\boldsymbol{y}=\frac{1}{2}\times x\times 8=\boldsymbol{4x}$ ……㋐

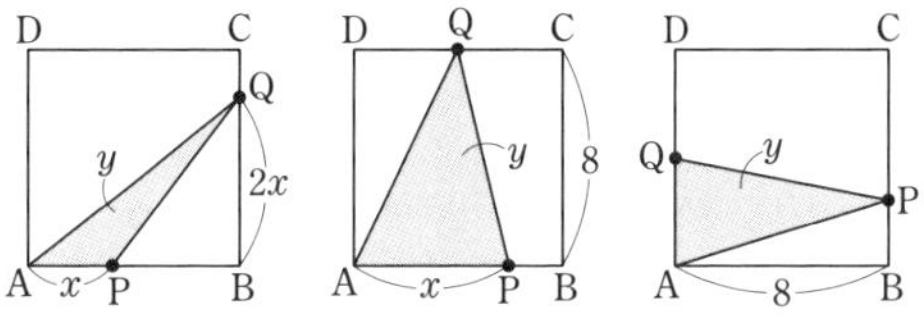

$8 \leqq x \leqq 12$ のとき，

$AQ=8\times 3-2x$

$=24-2x$ ……①

であるから，

$\boldsymbol{y}=\frac{1}{2}\times ①\times 8$

$=\boldsymbol{8(12-x)}$ ……㋑

以上によりグラフは，図の太線のようになる．

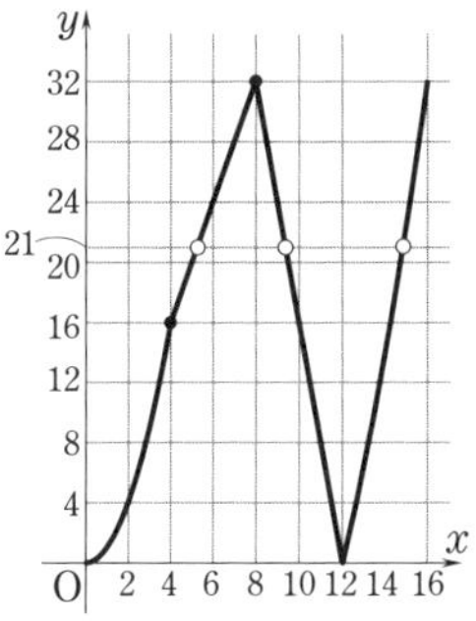

（2） $12 \leqq x \leqq 16$ のとき，

$AQ=2x-8\times 3$

$=2(x-12)$ ……②

であるから，

$\boldsymbol{y}=\frac{1}{2}\times ②\times (x-8)$

$=\boldsymbol{(x-12)(x-8)}$ ……………………………㋒

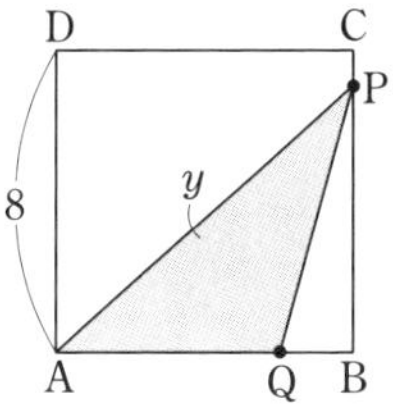

➡**注** この曲線は，放物線（の一部）です．

（3） 右上のグラフの○の x 座標を求めればよく，㋐$=21$，㋑$=21$，㋒$=21$ をそれぞれ解いて， $\boldsymbol{x}=\frac{\boldsymbol{21}}{\boldsymbol{4}}$，$\boldsymbol{x}=\frac{\boldsymbol{75}}{\boldsymbol{8}}$，$\boldsymbol{x=15}$

➡**注** ㋒$=21$ より，$x^2-20x+75=0$

∴ $(x-5)(x-15)=0$ ∴ $x=5$，15

$12 \leqq x \leqq 16$ より，$x=5$ の方は不適になります．

4 例題同様，グラフの‘折れ目’（図 2′の点 X，Y）に着目します．

解 （1） QR が D を通るのは，図 2′の点 X においてである．

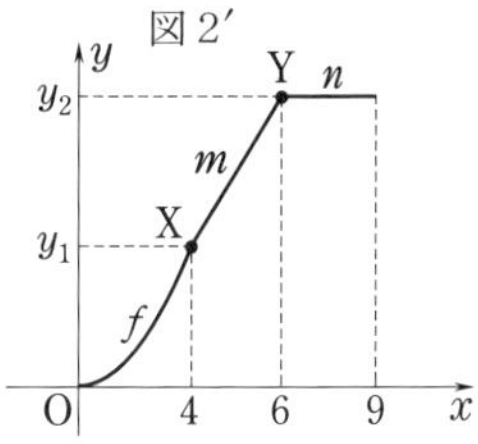

このとき，$x=4$ であるから，図 3 の $\triangle P_1Q_1R_1$ のようになり，

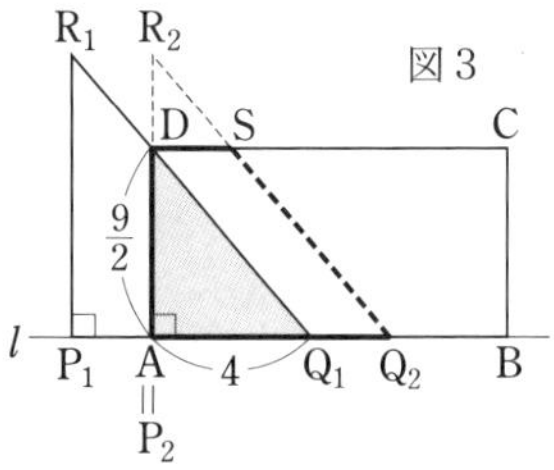

$y_1=\triangle AQ_1D$

$=\frac{1}{2}\times 4\times\frac{9}{2}$

$=\boldsymbol{9\ (cm^2)}$

（2） 図 2′の点 Y においては，図 3 の $\triangle P_2Q_2R_2$ のようになる．このとき，$x=6$ であるから，$P_2Q_2=6$．すると，$P_2Q_2 : P_2R_2=AQ_1 : AD$ より，

$6 : P_2R_2=4 : \frac{9}{2}$ …① ∴ $P_2R_2=\frac{\boldsymbol{27}}{\boldsymbol{4}}$ **(cm)**

（3） （1）より，$X(4,\ y_1)=(4,\ 9)$

一方，$Y(6,\ y_2)$ とすると，

$y_2=⏢P_2Q_2SD=\frac{(6+2)\times 9/2}{2}=18$ ……②

∴ $Y(6,\ 18)$

よって，m（直線 XY）の式は，

$y=\frac{18-9}{6-4}(x-4)+9$ ∴ $\boldsymbol{y}=\frac{\boldsymbol{9}}{\boldsymbol{2}}\boldsymbol{x-9}$

➡**注** m は「直線」と明記されていますから，上のような‘端点方式’で十分でしょう．

（4） $9 \leqq x \leqq 13$ …③ においては，図 4 のようになる（☞注）．

すると，

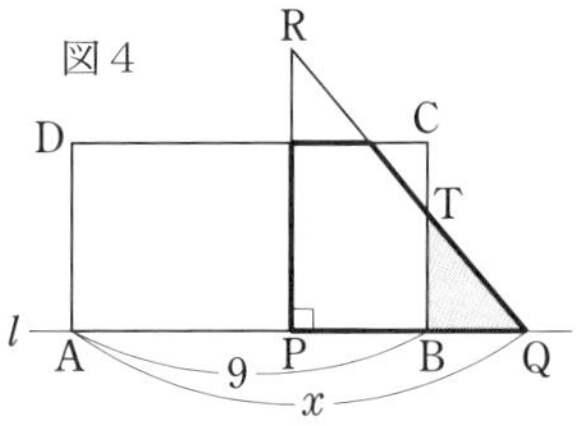

$y=②-\triangle BQT$ で，$BQ : BT$

$=① = 8 : 9$

より，

$y=18-\frac{1}{2}\times BQ\times\frac{9}{8}BQ=18-\frac{9}{16}BQ^2=\frac{63}{4}$

∴ $BQ^2=(x-9)^2=4$

③より，$x-9 \geqq 0$ であるから，

$x-9=2$ ∴ $\boldsymbol{x=11}$ **(cm)**

➡**注** $x=13$ のとき，QR が C を通ります．

5 ‘反射の法則’により，対称点をとれば，光の道筋は一直線になります(**光は最短経路を進む**ということ).

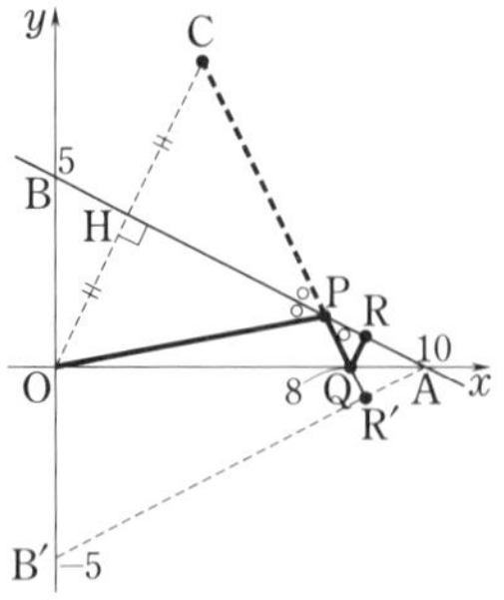

解 (1) 直線 AB の式は，

$y=-\frac{1}{2}x+5$ …①

であるから，直線 OH の式は，$y=2x$ ……②

①，②を連立して，

H(2，4)

(2) OC＝2OH より，**C(4，8)**

(3) (2)より，直線 CQ の式は，

$y=-2x+16$ ……③　これと①の交点が P である(☞注)から，連立して，$\mathbf{P}\left(\frac{22}{3},\ \frac{4}{3}\right)$

➡**注** 対称点の条件と‘反射の法則’から，上図の○の角はすべて等しく，よって(対頂角が等しいので)，C-P-Q は一直線上にあります.

(4) x 軸に関する B の対称点 B′(0，−5)をとると，直線 AB′の式は，$y=\frac{1}{2}x-5$ ……④

x 軸に関する R の対称点 R′は，③と④の交点である(☞注)から，その x 座標は，$x=\frac{42}{5}$

∴ OP＋PQ＋QR＝CP＋PQ＋QR′

$=\mathrm{CR}'=\left(\frac{42}{5}-4\right)\times\sqrt{5}=\frac{\mathbf{22\sqrt{5}}}{\mathbf{5}}$

➡**注** R′は④上にあり，また，P-Q-R′は一直線上にありますから，R′は③上にもあります.

なお，では，CR′の傾きが−2なので，

CR′＝(x 座標の差)×$\sqrt{5}$ (☞p.104)

となることを利用しています.

6 例題では B が移る G の座標が分かっていたので，折り目の垂直2等分線の式がすぐに立ったのですが，本問では A が移る Q の座標が不明です.

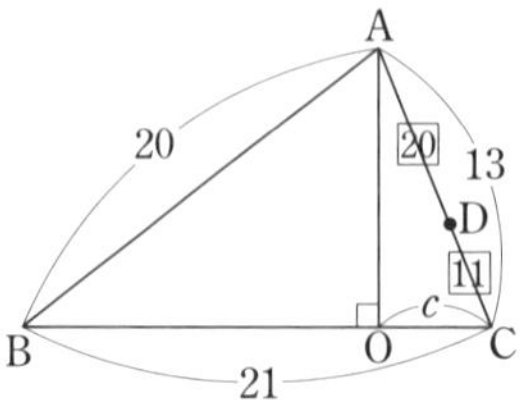

解 (1) C の x 座標を c とおくと，

$\mathrm{OA}^2=13^2-c^2$

$=20^2-(21-c)^2$

∴ $c=5$

このとき，$\mathrm{OA}=\sqrt{13^2-5^2}=12$

∴ **C(5，0)，B(−16，0)，A(0，12)**

また，$\mathbf{D}\left(5\times\frac{20}{31},\ 12\times\frac{11}{31}\right)=\left(\frac{\mathbf{100}}{\mathbf{31}},\ \frac{\mathbf{132}}{\mathbf{31}}\right)$

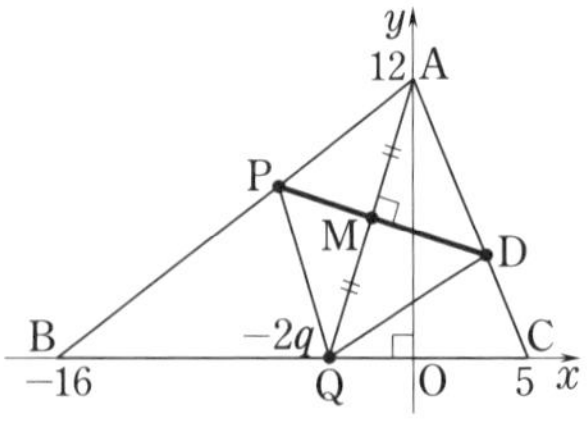

(2) Q(−2q，0)とおくと，AQ の中点 M の座標は，

M(−q，6)

このとき，AQ，DM の傾きは，

$\frac{6}{q}$ …①，$\frac{6-132/31}{-q-100/31}=\frac{54}{-31q-100}$ …②

AQ⊥DM より，①×②＝−1

これを整理して，$31q^2+100q-324=0$

∴ $(q-2)(31q+162)=0$

$q>0$ より，$q=2$ ∴ **Q(−4，0)**

また，M(−2，6)，②＝$-\frac{1}{3}$ より，直線 DP の式は，$y=-\frac{1}{3}(x+2)+6$

∴ $\boldsymbol{y=-\frac{1}{3}x+\frac{16}{3}}$ …………………③

(3) 直線 AB の式は，$y=\frac{3}{4}x+12$ ……④

③，④より，P の x 座標は，$x=-\frac{80}{13}$

∴ AP : PB＝$\frac{80}{13}:\left(-\frac{80}{13}+16\right)=$**5 : 8**

別解 (2)，(3) 図のように R をとると，メネラウスの定理(☞p.137)を用いて，

$\frac{\mathrm{AM}}{\mathrm{MQ}}\times\frac{\mathrm{QR}}{\mathrm{RC}}\times\frac{\mathrm{CD}}{\mathrm{DA}}=1$

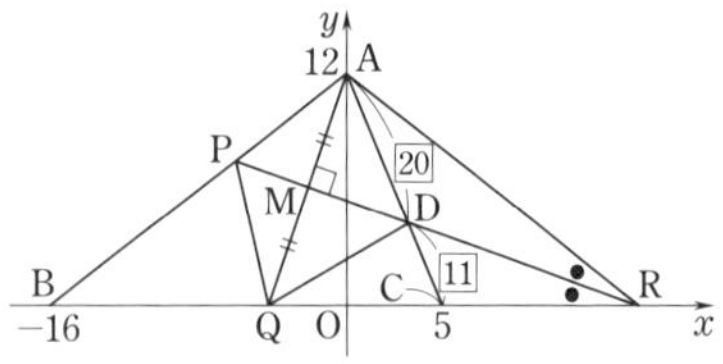

より，

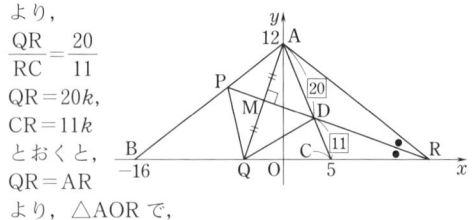

$\frac{\mathrm{QR}}{\mathrm{RC}}=\frac{20}{11}$

QR＝20k，CR＝11k とおくと，QR＝AR より，△AOR で，

$(20k)^2=12^2+(5+11k)^2$ ∴ $k=1$

すると，**Q(−4，0)**，R(16，0)

DP の式は，$\boldsymbol{y=-\frac{1}{3}(x-16)}$

AP : PB＝AR : BR＝20 : 32＝**5 : 8**

7 ‘植木算’的なミスに注意！ (3)では，見当をつけて，そこから半径を少しずつ動かしてみましょう．

解 (1) 白点は，右図の網目部分の周および内部にあるから，その個数は，

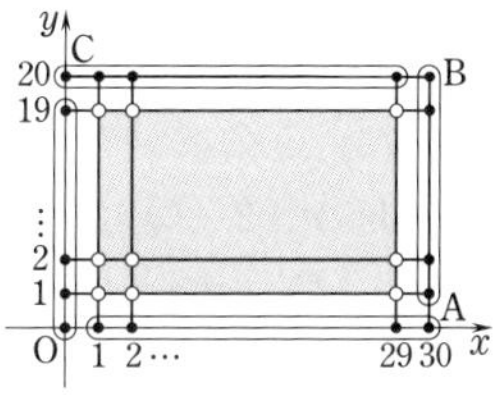

$29 \times 19 = \mathbf{551}$ **(個)**

(2) 長方形 OABC の横の長さは m，縫の長さは n であるから，$m-n=8$ ……………①

また，黒点の個数は(上図の囲みのように数えると)，$m \times 2 + n \times 2 = 2(m+n)$ (個) …②

であるから，②$=180$ より，$m+n=90$ …③

①，③を解いて，$m=49$，$n=41$

よって，長方形 OABC の面積は，

$$m \times n = 49 \times 41 = \mathbf{2009}$$

➡**注** 一般に，白点の個数は((1)と同様に考えて)，$(m-1)(n-1)$ 個，黒点の個数は②で，合計は，$(m+1)(n+1)$ 個．

(3) 図の円の半径は，

$\mathrm{OA}=\mathrm{OB}$

$=\sqrt{1^2+4^2}=\sqrt{17}$

であり，このとき，円内の白点の個数は，8個である(☞注)．

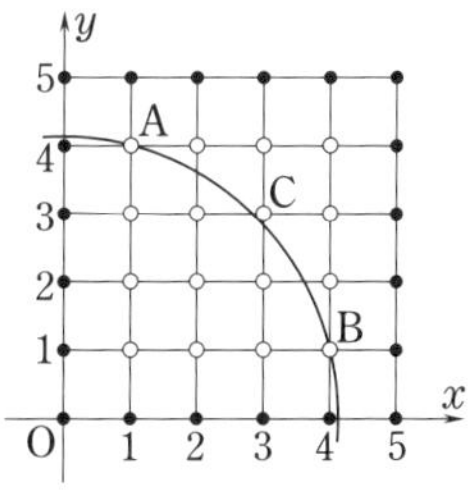

半径が $\sqrt{17}$ を越えると，A，B が円内に含まれ，白点の個数が，$8+2=10$ (個) となり，条件を満たさない．

よって，条件を満たす最大の半径は，$\boldsymbol{\sqrt{17}}$

➡**注** $\mathrm{OC}=\sqrt{3^2+3^2}=\sqrt{18}$ より，C は円の外部にあります．

8 (2) 当然，(1)の形を利用します．

解 (1) $\dfrac{x}{4}=0.5$ となる x の値は，$x=2$ であるから，$\left\langle \dfrac{x}{4} \right\rangle$ の値は，

$0<x<2$ のとき 0；$2 \leqq x \leqq 3$ のとき 1

次に，$\dfrac{x}{4}=0.45$ となる x の値は，$x=1.8$ であるから，$\left\lceil \dfrac{x}{4} \right\rfloor$ の値は，

$0<x<1.8$ のとき 0；$1.8 \leqq x \leqq 3$ のとき 1

よって，

$0<x<1.8$ のとき，

$y=0-0+1=1$

$1.8 \leqq x < 2$ のとき，

$y=1-0+1=2$

$2 \leqq x \leqq 3$ のとき，

$y=1-1+1=1$

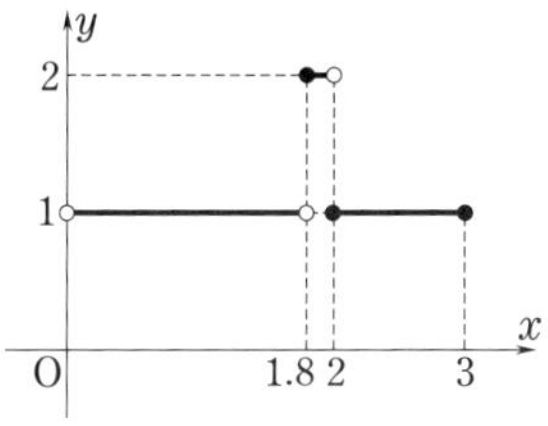

グラフは，右図の太線(●を含み，○を含まない)．

(2) 与えられた方程式を変形して，

$$\left\lceil \frac{x}{4} \right\rfloor - \left\langle \frac{x}{4} \right\rangle + 1 = 3x^2 - 18x + 4 \quad \cdots ①$$

ここで，～～部の値は 0 か 1 であるから，①の左辺の値は 1 か 2 である．

$3x^2-18x+4=1$ のとき，これを整理して，

$$x^2-6x+1=0 \quad \therefore \quad x=3\pm2\sqrt{2}$$

$x=3-2\sqrt{2}$ $(=0.17\cdots)$ のとき，(1)より①の左辺は確かに 1 であるから，適する．

ところで，(1)と同様に考えて(☞注)，$5.8 \leqq x < 6$ のとき，①の左辺は 2 になるから，$x=3+2\sqrt{2}$ $(=5.82\cdots)$ は不適である．

次に，$3x^2-18x+4=2$ のとき，

$$3x^2-18x+2=0 \quad \therefore \quad x=3\pm\frac{5\sqrt{3}}{3}$$

$x=3-\dfrac{5\sqrt{3}}{3}$ $(=0.11\cdots)$ は，(1)より不適．

$x=3+\dfrac{5\sqrt{3}}{3}$ $(=5.88\cdots)$ は，上記より適する．

以上により，答えは，

$$\boldsymbol{x=3-2\sqrt{2},\ 3+\frac{5\sqrt{3}}{3}}$$

➡**注** $3<x<6$ のとき，$\left\langle \dfrac{x}{4} \right\rangle=1$

また，この範囲での $\left\lceil \dfrac{x}{4} \right\rfloor$ の値は，

$3<x<5.8$ のとき 1；$5.8 \leqq x < 6$ のとき 2

9 （2） QR の傾きから，中点の x 座標が決まります．

解 （1） QR の垂直二等分線は，点 P を通り傾きが 1 であるから，その式は，

$$y=\left(x-\frac{5}{2}\right)+\frac{25}{4} \quad \therefore \quad \boldsymbol{y=x+\frac{15}{4}} \cdots ①$$

（2） Q，R の x 座標を q，r とすると，QR の傾きについて，$1\times(q+r)=-1$

$\therefore \quad q+r=-1$

このとき，QR の中点 M の x 座標は，$\dfrac{q+r}{2}=-\dfrac{1}{2}$

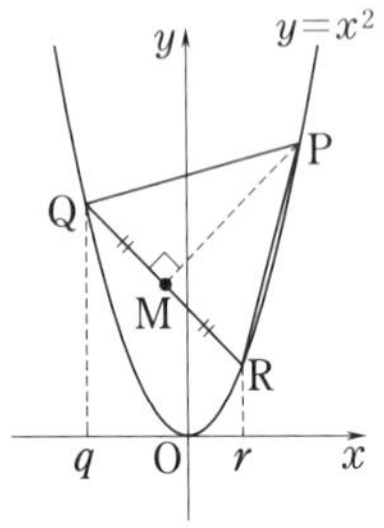

これと①より，$\mathrm{M}\left(-\dfrac{1}{2},\ \dfrac{13}{4}\right)$ ………②

（3） ②より，$\mathrm{PM}=\left(\dfrac{5}{2}+\dfrac{1}{2}\right)\times\sqrt{2}=3\sqrt{2}$

よって，正三角形の 1 辺の長さは，

$$\mathrm{PM}\times\frac{2}{\sqrt{3}}=3\sqrt{2}\times\frac{2}{\sqrt{3}}=\boldsymbol{2\sqrt{6}}$$

10 （1）で，動点 Q の x，y 座標を（パラメーター）a で表し，（2）で，その a を消去して x，y の間に成り立つ関係式（Q の軌跡の方程式）を求める，という流れです．

解 （1） 右図の網目部はともに直角二等辺三角形であり，

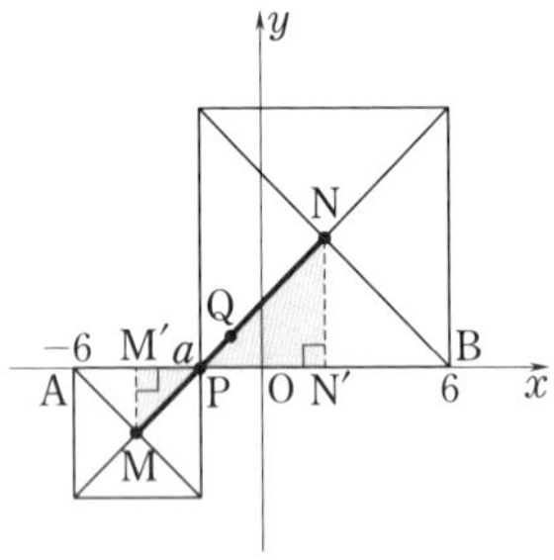

$\mathrm{PM}'=\dfrac{a+6}{2}$ …①

$\mathrm{PN}'=\dfrac{6-a}{2}$ …②

であるから，

$$\mathrm{M}(a-①,\ -①)=\left(\frac{a-6}{2},\ -\frac{a+6}{2}\right) \cdots ③$$

$$\mathrm{N}(a+②,\ ②)=\left(\frac{a+6}{2},\ \frac{6-a}{2}\right) \cdots\cdots\cdots ④$$

よって，Q$(x,\ y)$とすると，

$$x=\frac{1}{2}\left(\frac{a-6}{2}+\frac{a+6}{2}\right)=\frac{a}{2} \cdots\cdots\cdots ⑤$$

$$y=\frac{1}{2}\left(-\frac{a+6}{2}+\frac{6-a}{2}\right)=-\frac{a}{2} \cdots ⑥$$

$$\therefore \quad \mathrm{Q}(x,\ y)=\left(\boldsymbol{\frac{a}{2}},\ \boldsymbol{-\frac{a}{2}}\right)$$

（2） ⑤，⑥より，$x+y=0$

よって，Q の描く図形の式は，$\boldsymbol{y=-x}$

また，⑤において，$-6\leqq a\leqq 6$ であるから，

$\boldsymbol{-3\leqq x\leqq 3}$（Q は，下図の太線部を動く．）

（3） MN の傾きは常に 1 であり，③，④より，N と M の x 座標の差は，常に

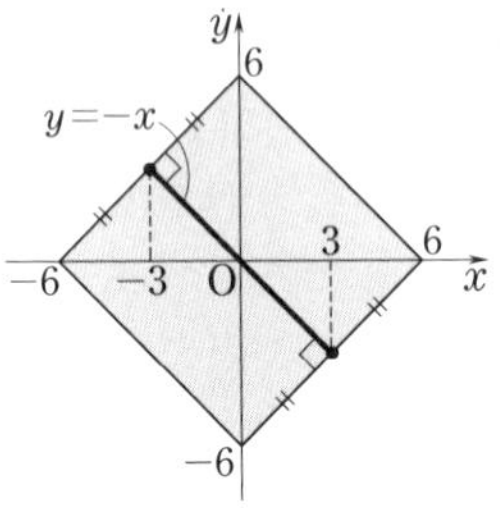

$$\frac{a+6}{2}-\frac{a-6}{2}=6$$

であるから，線分 MN の描く図形は，図の網目部（正方形）である．

その面積は，$\dfrac{12^2}{2}=\boldsymbol{72}$

➡**注** ③，④より，M，N の軌跡はそれぞれ，
M … $y=-x-6$ $(-6\leqq x\leqq 0)$
N … $y=-x+6$ $(0\leqq x\leqq 6)$

11 （2）「SQ⊥②」のとき，PQRS は正方形になります．

（3） S と R は y 軸に関して対称なので，S の動きをとらえれば R の動きが分かります．

解 （1） A の x 座標は，$x^2=x+4$

$$\therefore \quad x^2-x-4=0 \quad \therefore \quad x=\frac{1\pm\sqrt{17}}{2} \cdots ③$$

$$x<0 \text{ より，} x=\frac{1-\sqrt{17}}{2} \cdots\cdots\cdots\cdots\cdots\cdots ④$$

これと②より，$y=④+4=\dfrac{9-\sqrt{17}}{2}$

$$\therefore \quad \mathrm{A}\left(\boldsymbol{\frac{1-\sqrt{17}}{2}},\ \boldsymbol{\frac{9-\sqrt{17}}{2}}\right)$$

（2） P の x 座標を p（$④\leqq p\leqq 0$ …⑤）とすると，P$(p,\ p^2)$，Q$(-p,\ p^2)$，S$(p,\ p+4)$

SQ⊥②，すなわち，SQ の傾きが -1 …⑥ であるとき，PQRS は正方形であるから，

PQ＝PS …⑦ $\therefore$ $-2p=(p+4)-p^2$

$\therefore$ $p^2-3p-4=0$ $\therefore$ $(p+1)(p-4)=0$

⑤より，$p=-1$ このとき，⑦＝2

$\therefore$ PQRS$=2^2=\boldsymbol{4}$

➡注　⑥を直接とらえて，$\dfrac{p^2-(p+4)}{-p-p}=-1$

これから p の値を求めることもできます．

（3）　右図で，P が①上を A→O と動くとき，S は②上を A→R_2 と動く．S と R は y 軸に関して対称であるから，このとき R は，R_1→R_2 と動くことになる（☞注）．よって，線分 BR が通り得る部分は，$\triangle BR_1R_2$ である．

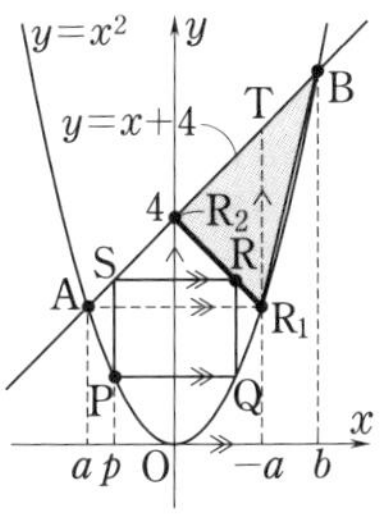

ところで，④を a，③の「＋」の方（B の x 座標）を b とおくと（上図参照），

$$\triangle BR_1R_2=\frac{1}{2}\times TR_1\times b$$

$$=\frac{1}{2}\times\{(-a+4)-(a+4)\}\times b$$

$$=\frac{1}{2}\times(-2a)\times b=-ab=-(-4)=\mathbf{4}\quad\cdots⑧$$

➡注　例題の注のようにして，R の描く図形の式をとらえると，R$(-p,\ p+4)$より，$y=-x+4$

なお，⑧の最後の「$ab=-4$」は，“解と係数の関係”（☞p.8）からも分かります．

12　S は，動いている直線 l 上を動いているので，厄介です．2 つの動きを的確にとらえたい．

解　（1）　S は，Q と一致するまでの間において，傾き 1 の直線 l 上を，右図の矢印方向に秒速 $\sqrt{2}$ で動いているのであるから，1 秒間に，x 軸，y 軸の正方向にそれぞれ 1 ずつ動く．

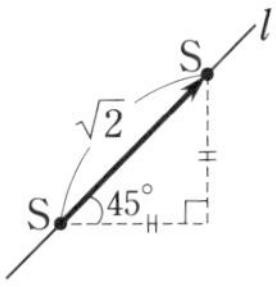

一方，直線 l は，y 軸の正方向に秒速 2 で動いている．

よって，S が O を出発してから t 秒後の座標は，　　$(t,\ t+2t)=(\boldsymbol{t},\ \boldsymbol{3t})$

➡注　l の動きは，S の x 軸方向の移動には影響を及ぼさないが，y 軸方向にはその動きの分だけ加算される――ということです．

（2）　S が Q と一致する，すなわち，放物線上にくるのは，$3t=\dfrac{1}{5}t^2$ より，$t=15$（秒後）

このとき，S(15，45)

S＝Q のときから s 秒後の S の座標は，（1）と同様に考えて，

$(15-s,\ 45-s+2s)=(15-s,\ 45+s)$

S が R と一致するのは，

$$45+s=\frac{1}{5}(15-s)^2\quad\therefore\quad s^2=35s$$

$s\neq0$ より，$s=\mathbf{35}$（**秒**）

13　円も，もちろん‘凸図形’ですから，例題と同様のことになります．

解　（1）　$\triangle ABC=\dfrac{(5-2)\times4}{2}=\mathbf{6}\cdots\cdots①$

（2）　求める垂線の長さを h とすると，

$\dfrac{BC\times h}{2}=①$

$BC=2\sqrt{5}$ より，

$h=\dfrac{6\times2}{2\sqrt{5}}=\dfrac{\mathbf{6\sqrt{5}}}{\mathbf{5}}$

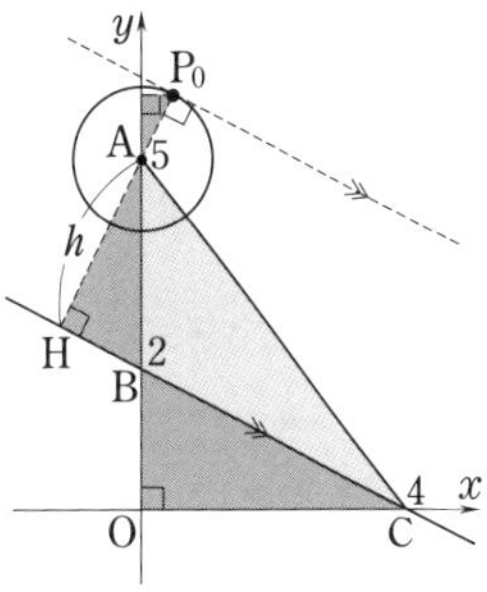

（3）　$\triangle PBC$ の底辺を BC と見ると，高さが最大になるのは，図の P_0 の場合である（☞注）．

ここで，図の濃い網目の 3 つの三角形は相似であり，それらの 3 辺比は $1:2:\sqrt{5}\cdots(*)$ であるから，

$$P_0\left(1\times\frac{1}{\sqrt{5}},\ 5+1\times\frac{2}{\sqrt{5}}\right)$$

$$=\left(\frac{\sqrt{5}}{5},\ 5+\frac{2\sqrt{5}}{5}\right)$$

また，$\triangle P_0BC=\dfrac{1}{2}\times BC\times P_0H$

$$=\frac{1}{2}\times2\sqrt{5}\times\left(1+\frac{6\sqrt{5}}{5}\right)=\mathbf{\sqrt{5}+6}$$

➡注　P_0 は，BC に平行な円の接線（の一方）との接点で，P_0-A-H は一直線上にあります．

なお，（2）でも（＊）に着目すると，

$$h=AB\times\frac{2}{\sqrt{5}}=3\times\frac{2}{\sqrt{5}}=\frac{\mathbf{6\sqrt{5}}}{\mathbf{5}}$$

14 （2） 例題同様，外心は‘各辺の垂直二等分線の交点’としてとらえましょう．

解 （1） QR // x 軸より，∠PQR＝45°のとき，PQ の傾きは 1 である．

ところで，題意より，

P$(t,\ t^2)$ …③，Q$(-2t,\ -t^2)$ ……④

であるから，

$$(\text{PQ の傾き})=\frac{t^2+t^2}{t+2t}=\frac{2}{3}t \quad \cdots\cdots⑤$$

⑤＝1 より，

$t=\dfrac{3}{2}$

これと③より，

P$\left(\dfrac{3}{2},\ \dfrac{9}{4}\right)$

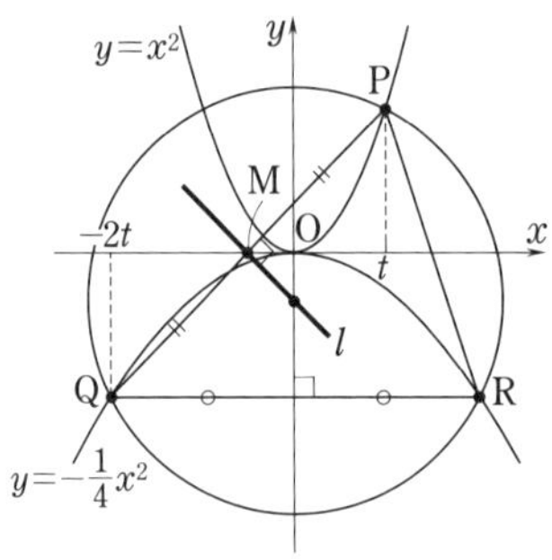

（2） ③④より，PQ の中点は，

M$\left(-\dfrac{t}{2},\ 0\right)$

これと⑤より，PQ の垂直二等分線 l の式は，

$$y=-\frac{3}{2t}\left(x+\frac{t}{2}\right) \quad \therefore \quad y=-\frac{3}{2t}x-\frac{3}{4}$$

QR の垂直二等分線は y 軸であるから，△PQR の外接円の中心は，l と y 軸との交点 **$\left(0,\ -\dfrac{3}{4}\right)$** である．

➡**注** 3 点 P，Q，R が動いても，△PQR の外心は定点――ということです．

15 円の‘折り紙’の問題では，以下のように，**折り返された方の円を復元し，その中心をとらえる**ことがポイントになります．

解 （1） 折り返した弧 AB の中心を O′とすると，

O′$(-1,\ 2)$ ……①

M は OO′の中点であるから，

M$\left(-\dfrac{1}{2},\ 1\right)$ …②

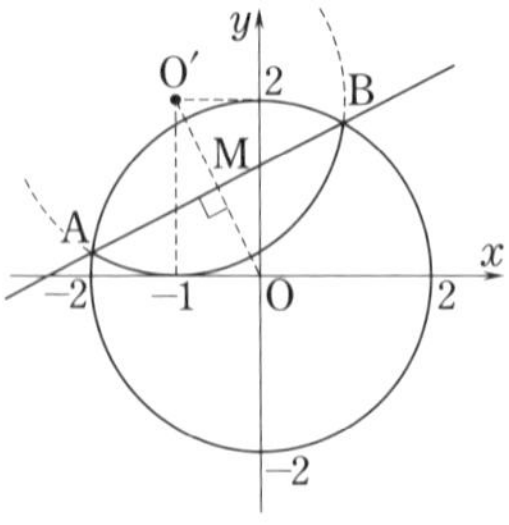

➡**注** ①について；接点$(-1,\ 0)$を C とすると，O′C⊥x 軸．また，円 O と円 O′は合同ですから，O′C＝2．よって，①となります．

■**研究** 一般に，折り返した円弧（右図の太線）が元の円の直径に接する右図で，**▱OCO′D は長方形**（C は接点）になります．

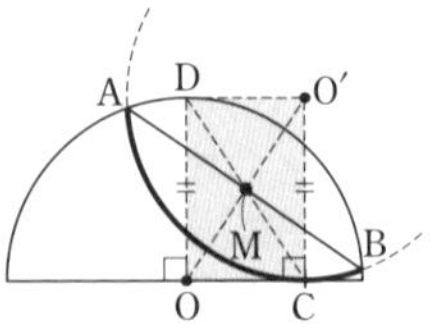

よって，OO′の中点 M（AB の中点でもある）は，CD の中点と一致します．

（2） 線分 AB の垂直二等分線は，直線 OO′であるから，その式は，**$y=-2x$**

（3） AB⊥OO′より，直線 AB の傾きは $\dfrac{1}{2}$ であり，②を通るから，その式は，

$$y=\frac{1}{2}\left(x+\frac{1}{2}\right)+1 \quad \therefore \quad y=\frac{1}{2}x+\frac{5}{4} \quad \cdots③$$

③と x 軸との交点の x 座標は，

$$0=\frac{1}{2}x+\frac{5}{4} \quad \therefore \quad x=-\frac{5}{2}$$

よって答えは，**$\left(-\dfrac{5}{2},\ 0\right)$**

16 （3） 例題同様，2 接線と中心線は 1 点（P）で交わりますから，l の代わりに中心線 AB を主役にします．

解 （1） 点$(-6,\ 12)$が放物線上にあることから，$12=a\times(-6)^2$

$\therefore \quad a=\dfrac{1}{3}$

ところで，円 A が x 軸と y 軸に接していることから，A$(p,\ p)$とおけて，

すると，$p=\dfrac{1}{3}\times p^2$

$p>0$ より，$p=3$

$\therefore$ **A(3，3)**

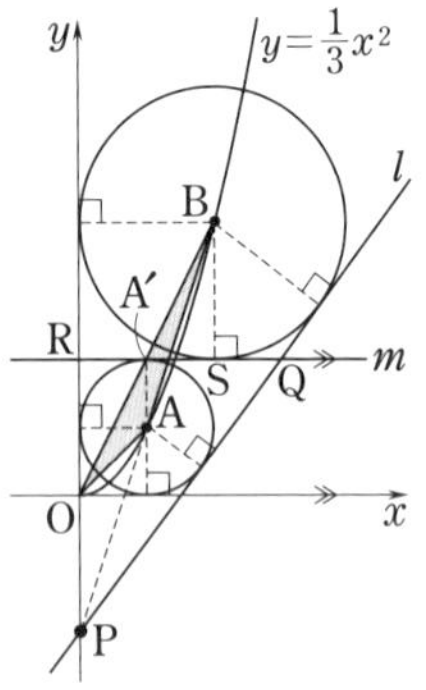

（2） （1）より，直線 m の式は，$y=6$ ……①

このとき，円 B が y 軸と m に接していることから，B$(q,\ 6+q)$とおけて，すると，

$$6+q=\frac{1}{3}\times q^2 \quad \therefore \quad q^2-3q-18=0$$

$$\therefore \quad (q-6)(q+3)=0$$

$q>0$ より，$q=6$　∴　B(6, 12)

よって，直線 OB の式は $y=2x$ であるから，A を通り y 軸に平行な直線と OB との交点を A′とすると，A′(3, 6) ……………………②

$$\therefore \quad \triangle OAB=\frac{AA'\times 6}{2}=\frac{(6-3)\times 6}{2}=\mathbf{9}$$

➡**注**　①，②より，A′は m 上にもあると分かります．

（**3**）　2 円の中心線 AB …③　は，直線 l と y 軸との交点 P を通るから，③の切片を求めて，

$$-\frac{1}{3}\times 3\times 6=-6 \quad \therefore \quad \mathbf{P(0,\ -6)}$$

■**研究**　直線 l の式を求めてみましょう．

『△PQR を取り出すと，右図のようになって，

$(9+r)^2$
$=(3+r)^2+(3+9)^2$
∴　$r=6$

よって，l の傾きは，

$$\frac{PR}{QR}=\frac{3+9}{3+6}=\frac{4}{3}$$

∴　$l\cdots \boldsymbol{y=\frac{4}{3}x-6}$ 』

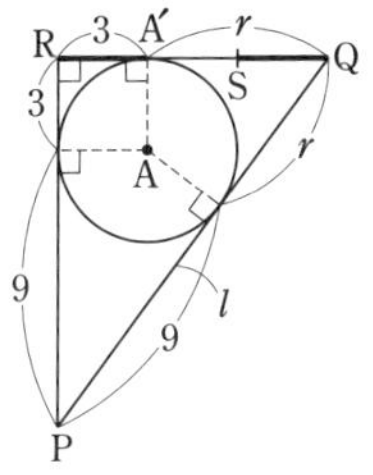

［実は，**RA′＝QS**（S は円 B の接点）が成り立ち，これによると，Q(6+3, 6)＝(9, 6)
すると，（l の傾き）＝(6+6)/9＝4/3］

17　（3）　もちろん，平行線を利用します．
（4）　グラフを補助に考えましょう．

解　（**1**）　直線 AB の式は，$\boldsymbol{y=x+2}$ …①

（**2**）　B(2, 4)より，$4=\dfrac{a}{2}$　∴　$\boldsymbol{a=8}$

このとき，C(8, 1)より，

$1=b\times 8-15$　∴　$\boldsymbol{b=2}$

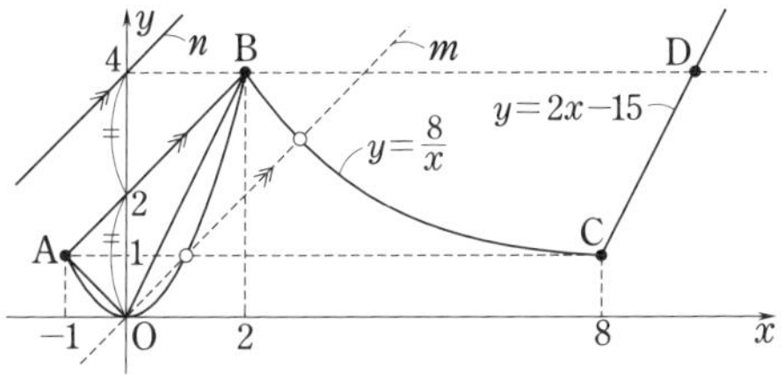

（**3**）　以上より，上図のようになる．

O を通り，①に平行な直線 $m\cdots y=x$ とグラフ l の交点は P であるから，その x 座標は，

$x^2=x$，$x\neq 0$ より，$\boldsymbol{x=1}$

$\dfrac{8}{x}=x$，$x>0$ より，$\boldsymbol{x=2\sqrt{2}}$

$2x-15=x$　より，$\boldsymbol{x=15}$

さらに，(0, 4)を通り，①に平行な直線 $n\cdots y=x+4$ とグラフ l の交点も P であるから，その x 座標は，

$2x-15=x+4$ より，$\boldsymbol{x=19}$

（**4**）　図の点 D の x 座標は，

$4=2x-15$ より，$x=\dfrac{19}{2}$

c の値の範囲は，（B の x 座標）～（D の x 座標）であるから，$\boldsymbol{2\leqq c\leqq \frac{19}{2}}$

18　（4）　ノー・ヒントだと，頭を抱えこみそうですが，（3）があるのでなんとかなりそうです．

解　（**1**）　P は l_1 と l_2 の交点であるから，

その x 座標は，$-3x-7=\dfrac{1}{3}x+3$

∴　$x=-3$

∴　**P(−3, 2)**

（**2**）　Q の x 座標は，$x+1$
$=-3x-7$
∴　$x=-2$
∴　**Q(−2, −1)**

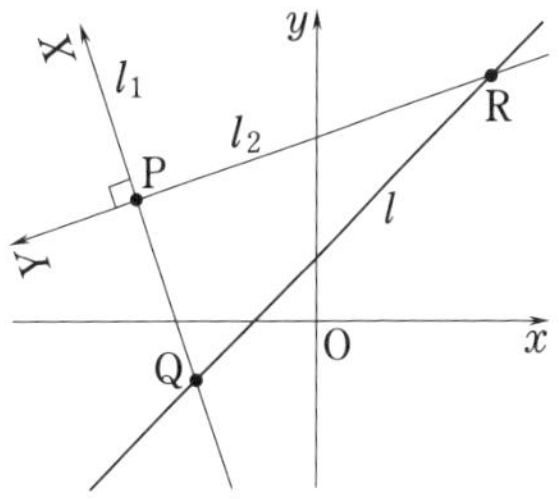

R の x 座標は，$x+1=\dfrac{1}{3}x+3$

∴　$x=3$　　∴　**R(3, 4)**

（**3**）　平面②において，Q は X 軸上，R は Y 軸上にあるから，Q(q, 0)，R(0, r)とおけて，

$$q=-PQ=-\sqrt{(-3+2)^2+(2+1)^2}=-\sqrt{10}$$

$$r=-PR=-\sqrt{(-3-3)^2+(2-4)^2}=-2\sqrt{10}$$

∴　$\mathbf{Q(-\sqrt{10},\ 0)}$，$\mathbf{R(0,\ -2\sqrt{10})}$……㋐

（**4**）　$l\cdots Y=aX+b$ は㋐の 2 点を通るから，

$$a=\frac{2\sqrt{10}}{-\sqrt{10}}=-2 \quad \therefore \quad l\cdots \boldsymbol{Y=-2X-2\sqrt{10}}$$

類題の解答

1 (問題は, ☞p.13)

'xの値を(解の公式で)求めて, 代入…' などとしてはいけません!

解 $x^2-2x-1=0$ のとき, $x^2-2x=1$ であるから,

$$\begin{aligned}\text{求値式}&=x^2(x-2)^2(x-1)^2\\&=\{x(x-2)\}^2(x-1)^2\\&=(x^2-2x)^2(x^2-2x+1)\\&=1^2\times(1+1)=\mathbf{2}\end{aligned}$$

➡**注** 「x^2-2x」の'カタマリ'が出てくるように変形していけば良いわけですネ.

2 (問題は, ☞p.37)

(4) 'シラミつぶし'をすることになりますが, (3)までで大分つぶれているので, 助かります.

解 (1) $\ll n\gg=2$ となる n は素数であるから, 1〜40 の中には, **12 個**ある.

➡**注** 2, 3, 5, 7, 11, 13, 17, 19, 23, 29, 31, 37 の 12 個.

(2) $\ll n\gg=3$ となる n は(素数)^2 の形であるから, $2^2=\mathbf{4}$, $3^2=\mathbf{9}$, $5^2=\mathbf{25}$ の 3 個.

(3) $\ll n\gg=4$ となる n は,

- (素数)^3 の形 … $2^3=8$, $3^3=27$ の 2 個.
- (素数)×(素数)の形
  … $2\times k$ ($k=3$, 5, …, 19)が 7 個,
  $3\times k$ ($k=5$, 7, 11, 13)が 4 個,
  5×7 の計 12 個.

よって, $2+12=\mathbf{14}$ **(個)**

(4) 1〜40 の 40 個の数のうち, (1)〜(3)で, $12+3+14=29$ (個) が済んでおり, これらと 1 を除く, 残り 10 個の n について, 以下 $\ll n\gg$の値を調べる.

$12=2^2\times3$, $18=3^2\times2$, $20=2^2\times5$, $28=2^2\times7$ の 4 数については,

$\ll n\gg=(2+1)\times(1+1)=6$

$24=2^3\times3$, $40=2^3\times5$ の 2 数については,

$\ll n\gg=(3+1)\times(1+1)=8$

また, $16=2^4$ より, $\ll16\gg=4+1=5$

$30=2\times3\times5$ より, $\ll30\gg=(1+1)^3=8$

$32=2^5$ より, $\ll32\gg=5+1=6$

$36=2^2\times3^2$ より, $\ll36\gg=(2+1)^2=9$

よって, $\ll n\gg$が最大となる n は, **36.**

3 (問題は, ☞p.38)

「10」の場合の例から, 以下の解答の発想が浮かぶかどうかが鍵です.

解 自然数 n の約数の逆数の総和を通分すると, $\dfrac{(n\text{ の約数の総和})}{n}$ となる.

$$\therefore\ \frac{744}{n}=\frac{124}{61}\qquad\therefore\ n=\mathbf{366}$$

4 (問題は, ☞p.39)

例題とは少し違う発想で解いてみます.

解 $100=2^2\times5^2$ であり, 1〜10 の中に, 2, 5 と互いに素な整数は, 1, 3, 7, 9 の 4 個あるから, $\ll100\gg=4\times10=\mathbf{40}$

$300=2^2\times3\times5^2$ であり, 1〜30 の中に, 2, 3, 5 と互いに素な整数は, 1, 7, 11, 13, 17, 19, 23, 29 の 8 個あるから,

$\ll300\gg=8\times10=\mathbf{80}$

➡**注** 100 の素因数 2, 5 と互いに素な数は, 2, 5 の**最小公倍数の 10 を周期**にして現れる, ということです(300 の方も同様).

5 （問題は，☞p.40）

整数 N を 7 で割った余りを求めるには，

$N=(7$ の倍数$)+r\ (0\leqq r\leqq 6)$

の形を作ることが目標です．

解 （**1**） 商を a とおくと，$n=7a+3$ と表せる．よって，

$n^2=(7a+3)^2=49a^2+42a+9$

$=7(7a^2+6a+1)+2$ ………………①

したがって，余りは，**2**

（**2**） ①は，$7k+2$（k は整数）の形であるから，

$n^6=(n^2)^3=(7k+2)^3$ …………………②

$=(7$ の倍数$)+8=(7$ の倍数$)+1$

したがって，余りは，**1**

➡**注** ②を展開すると，項はたくさん出てきますが，最後の $2^3=8$ 以外はすべて 7 の倍数です．

（**3**） $2005\div 6=334$ 余り 1 であるから，

（2）より，$n^{2005}=(n^6)^{334}\times n$

$=(7l+1)^{334}\times(7a+3)$

$=\{(7$ の倍数$)+1\}\times(7a+3)$

$=(7$ の倍数$)+3$

したがって，余りは，**3**

6 （問題は，☞p.41）

後半は，注 2 のように求めてもよいのですが，折角ですから（？）前半の結果を利用してみます．

解 $187=7\times 26+5=(7$ の倍数$)+5$

であるから，$187\times a=(7$ の倍数$)+5\times a$

$5\times a$ が‘7 で割ると 1 余る数’になる最小の a は，$\boldsymbol{a=3}$ $(5\times 3=7\times 2+1)$

$119=11\times 10+9$，$77=17\times 4+9$

であるから，同様に考えて，$\boldsymbol{b=5}$，$\boldsymbol{c=2}$

$[9\times 5=11\times 4+1,\ 9\times 2=17+1]$

次に，‘17 で割ると 1 余る数’は，

$77\times c=77\times 2=154$ から 17 おきに現れるから，$154+17m$（m は整数）…① と表せる．

一方，‘7 で割ると 3 余り，11 で割ると 2 余る数’として 24 があり，このような数は 77（7 と 11 の最小公倍数）おきに現れるから，

$24+77n$（n は整数）…② と表せる．

よって，①＝②，すなわち，

$77n-130=17m$ を満たす最小の自然数 n を求めればよく，それは，$n=5$（$m=15$）

したがって，答えは，$24+77\times 5=\mathbf{409}$

➡**注 1** ②>0 より，$n\geqq 0$ ですが，$n=0$ は明らかに不適ですから，n は‘自然数’です（m の方は，①>0 より，$m\geqq -9$）．

➡**注 2** ノーヒントなら，24 に 77 を次々に加えていき，‘17 で割ると 1 余る数’を見つけるところです（$n=5$ だから，5 回目に見つかる…）．

7 （問題は，☞p.60）

解 1 台のポンプが 1 分間にくみ出す水の量を $x\,(\ell)$，1 分間に入れる水の量を $y\,(\ell)$ とすると，与えられた条件より，

$\begin{cases}72+y\times 9=8x\times 9\\72+y\times 6=10x\times 6\end{cases}$ $\therefore$ $\begin{cases}8+y=8x\ \cdots\cdots①\\12+y=10x\ \cdots②\end{cases}$

（②−①）÷2 より，$x=2$ $\therefore$ $y=8$

このとき，求める時間を t（分）とすると，

$72+8\times t=12\times 2\times t$ $\therefore$ $16t=72$

$\therefore$ $t=4.5$（分）$=$**4 分 30 秒**

8 （問題は，☞p.82）

後半は，前半のうち不適なもの（C が連続するもの）を除きましょう．

解 B が連続することがないのは，右図の 5 つの○のうちの 2 つに C，他の 3 つに A を入れ，6 つの↓のうちの 3 つに B を入れる場合であるから，

$\dfrac{5\times 4}{2\times 1}\times\dfrac{6\times 5\times 4}{3\times 2\times 1}=10\times 20=\mathbf{200}$（通り）…①

次に，①のうち，C が連続するものは，連続する場所として 4 通り，B の入れ方として

$\dfrac{5\times 4\times 3}{3\times 2\times 1}=10$（通り）

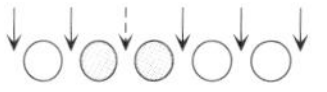

ある（☞注）から，答えは，

①$-4\times 10=\mathbf{160}$（通り）

➡**注** 例えば，○○に C を入れると，↓には B を入れられないことに注意！

高校入試　**1対1の数式演習**

平成22年7月1日　第1刷発行
令和6年5月15日　第7刷発行

編　者　東京出版編集部
発行者　黒木憲太郎
発行所　株式会社　**東京出版**
〒150-0012　東京都渋谷区広尾3-12-7
電話 03-3407-3387　振替 00160-7-5286
https://www.tokyo-s.jp/

整 版 所　錦美堂整版
印刷・製本　技秀堂
落丁・乱丁の場合は，ご連絡ください．
送料弊社負担にてお取り替えいたします．

ISBN978-4-88742-159-2（定価はカバーに表示してあります）